NUTRITION AND DIET FOR HEALTH

개정판

건강을 위한 식생활과 영양

머리말

백세시대를 맞은 현대인들에게 건강은 가장 중요한 관심사이다. 중국 진시황의 일화에서 나타나듯이 죽지 않고 영원히 살고 싶은 것은 인간의 오랜 염원이었다. 의학의 발달로 질병 진단과 치료기술이 발달하고 생활환경이 향상되어 인간의 평균수명은 나날이 길어지고 있다. 수명이 길어진 요즈음, 길어진 수명을 의미 있게 보내기 위해서는 건강이 가장 중요한 것으로 인식되고 있는 것이다. 건강한 노년기를 위해서는 젊은 시절부터 좋은 식생활을 해야 하며 이런 의미에서 식품영양학은 현대 사회에서 더욱 그 중요성이 높아지고 있다.

식량이 부족했던 시대에 식생활과 건강에 관한 관심은 배부르게 먹어서 영양이 부족하지 않도록 하는 것이었다. 이를 위해서는 에너지와 단백질이 부족하지 않도록 충분한 양의 식사를 하고 동시에 비타민과 무기질이 결핍되지 않도록 여러 가지 식품을 골고루 먹어야 한다. 영양부족이 많은 지역에서는 아미노산과 여러 가지 미량영양소를 강화하거나 보충하여 국민들의 영양소 섭취가 부족하지 않도록 노력하여 왔다. 그러나 오늘날에도 한편에서는 식량부족으로 많은 어린이들이 사망하고 야맹증 등 미량영양소 결핍이 만연하여 세계인의 관심을 촉구하고 있는 반면 또 다른 산업화된 사회에서는 길어진 수명과 함께 에너지 과다섭취와 부적절한 식생활로 비만과 만성질병이 만연되고 있다.

우리나라도 지난 수십 년간 경제사회적 변화와 함께 식생활이 변화해왔으며 관련 건강문제도 크게 변해왔다. 우리나라 사람들의 주요 사망원인을 살펴보면 일제 말기와 한국전쟁으로 대표되는 경제적 궁핍기에는 폐결핵을 비롯한 감염성 질병이 많았으나 1980년대 이후에는 암, 심혈관질환, 당뇨 등 만성질병이 상위를 차지하고 있다. 세계적으로 증가하는 비만은 우리나라에서도 빠르게 증가하고 있다. 반면, 체형에 대한 관심과 다이어트 열풍도 심각하여 청소년, 젊은 여성 등에 많은 영향을 끼치고 있고 미래의 국민 건강에 대한 위험요인이 되고 있다.

건강문제의 변화는 식품영양학 연구 방향과 교육에도 큰 영향을 미쳐왔다. 19~20세기 전반기까지의 영양학 연구에서는 영양소의 종류, 구조, 결핍증 등에 대한 과학적 연구를 통해 영양결핍을 없애는 데 노력하였다. 그러나 필수영양소뿐 아니라 그 상호작용, 비영양성분 등 식사 전체가 사람들의 건강에 영향을 미친다는 것이 밝혀지면서 식품영양학 연구와 교육의 폭도 함께 넓어지고 있다. 또한 식품영양학 전공자가 아니라도 많은 사람들이 자신의 평생 건강을 위해서 좋은 식생활에 대하여 알고 실천하기를 원한다.

본 저서는 식품영양학의 최근 발전과 사회적 관심에 부응하기 위해서 식생활과 건강에 대한 기초적인 내용을 다룬 책이 필요하다는 저자들의 공감대를 토대로 집필이 시작되었다. 이 책은 식품영양학을 전공하고자 하는 학생들과 식품영양학을 전공하지 않더라도 건강과 식생활에 대한 올바른 지식을 얻고자 하는 비전공자들을 위한 책이 될 수 있도록 식생활과 건강에 대한 올바른 지식과 이를 식생활에 적용하는 방법을 이해하기 쉽도록 포함하였다. 제1부에서는 식생활과 건강에 대한 개념을 소개하고, 제2부에서는 주요 영양소들에 대하여 종류별로 그 기능과 건강에 미치는 영향들을 다루었으며, 제3부에서는 미래의 건강을 위해 실천할 수 있는 내용들을 소개하였다.

저자들은 각기 다른 대학에 소속된 교수들로 그동안 식품영양학을 연구하고 교육하면서 얻은 지식과 경험을 바탕으로 집필하였다. 그러나 각기 바쁜 일정으로 인해 처음 의도를 충분히 살릴 수 있었는지 염려스럽지 않을 수 없다. 부족하나마 이 저서가 앞으로 식품영양학을 공부하려는 학생들과 건강한 식생활에 대하여 관심을 가진 모든 이들에게 도움이 되기를 바랄 뿐이다. 부족한 점에 대해서는 기탄없는 조언과 지도를 주신다면 앞으로 더욱 좋은 내용으로 보답할 것을 약속드린다.

2021년 2월

저자 일동

차례

PART 1

식생활과 건강

Chapter 01 영양, 식생활과 건강 | Chapter 02 건강한 식생활
Chapter 03 식품의 체내 이용

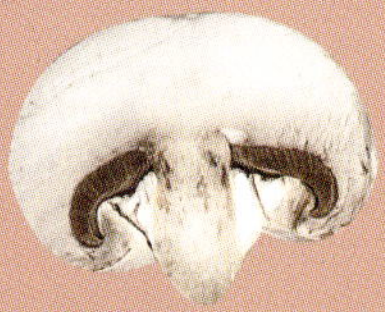

CHAPTER

01

영양, 식생활과 건강

영양이란 우리가 먹는 음식이 소화, 흡수된 후 우리 몸에서 작용하여 결과적으로 인체 건강에 어떠한 영향을 미치는가를 말한다. 영양을 과학적으로 연구하기 시작한 것은 19세기 후반부터로 그리 오래되지는 않았지만 현대인의 건강에 영향을 미치는 만성질병들이 식생활과 관련이 많은 것으로 알려져 오늘날 영양에 대한 관심이 매우 높다. 우리 몸의 구조와 생리작용을 알고 음식에 들어 있는 성분들의 작용을 잘 이해하여 건강에 좋은 식생활을 꾸준히 실천하면 건강하게 오래 살 수 있다.

❶ 영양과 식품

1) 영양의 의미

우리가 먹는 음식이나 마시는 음료에는 영양소를 비롯하여 우리 몸에 유익한 성분도 있으나 해로운 물질도 들어 있다. 영양이란 신체가 식품을 섭취하고 소화 · 흡수한 후, 생명유지나 근육활동에 필요한 에너지를 공급하고 각 조직이나 기관의 성장, 유지 및 보수작용의 여러 과정을 비롯하여 신체에 불필요한 대사물질을 체외로 배설하기까지의 일련의 과정을 말한다. 우리는 음식으로부터 필요한 성분들을 충분히 섭취하면서 해로운 물질은 되도록 적게 섭취해야 건강하게 살 수 있다. 과거 식량이 부족할 때에는 음식을 충분히 먹지 못하여 영양불량이 많았으나 최근 우리나라도 식량 사정이 좋아지면서, 에너지와 지방의 과다한 섭취로 인한 만성질환이 증가하고 있다. 그럼에도 칼슘이나 철과 같은 특정 미량영양소는 아직도 부족한 경우가 많다. 영양은 부족, 과잉, 불균형상태 모두 우리 건강에 해로우므로 적절히 균형 있게 섭취해야 한다.

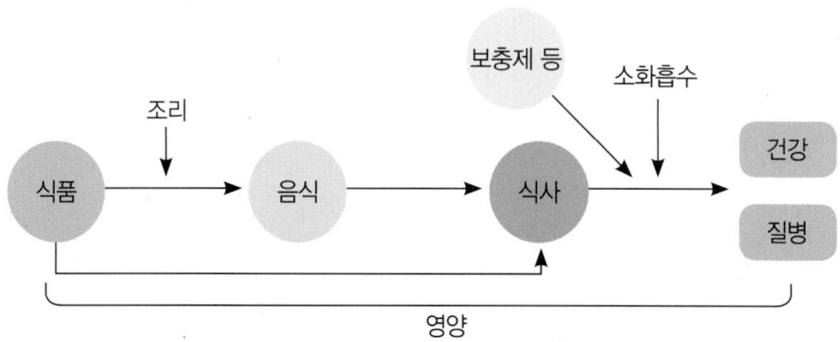

그림 1-1 영양, 음식과 건강의 상호작용

2) 영양소의 종류와 기능

사람이 살아 있는 동안 세포와 기관들은 끊임없이 여러 가지 활동을 하는데, 여기에는 에너지와 여러 가지 물질들이 필요하다. 우리 몸에서 필요한 물질 중 대부분은 체내에서 만들 수 있으나 일부는 만들지 못하여 외부로부터 얻어야 한다. 이렇게 우리 몸에 꼭 필요하면서 스스로 충분히 만들지 못하여 음식을 통해 섭취해야 하는 것을 영양소라고 한다. 이들 영양소는 주로 식품 속에 함유되어 있지만 때로는 인체 내에서 합성되기도 하고 섭취된 영양소가 체내에서 다른 영양소로 전환되기도 한다.

지금까지 총 50여 종의 영양소가 밝혀져 있으며 이들은 크게 탄수화물, 지질, 단백질, 비타민, 무기질, 수분 등 6대 영양소로 분류된다. 영양소 중 체내에서 산화되어 에너지를 낼 수 있는 탄수화물, 지질, 단백질을 3대 영양소 혹은 다량영양소라고 부른다. 비타민과 무기질은 3대 영양소에 비하여 체내에서 필요한 양이나 식사에서 섭취하는 양이 적으므로 미량영양소라고 부른다. 비타민에는 9종의 수용성비타민과 4종의 지용성비타민이 있으며 무기질은 16가지 정도가 필수영양소로 알려져 있다. 각 영양소에 대한 설명은 각 장에 자세히 제시되어 있다.

영양소가 우리 몸 안에서 수행하는 기능은 다음과 같이 크게 세 가지로 나눈다.

- 에너지 제공

  에너지는 우리가 몸을 움직이는 데 필요할 뿐 아니라 가만히 있을 때에도 체내의 모든 기본적인 생리작용을 위해서도 필요하다. 탄수화물, 지질, 단백질은 체내에서 산화하여 에너지를 발생시킨다.
- 우리 몸을 구성하는 데 필요한 기본물질

  우리 몸은 단백질, 무기질을 비롯한 많은 성분으로 구성되어 있다. 우리가 섭취하는 영양소로부터 우리의 몸이 만들어진다. 우리 몸의 조직은 성장 시에 많이 만들어지지만 일단 만들어진 것도 일부분이 분해되고 그만큼 새로 보충된다. 몸을 구성하는 물질이 바로 영양소이므로 신체의 성장과 유지, 그리고 소모된 조직의 보수를 위하여 영양소의 계속적인 공급이 필요하다.
- 신체기능 조절

  우리 몸에서 일어나는 중요한 기능이나 대사반응들을 조절하여 신체기능이 조화롭게 잘 이루어지도록 해준다.

몇몇 영양소의 경우에는 그 기능이 한 가지에만 국한되지 않고 여러 가지 중복된 기능을 수행하기도 한다. 예를 들어, 단백질은 산화하여 에너지를 내기도 하지만

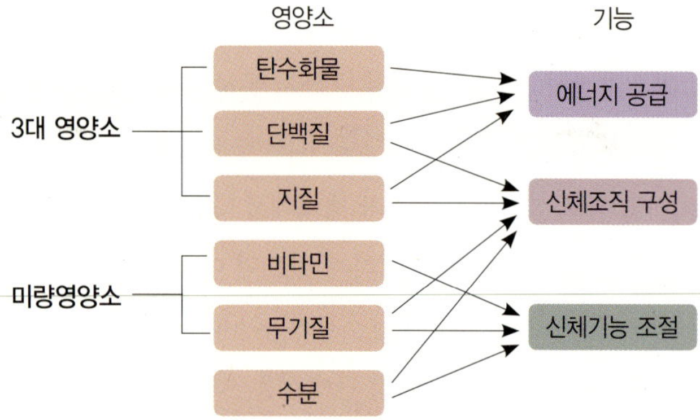

그림 1-2 영양소의 종류와 주요기능

신체조직을 구성하는 주요성분이며 효소, 호르몬, 신경전달물질 등을 만들어 체내의 기능 조절에도 꼭 필요하다그림 1-2.

3) 식품, 음식, 식사

우리는 식품을 조리하여 음식을 만들고 음식들을 조합하여 식사를 한다. 조리는 인간이 동물과 구별될 수 있는 식생활의 특징이다. 날 것으로 먹을 때보다 식품의 맛을 좋게 하고 소화하기 쉬워지며 살균과 독성 제거를 통해 위생적이며 안심하고 먹을 수 있게 된다. 조리를 통하여 다양한 음식을 만들게 되고 이러한 음식들을 몇 가지 조합하여 식사를 하게 된다. 조리와 식사방법에 따라 우리 식생활이 다양해지며, 음식과 식사방법에 따라 각 민족 고유의 독특한 식생활문화를 형성한다.

식품으로부터 필요한 영양소를 적절히 섭취하면 최적의 건강상태를 만들고 유지할 수 있다. 즉, 우리의 건강은 우리가 섭취하는 식품에 의해 결정된다고 할 수 있다. 우리에게 필요한 영양소는 30여 가지에 이르며 모든 영양소를 균형 있게 가지고 있거나 하나도 가지고 있지 않은 식품은 없다. 따라서 식품은 그 자체로 좋거나 나쁜 것이 아니고 그 식품을 어떻게 식사에 사용하느냐에 따라 좋을 수도 있고 나쁠 수도 있다. 즉, 어떤 한 식품을 너무 많이 섭취한다면 상대적으로 다른 식품의 섭취가 줄어들어 균형 있는 영양섭취를 할 수 없다. 따라서 식품군을 고려하며 같은 군에 속하는 식품들도 다양하게 섞어 식사를 구성하면 균형 있는 식생활을 할 수 있다.

❷ 식생활과 건강

1) 건강의 정의

1948년에 제정된 세계보건기구WHO 헌장에 "건강이란 신체적, 정신적 그리고 사회적으로 완전하게 양호한 상태이며, 단순히 질병이 없거나 허약하지 않다는 것만을 의미하지 않는다."로 정의되었다. 즉, 우리의 건강은 먼저 신체적으로 튼튼하여야 하며, 정신적으로 안정되고 활기차야 하고, 사회생활에 잘 적응하고 사람들과 원만하게 협업할 수 있어야 비로소 완전히 건강하다고 할 수 있다는 것이다.

2) 식생활과 건강의 관련성

건강에 영향을 미치는 요인에는 생활습관요인흡연, 음주, 식생활 등, 생물학적 요인유전, 성, 연령, 인종 등, 환경적 요인생활환경, 문화 등, 의료혜택요인건강진료요인이 있다그림 1-3. 이들 중 생활습관요인은 현대인의 주요 질환과 관련이 높은 것으로 나타나,

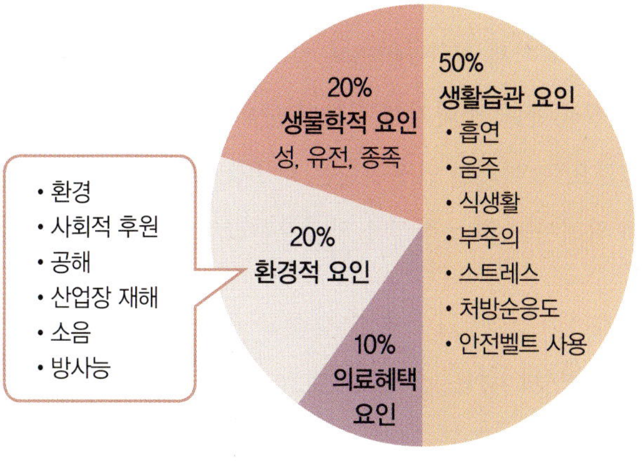

그림 1-3 건강에 영향을 미치는 위험요인

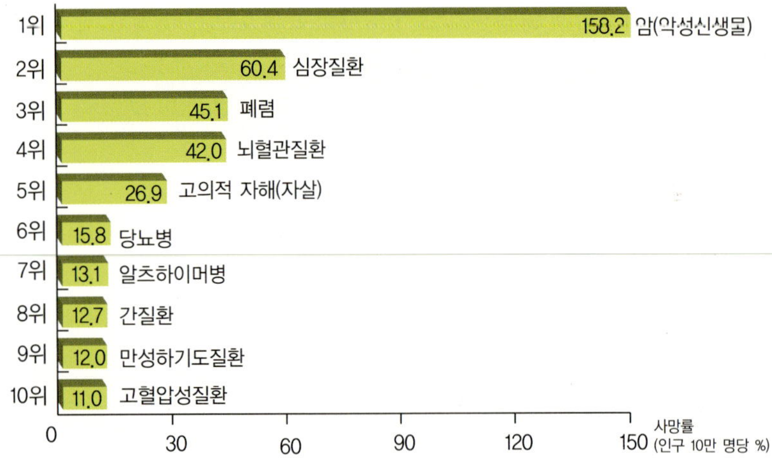

그림 1-4 한국인의 주요 사망원인

출처 : 통계청(2019).

현대인에게 발생률이 높은 주요 만성질환을 '생활습관질환'이라고도 부른다. 건강에 영향을 미치는 위험요인 중 유전을 제외한 다른 인자들은 개인의 노력에 의해 어느 정도 조절될 수 있다. 즉, 식사, 운동, 흡연, 음주, 스트레스 등을 잘 관리하면 건강에 대한 위험을 상당히 감소시킬 수 있다.

시대에 따른 식생활의 변화는 질병 발생 패턴을 변화시키는데, 과거에는 영양결핍 시 발생하기 쉬운 폐렴, 결핵 등 감염성질환이 주요 사망원인이었으나, 최근에는 영양과잉 혹은 불균형으로 인해 발생하기 쉬운 암, 심혈관계 질환, 당뇨병 등의 만성질병이 주요 사망원인이 되고 있다. 최근 한국인의 주요 사망원인을 보면, 암폐암, 간암, 위암 등과 순환기계 질환뇌혈관질환, 심장질환 등이 1, 2위를 차지하고 있으며, 호흡기계 질환, 내분비질환, 소화기계 질환의 순으로 나타났다그림 1-4. 이들 질환의 대부분은 만성질환으로, 이러한 만성질환은 식생활로 예방이 가능하기 때문에 건강한 삶을 유지하기 위해서는 평소 적절한 식생활관리가 필요하다.

3) 영양섭취수준에 따른 건강문제

적절한 식사는 건강한 삶을 유지하기 위해서 매우 중요하며, 먹는 즐거움과 심리적 안정감을 제공하기도 한다. 따라서 우리 몸에 필요한 영양소를 충분히 공급해 줄 뿐 아니라 체내 방어체계를 튼튼하게 하여 질병의 예방과 치료에도 도움을 줄 수 있는 식사가 되도록 노력해야 한다.

(1) 영양소의 적정섭취수준

신체기능이 가장 좋은 상태를 유지할 수 있는 영양소 섭취수준을 적정섭취수준이라고 한다. 영양소는 세포들의 활동에 필요하므로 매일 일정수준의 영양소 공급이 필요하다. 평소에 식사를 잘 하면 체내에 영양소가 충분하여 모든 세포들의 활동이 활발하고 영양소를 충분히 저장하고 있어서 일시적으로 영양소섭취가 부족해도 저장된 것을 사용하므로 건강이나 생리기능에 아무런 해가 없다. 일상적으로 균형 잡힌 식사를 하고 건강하게 지내는 사람들은 일반적으로 적정섭취를 한다고 볼 수 있다.

(2) 영양소 섭취 부족 시

영양소 섭취량이 하루에 사용되는 양보다 적으면 신체는 우선 모자라는 양을 체내 저장량으로부터 충당한다. 따라서 평소 충분한 양을 섭취하다가 하루나 이틀 정도 모자라게 섭취한다고 해도 바로 결핍증상이 나타나는 것은 아니다. 그러나 영양소 섭취 부족이 장기간 지속되면, 체내의 저장량이 점차 줄어서 마침내는 더 이상 부족한 섭취량을 보충해 줄 수 없게 되면서 신체기능에 이상이 오고 결핍증이 생긴다. 결핍증상은 영양소에 따라 다르지만 심할 경우 사망하기도 한다.

(3) 영양소 과잉섭취 시

이전에는 영양소를 적게 먹으면 체내 기능이 제대로 이루어지지 않아 건강에 나쁘지만 많이 섭취하는 것은 문제가 되지 않는다고 생각하였다. 그러나 영양소도 오랫동안 너무 많이 섭취하면 과잉으로 인한 독성을 가져올 수 있다. 과잉섭취로 특히 문제가 되는 것은 에너지를 너무 많이 먹으면 체내에 지방으로 쌓여서 비만이 된다. 3대 영양소 중 지질은 1g당 9kcal의 에너지를 내므로 탄수화물이나 단백질에 비하여 훨씬 에너지 발생량이 많다. 따라서 지방이 많은 식사는 에너지 과잉섭취의 원인

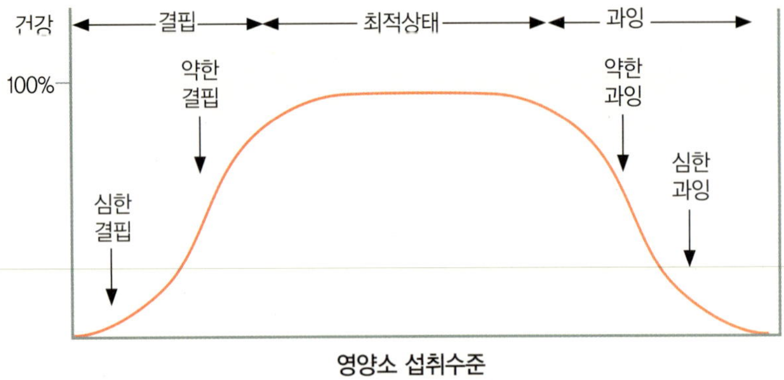

그림 1-5 영양소 섭취수준과 건강과의 관계

이 된다. 비타민이나 무기질의 경우에는 일상적인 식생활을 통하여 과잉증상이 나타나는 경우는 거의 없다. 그러나 영양보충제를 너무 많이 오랫동안 섭취하거나 약품으로 사용하는 경우에는 독성이 나타날 우려가 있다.

영양소는 너무 적거나 많이 섭취하지 않아야 하며 적정한 섭취수준을 꾸준히 유지할 수 있도록 균형 잡힌 식습관을 갖는 것이 중요하다그림 1-5. 영양소는 많이 섭취한다고 해서 그 효과가 비례적으로 증가하는 것이 아니며 지속적으로 너무 많이 섭취하면 오히려 건강에 해로울 수도 있다. 자연식품에는 어느 한 성분이 농축되어 들어 있지 않으나 영양보충제나 기능성 제품들은 영양소를 농축된 상태로 과량 함유하는 경우가 많아 과용하지 않도록 주의해야 한다. 그러나 최근 영양보충제나 기능성 제품을 섭취하는 경우가 많다. 보충제는 영양소 필요량에 비해서 식사로부터의 섭취가 부족하기 쉬운 경우에 한해 복용하는 것이 바람직하며, 예로 임신부나 수유부의 철분 보충, 식사를 잘 하지 못하는 노인들에게 영양보충제 공급 등을 들 수 있다.

❸ 식생활에 영향을 미치는 요인

1) 음식의 기능

오늘 아침, 혹은 어제 낮에 어떤 음식을 왜 먹었는지에 대한 이유는 사람마다 다르며 각자가 음식을 선택하는 이유는 간단하지 않다. 개인에 따라, 때에 따라 그 이유는 다양할 것이기 때문이다. 배고픔과 배부름이라는 서로 극단적 상황에서는 생리적인 현상에 의하여 음식을 먹기도 하고 먹는 것을 중단하기도 한다. 무엇을 먹을 것인지 결정할 때에는 생리적으로는 공복감이나 식욕과 같은 요인이 우선적으로 관련되지만 심리적으로 또는 사회적으로 관련되는 요인도 다양하다. 음식은 배고픔을 충족시키고 필요한 영양소를 공급한다는 생리적 기능도 있으나, 사람들의 생활에 즐거움을 주고 다른 사람들과 함께 먹으면서 즐거움을 공유하도록 해주는 사회적 기능도 가진다. 특히, 사회적 기능에서는 개인들의 선택이 식생활에 중요한 영향을 미친다.

2) 음식의 선택에 영향을 미치는 요인

사람들이 음식을 선택하는 데 영향을 미치는 요인은 크게 식품의 이용 가능성 availability과 개인의 선택choice으로 나눌 수 있다그림 1-6.

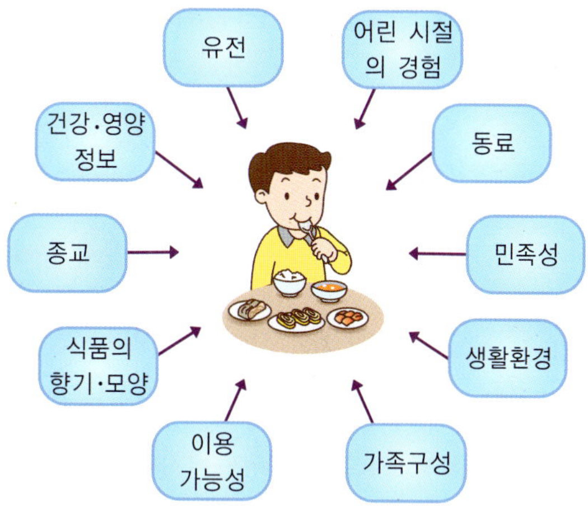

그림 1-6 식생활에 영향을 미치는 요인

(1) 식품의 이용 가능성

식품의 이용 가능성이란 개인들이 쉽게 식품을 구할 수 있는가의 여부이다. 식품의 공급은 국내에서 생산되는 것도 있지만 최근에는 여러 가지 식품들이 수입되며 다양한 유통구조를 통하여 개인들에게 공급된다. 우리나라는 식량공급의 증가와 유통구조의 발달로 식량의 공급이 예전에 비하여 풍족해졌다. 그러나 식품의 종류에 따라 가격이 비싸기도 하고 계절적인 이유나 일시적인 원인으로 일부 식품들이 품귀현상을 빚는 경우도 있다. 일부 계층에서는 식생활이 충분하지 못한 절대적 빈곤이 있으나 예전에 비하여 그 정도는 줄고 있다.

(2) 개인의 선택요인

개인의 선택은 존재하는 식품들 중에서 무엇을 실제로 먹는가를 결정한다. 여기에는 선천적 요인, 후천적 요인, 생활관습, 지식 등 여러 가지 요인들이 기여한다.

① 선천적 요인

인간은 선천적으로 단맛을 좋아하고 쓴맛을 싫어한다. 이는 인간이 오랫동안 진화하면서 단맛은 당으로 에너지원으로 쓸 수 있는 반면 쓴맛은 독성을 많이 가지고 있어 단맛을 좋아하게 된 것으로 설명한다. 그러나 인간은 살아가면서 여러 가지 맛에 길들여지고 즐기게 되며 다양한 식생활문화를 발달시킨다.

② 후천적 요인

인간은 태어난 직후에는 모유를 먹고 자라지만 차츰 이유를 하면서 여러 가지 음식들을 먹는다. 이때 아기들이 어떤 음식을 먹고 자라는가 하는 것은 개인의 음식 선호도에 큰 영향을 미친다. 우리의 식생활은 혼자서 결정하는 것이 아니고 어린 시절에는 부모와 가정의 영향이 절대적이지만 자라면서 사회적 영향을 크게 받는다. 한 가정의 식생활도 그 사회의 식생활문화에 의하여 지배를 받으므로 결국 한 개인은 태어난 사회의 식생활문화 속에서 자라고 그 식생활문화를 실천하면서 살아간다.

③ 식생활 지식과 정보

식생활이 건강에 미치는 영향에 대한 지식이 늘어나면서 이에 대한 정보 또한 사람들의 식생활에 영향을 미치고 있다. 이전에 비하여 개인의 선택이 식생활에 미치는 영향이 커짐을 고려할 때, 식생활과 건강에 대한 올바른 정보를 많이 공급하여 사람들이 올바른 식생활을 영위하도록 지도하는 것은 국민건강증진을 위하여 꼭 필요하다.

❹ 영양에 관한 정보

1) 영양 지식의 발전과정

(1) 초기의 발달

옛날 사람들은 특정 건강문제를 음식을 통해 고칠 수 있음에 관심을 가졌다. 성장기 아동들에게서 흔한 비타민 A 결핍으로 인한 야맹증, 비타민 C 결핍으로 인한 괴혈병, 비타민 D 결핍으로 인한 구루병 등 영양결핍으로 발생하는 질병 및 그 치료에 대한 기록들이 남아 있다. 특히, 17세기 중반 영국함대를 이끌던 제임스 린드 James Lind 경은 신대륙을 발견하기 위한 탐험대의 선원들에게 라임 주스를 공급함으로써 선원들의 괴혈병을 막을 수 있었다고 한다.

(2) 분석적 연구

경험적인 관찰에 의존하던 영양과 건강에 대한 지식은 19세기 후반 과학의 발달과 더불어 체계적으로 연구될 수 있었다. 산소의 발견과 물질의 연소에 대한 지식이 알려지면서 인간도 음식을 먹으면 이것이 체내에서 산소에 의하여 산화되면서 열을 내어 몸이 더워지게 된다는 것이 에너지 대사의 기본적인 이론으로 이해되었다. 또한 인체 분석을 통해서 인체가 산소, 수소, 질소, 유황 등 여러 가지 원소로 구성되어 있음이 밝혀졌다.

(3) 미량영양소의 발견과 기능 연구

20세기에 들어서면서 영양학자들은 작은 실험동물들에게 미량영양소가 결핍된 사료를 먹이고 관찰하면서 여러 종류의 비타민을 발견하고 구조를 규명하여 영양소에 대한 지식을 확고히 하였다. 또한 생물학, 생화학, 분석화학 등 관련 분야의 연구방법과 기기들의 발달에 따라 동물 전체뿐 아니라 각 기관이나 세포, 나아가 세포

내의 소기구들을 분리하여 영양소의 기능을 연구하고 결핍증의 원인을 규명하였다. 영양결핍증은 이들 영양소를 많이 함유한 식품을 먹음으로써 쉽게 치료하고 예방할 수 있었다.

(4) 만성질환 연구

20세기 후반에 들어서면서 경제적으로 부유한 국가들에서는 비만이 증가하고 심장병, 당뇨병, 암 등 만성질환이 증가하여 사망의 주요 원인이 되었다. 이 질환들은 오랜 기간의 식생활과 관련이 있으며 이외에도 흡연, 운동 등 여러 가지 생활습관이 복합적으로 관여하고, 유전도 영향을 미치므로 예방이나 치료가 쉽지 않아 오늘날 이에 대한 연구가 영양학의 주요 과제가 되고 있다.

(5) 오늘날의 연구과제

현대에는 영양결핍을 예방하는 것에서 그치지 않고 적절한 영양섭취, 만성질병을 예방할 수 있는 식사법, 또한 식품에 들어 있는 여러 가지 건강에 유익하거나 유해한 성분들을 어떻게 조화시켜 식사를 하는 것이 좋은가 하는 보다 종합적인 영양정보를 제공하여 사람들이 오랫동안 건강하게 살 수 있도록 하는 것이 필요한 시기이다. 유전 및 다른 생활습관도 건강에 많은 영향을 미치므로 보다 폭넓은 연구가 필요하다.

2) 영양학 연구방법

영양에 대한 정확한 정보는 과학적 연구를 통해 얻어지며, 올바른 영양정보를 분별하기 위해서는 연구방법들을 아는 것이 도움이 된다. 과학적 연구들은 자료를 얻는 방법에 따라 관찰과 실험에 의한 것으로 크게 나눌 수 있다. 관찰은 사람들의 식생활과 건강문제를 관찰하고 정보를 분석하여 지식을 얻는 것이며, 실험은 특별한 조건을 실시하여 그 조건에 의한 결과를 분석하는 것이다. 영양학 연구는 시기에 따라 또한 주제에 따라 관찰과 실험에 의한 방법을 모두 사용하며 발전하였다. 영양학

연구에 많이 사용되는 연구방법들을 간단히 소개하면 다음과 같다.

(1) 관찰 연구

관찰 연구는 개인 또는 인구집단에서 식생활과 건강문제에 관한 자료를 수집하여 질병과 관련된 요인을 찾는 것이다. 예를 들어, 특정 질병의 정도가 다른 몇 개의 지역에서 식생활에 관한 정보를 수집하여 질병 패턴과 비교하면 질병과 관련된 식이요인을 알 수 있다. 한 번 조사하는 것에 그치지 않고 같은 사람들을 대상으로 시간이 지남에 따라 반복적으로 조사하면 질병의 변화와 식생활의 관계를 더욱 잘 알 수 있다. 최근에는 인구 중 일부 집단에 특정 영양소나 식품을 공급하여 그 효과를 관찰하는 실험적 요소를 가미하는 연구가 중요시되고 있다.

(2) 인체 연구

인체실험은 사람들을 대상으로 선정하여 일정한 조건의 식사나 특정 영양소를 공급하면서 그 결과를 보는 것이다. 예를 들어, 사람의 단백질 필요량을 알고자 한다면 다른 영양소들은 다 충분히 공급한 상태에서 단백질만을 여러 가지 수준으로 공급하여 얼마만큼을 먹는 것이 좋은지 분석해야 한다. 영양학의 목적이 인간의 건강증진에 있음을 고려할 때, 인체 연구는 영양학에서 매우 중요하다.

(3) 실험 연구

실험실에서 특정 가설을 세우고 그에 따라 실험계획을 세워 수행하는 연구를 모두 실험실 연구라고 한다. 실험실 연구는 보다 정확한 실험 설계에 의하여 특정 가설을 연구할 수 있어서 많이 사용된다. 화합물이나 약품만을 쓰는 연구도 있으나 영양학 연구에서는 동물, 특정 기관, 조직, 세포 등 생물학적 반응이나 현상을 연구할 수 있는 모델을 많이 사용한다. 실험동물들은 성장속도가 빠르고 실험실에서 여러 마리를 함께 키우면서 통제된 실험을 할 수 있어서 영양학에 대한 기초지식을 발전시키는 데 크게 기여하였다. 그러나 동물에 따라 영양소의 대사, 필요량, 심지어 필수성 자체에 차이가 있고 인체 대사와도 차이가 있어 연구에 제한이 된다. 따라서 실험실 연구 자료를 이용할 때에는 이러한 차이를 충분히 고려해야 한다.

3) 식생활 정보의 올바른 이용

식생활과 건강의 관계에 대한 관심이 커지면서 올바른 식생활 정보에 대한 욕구도 커지고 있는 만큼 식생활 관련 정보가 범람하고 있다. 인터넷에 수많은 영양 정보, 건강 정보 및 음식과 요리에 관한 사이트가 등장하고 있음을 감안할 때, 이와 같은 과학과 식생활의 발달은 21세기의 정보화와 함께 '식생활의 정보화'로 발전하고 있음을 알 수 있다. 그러나 그 속에서 올바른 정보를 구분해 내기가 점차 어려워지고 있는 실정이다.

표 1-1 식생활 정보를 제공하는 국 · 내외 기관

구분	웹사이트명	웹사이트 주소	정보 내용
국내	식품의약품안전처 생애주기영양정보관	www.foodnara.go.kr/foodlife	임신 · 수유기, 영유아, 어린이, 청소년, 성인, 어르신 등을 위한 생애주기별 영양 정보 제공
	식품의약품안전처 영양표시정보	www.kfda.go.kr/nutrition/index.do	영양표시, 위해 가능 영양성분(지방, 당, 나트륨) 저감과, 트렌스지방, 식품영양성분, 외식영양성분 등에 관한 정보 제공
	대한지역사회영양학회 다이어트넷	www.dietnet.or.kr	식품영양 관련 정보 및 영양상담 제공
	대한영양사협회	www.dietitian.or.kr	영양교육, 영양 클리닉, 식품위생, 질환별 영양관리 등에 관한 내용 제공
	식품안전정보원	www.foodinfo.or.kr	최신 식품안전에 관한 일반 정보, 정책, 법령 등에 관한 내용 제공
국외	미국 영양사협회	www.eatright.org	일반인과 전문가들을 대상으로 식품, 영양, 건강 정보, 제공
	미국 농무성 식품영양정보센터	www.fns.usda.gov	식품과 영양에 관련된 다양한 정보 제공
	미국 보건복지부	www.nih.gov	생애주기별 건강관리, 영양 관련 정보 제공
	미국 식품의약안전본부	www.fda.gov	식품위생, 식중독, 미국 가공식품의 영양표시제에 관한 정보 제공

올바른 영양 정보란 앞서 제시된 바와 같이 정확한 과학적 연구들을 통하여 얻어져야 하며 한두 번에 얻어진 결과가 아니라 다양한 방법으로, 충분한 반복을 통해 일관성 있게 나오는 결과이어야 한다. 시중에는 많은 잘못된 정보들이 난무하고 있으며 대부분은 정확한 연구결과에 근거하지 않거나 한두 가지 연구결과들을 침소봉대하여 과대 선전하는 것이 많다. 또한 실험실의 제한된 조건에서 수행된 연구결과들을 마치 인체에 직접 적용할 수 있는 것처럼 과장하기도 한다. 이런 것은 특정 제품을 선전하기 위한 광고문구인 경우가 많으며 정보의 근거를 명확히 밝히지 않거나 전문가가 아닌 사람이 정보를 제공하는 것이 보통이다. 잘못 현혹되면 비싼 값을 지불하고 효과가 없거나 심지어 건강에 해로운 것을 구입할 수 있으므로, 특히 특정 상품의 판매와 연결된 것은 일단 의심하고 잘 살펴볼 필요가 있다. 신뢰할 수 있는 식생활 정보를 판별하는 기준이나 제공하는 급원을 알아, 건전한 정보를 수집하고 식생활에 적용할 수 있어야 한다표 1-1.

요약

- 영양이란 신체가 식품을 섭취하고 소화 · 흡수한 후 생명 유지나 근육활동에 필요한 에너지를 공급하고 각 조직이나 기관의 성장, 유지 및 보수작용의 여러 과정을 비롯하여 신체에 불필요한 대사물질을 체외로 배설하기까지의 일련의 과정을 말한다.
- 대부분의 만성질환들은 식생활로 예방이 가능한 질환이므로 건강을 유지하기 위해서는 균형 있는 식생활을 하도록 노력해야 한다.
- 사람들이 음식을 선택하는 데 영향을 미치는 요인으로는 크게 식품의 이용 가능성과 선천적 · 후천적 요인, 생활관습, 지식 등과 관련된 개인의 선택으로 나눌 수 있다.
- 올바른 영양 정보란 정확한 과학적 연구들, 다양한 방법으로 충분한 반복을 통해 일관성 있게 나오는 결과들이다. 이러한 신뢰할 수 있는 식생활 정보를 판별하는 기준이나 제공하는 급원을 알아, 건전한 정보를 수집하고 식생활에 적용할 수 있어야 한다.

CHAPTER

02

건강한 식생활

적절한 영양섭취는 영양 부족을 막을 수 있을 뿐 아니라 영양과잉으로 인한 비만이나 만성질환을 예방할 수 있다. 이를 위해서는 다양한 식품을 선택하여 적절한 양을 섭취하고, 균형 잡힌 식생활을 실천하도록 해야 한다. 최근 식생활에서는 영양 부족보다는 영양과잉, 가공식품의 빈번한 섭취, 불규칙한 식사와 편식으로 인한 영양불균형이 식생활문제로 나타나고 있다. 또한 먹을 것이 과거보다 풍부해졌으나 여전히 비타민이나 무기질 등 일부 영양소는 부족하므로 균형 잡힌 식생활을 하도록 노력하는 것이 필요하다.

❶ 건강을 위한 식사 원칙

1) 균형 잡힌 식사

균형이란 섭취하는 식품이나 영양소 측면에서 어느 특정한 것에 치우침이 없는 것을 의미한다. 균형 있는 식사는 필요한 모든 영양소가 적당한 양으로 포함되어 있는 식사를 말하며 특정 영양소나 식품에 치우치지 않게 구성된 식사를 말한다. 손쉽게 균형식단을 작성하는 데 이용하도록 만들어진 것이 기초식품군이다.

균형 잡힌 식사를 하려면 필요한 모든 영양소를 개인의 필요량을 충족시킬 수 있도록 섭취해야 하는데, 실제로 우리가 섭취하는 식품의 종류는 매우 다양하고, 또 식품마다 함유하고 있는 영양소의 종류와 양이 다르므로 어느 음식을, 얼마만큼 먹어야 하는지 결정하는 데 어려움이 따른다. 그러므로 일반인들이 이해하기 쉽도록 영양소의 조성이 비슷한 식품들을 묶어서 기초식품군으로 제시하고 있다. 각 나라마다 기초식품군을 4~7개의 식품군으로 구분하였으며, 우리나라에서는 식품의 영양소 함량, 특정 식품이 영양소 섭취에 기여하는 정도, 식사 패턴 등을 고려하여 6가지의 식품군으로 분류하였다.

6가지 식품군은 다음과 같다.

- 곡류
- 고기 · 생선 · 달걀 · 콩류
- 채소류
- 과일류
- 우유 · 유제품류
- 유지 · 당류

6가지 식품군이 차지하는 중요성과 양을 일반인이 이해하고 실제 식생활에서 쉽게 사용할 수 있도록 그림으로 표시한 것이 식품구성자전거이다그림 2-1. 식품구성자전거는 이러한 6가지 식품군 중 과잉섭취를 주의해야 하는 유지 · 당류를 제외한 5가지 식품군을 매일 골고루 필요한 만큼 먹어 균형 잡힌 식사를 해야 한다는

그림 2-1 식품구성자전거

출처 : 보건복지부(2015).

의미를 전달하고 있다. 여기에 앞바퀴에 물잔의 이미지를 넣어 매일 충분한 양의 물을 섭취해야 하는 것을 표현하고 있으며 자전거에 앉은 사람의 모습은 매일 충분한 양의 신체활동을 해서 적절한 영양소 섭취기준과 함께 건강을 유지하고 비만을 예방할 수 있음을 의미한다.

식품구성자전거의 뒷바퀴를 보면 균형 잡힌 식사 구성을 나타내도록 권장식사 패턴의 섭취 횟수와 분량에 비례하도록 면적이 배분되었다. 주식으로 가장 많이 섭취해야 할 곡류는 매일 2~4회로 가장 넓은 면적을 차지하고, 고기 · 생선 · 달걀 · 콩류는 매일 3~4회, 채소류는 매 끼니 2가지 이상, 과일류는 매일 1~2개, 우유 · 유제품은 매일 1~2잔을 섭취하는 것을 표현하고 있다. 유지 · 당류는 조리 시 조금씩 사용하는 것을 권장하여 2015년 개정하면서 포함하지 않았다.

각 식품군의 식품들을 골고루 섭취하면 대체로 필요한 영양소를 얻을 수 있는데, 이때 같은 식품군에 속한 식품들일지라도 각각 그 종류에 따라서 실제 영양소 함량에 차이가 있기 때문에 일상 식생활에서는 같은 식품군 내에 있는 여러 가지 식품들을 번갈아 골고루 섭취해야 한다.

영양적으로 균형 잡힌 식단을 위해서는 매끼마다 곡류의 식품을 주식으로 하고, 채소 반찬 2~3가지, 고기 · 생선 · 달걀 · 콩류에서 1~2가지를 갖추어 먹는 것이 좋다. 음식을 조리할 때 사용하는 유지 · 당류는 가급적 적게 이용하며 간식으로 우유 · 유제품류, 과일류의 식품을 각각 1일 1회 이상 섭취하도록 한다.

• 표 2-1 • • 나의 하루 식사의 균형성은 몇 점이나 될까? (요일)

영양소	식품류	식품	배점		득점					
			균형식	식품	아침		점심		저녁	
					균형식	식품	균형식	식품	균형식	식품
단백질	고기류, 생선류	닭고기, 돼지고기, 쇠고기, 토끼고기, 오리고기, 소시지, 햄, 생선, 굴, 조개, 어묵	10	5						
	알류	달걀, 오리알, 메추리알		5						
	콩류	콩, 두부, 비지, 두류, 된장, 청국장		4						
칼슘	우유류	우유, 분유, 치즈, 요구르트	10	5						
	뼈째 먹는 생선	멸치, 뱅어포, 잔새우, 미꾸라지, 양미리, 사골		4						
비타민·무기질	녹황색 채소류, 해조류	시금치, 당근, 깻잎, 고추, 갓, 미나리, 상추, 쑥갓, 무청, 아욱, 근대, 열무, 미역, 김, 다시마, 파래	10	5						
	담색 채소류, 버섯류	무, 배추, 양배추, 오이, 호박, 파, 양파, 우엉, 콩나물, 가지, 고구마줄기, 도라지, 버섯		2						
	과일류	사과, 감, 배, 복숭아, 귤, 포도, 살구, 자두, 토마토, 참외, 수박, 딸기, 대추		4						
당질	쌀	쌀, 찹쌀	10	3						
	잡곡류	보리, 밀가루, 옥수수, 조, 수수, 국수, 빵, 떡		3						
	감자류	감자, 고구마, 당면, 토란, 도토리		3						
지방	기름류	참기름, 들기름, 콩기름, 채종유, 마요네즈, 마가린, 버터	10	4						
	종실류	참깨, 들깨, 호두, 잣, 땅콩		3						
소계			50	50						
합계			100							

• 평가기준 : 75점 이상은 훌륭, 74~50점은 개선 필요, 49점 이하는 반드시 개선

• 진단방법

1. 배점 원리를 보면 식품점수는 해당 식품군별로 식품이 하나 이상 있을 때 해당점수를 득점하고, 균형식 점수는 영양소별로 배점된 식품이 하나 이상 있을 때 10점씩 득점한다.
2. 각 끼니별로 득점란의 식품, 균형식 점수란에 해당되는 식품이 있을 때 각각 ㅇ표를 하고 소계를 구한다.
3. 합계란에는 균형식 점수와 식품점수 소계를 합하여 기록한 후 이를 평가기준과 비교한다.

2) 다양한 식품섭취

우리 신체에 필요한 영양소의 종류는 40종 이상으로 매우 많으나 한두 가지 식품으로 모든 영양소의 필요량을 충족시킬 수는 없다. 같은 식품군에 속하는 식품이라 하더라도 모든 식품들은 각각 고유한 구성성분을 가지고 있으므로 각 식품들의 영양소 종류나 함량은 어느 정도 다를 수 있으며 어느 한 가지 식품이 모든 영양소를 골고루 함유하고 있지는 않다. 예를 들어, 같은 육류인 쇠고기, 돼지고기, 닭고기의 무기질, 비타민 함량이 조금씩 차이가 나며, 완전식품이라고 알려져 있는 달걀의 경우에도 비타민 C가 전혀 없고 칼슘도 거의 함유하고 있지 않다. 그러므로 여러 식품을 다양하게 섭취함으로써 한 식품에서 부족한 영양소를 다른 식품으로부터 얻게 되어 상호 보완효과를 볼 수 있다. 일본에서는 하루에 30가지 이상의 식품을 섭취하도록 권장하고 있다.

식품섭취가 다양한지의 여부는 식품군 섭취 여부, 섭취한 식품의 가짓수 등으로 알아볼 수 있다표 2-1.

3) 적절한 양

최근 증가하고 있는 당뇨병, 고지혈증 등 생활습관병의 예방과 관리를 위해서 식품을 적절한 양으로 섭취할 것을 강조하고 있다. 적절한 양의 섭취는 모든 영양소를 너무 많거나 적지 않게, 필요한 양만큼 골고루 섭취하는 것을 말한다. 하루 중 어느 한 끼니에 특정 영양소가 함유된 식품을 많이 섭취할 경우 다른 끼니에는 그 영양소 함량이 적은 식품을 섭취하여 영양소 섭취가 적절하게 유지되도록 해야 한다.

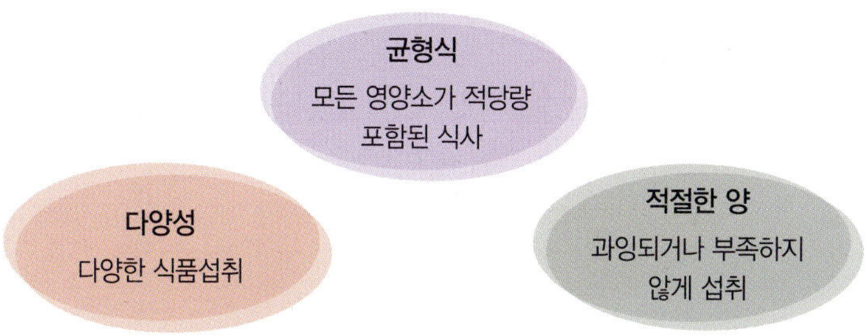

그림 2-2 건강을 위한 식사 원칙

❷ 한국인 영양섭취기준

건강한 생활을 위해서는 영양소를 균형 있게 섭취해야 하며 그 영양소의 필요량은 종류에 따라 다르므로, 매일 어떤 영양소를 얼마만큼 먹어야 적절한 영양섭취를 할 수 있는지 그 기준이 필요하다. 한국인 영양섭취기준은 한국인의 건강을 최적상태로 유지하기 위해서 필요한 영양소의 섭취량을 과학적인 근거에 준하여 제시한 것이다. 예전의 '영양권장량'에서는 영양소의 부족을 예방하기 위해 대다수의 건강한 사람들의 필요량을 충족하는 영양소의 단일값으로 제시하였다. 그러나 최근 식생활과 질병 양상의 변화에 따라 영양소 과다섭취가 문제가 되므로, 영양소 필요량을 충족시키면서 과잉섭취로 인한 만성질환을 줄이도록 새로운 개념을 도입하여 사용하게 되었는데, 이것이 '영양섭취기준'이다.

영양섭취기준에는 과거의 영양권장량 개념인 권장섭취량Recommended Intake : RI 외에도 영양소의 성격에 따라 평균필요량Estimated Average Requirement : EAR, 충분섭취량Adequate Intake : AI, 상한섭취량Tolerable Upper Intake Level : UL의 개념이 제시되었다. 각 개념은 표 2-2, 그림 2-3에 나타난 바와 같다. 따라서 한 영양소에 대해 영양섭취기준의 2~3가지 수치가 있으며, 식생활의 내용을 세밀하게 평가하고 식사에 적용할 수 있도록 되어 있다.

표 2-2 영양섭취기준의 개념

구분	내용
평균필요량	• 대상집단을 구성하는 건강한 사람들의 절반에 해당하는 사람들의 일일필요량을 충족시키는 값 • 대상집단의 필요량 분포치 중앙값으로부터 산출한 수치
권장섭취량	• 평균필요량에 표준편차의 2배를 더하여 정한 수치 • 통계적으로 집단의 97.5%의 영양필요량을 충족시키는 값
충분섭취량	영양소 필요량에 대한 정확한 자료가 부족하거나, 필요량의 중앙값과 표준편차를 구하기 어려운 영양소의 경우 건강한 인구집단의 섭취량을 추정 또는 관찰하여 정한 값
상한섭취량	인체 건강에 유해영향이 나타나지 않는 최대 영양소 섭취수준으로, 과량 섭취 시 건강에 악영향의 위험이 있다는 자료가 있는 경우에 설정 가능

출처 : 보건복지부(2015).

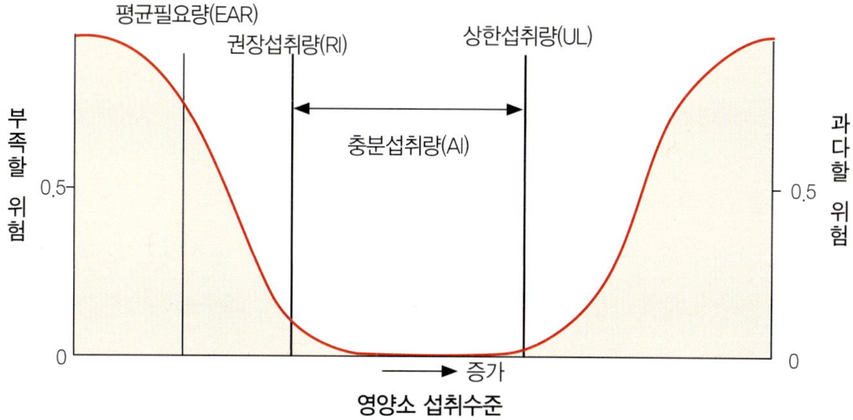

그림 2-3 영양섭취기준

출처 : 보건복지부(2015).

개인의 영양섭취수준이 충분한지를 평가할 때는 주로 권장섭취량이나 충분섭취량과 비교한다. 이들 수치는 개인차를 고려하여 충분히 높게 정해놓은 것이므로 자신이 섭취한 분량이 이보다 적은 경우 반드시 영양 부족을 의미하지는 않는다. 평균섭취량 이하로 섭취하거나 권장섭취량의 75% 미만으로 섭취 시 영양소 결핍 가능성이 높으므로 식생활을 개선해야 한다. 또한 특정 영양소를 과잉섭취하면 독성의 위험이 있으므로 상한섭취량을 넘지 않도록 한다.

❸ 어떻게 먹어야 하나 : 식사구성안

영양섭취기준은 질병이 없는 대다수의 사람들이 건강을 최적상태로 유지하고 질병을 예방하기 위해 섭취해야 할 영양소의 양을 정한 것으로, 식사계획이나 영양평가를 할 때 기준이 된다. 그러나 일반인들은 영양소의 형태가 아닌 식품을 섭취하기 때문에 실제의 식사에서 영양섭취기준을 이용하여 어떤 식품을 얼마나 먹어야 하는지 쉽게 알기 어렵다. 그러므로 일반인들이 실생활에서 쉽고 편리하게 식사를 계획하고 구성하도록 식사구성안이 만들어졌다. 식사구성안은 건강한 일반인들이 영양섭취기준을 만족시키면서 어떤 식품을 얼마나, 어떻게 먹어야 할지를 보여 준다.

1) 식사구성안의 내용

식사구성안은 다음의 세 요소로 구성되어 있다.

- 식품군 : 함유한 영양소에 따라 6가지 식품군으로 구분
- 1인 1회 분량 : 각 식품군에 속하는 식품별로 한 번에 섭취하는 분량 제시
- 권장식사 패턴 : 각 식품군 식품의 1인 1회 분량을 하루에 몇 번 섭취해야 할지 횟수를 제시

(1) 식품군 분류

앞에서 제시한 바와 같이 식품이 함유한 영양소의 특성에 따라 곡류, 고기 · 생선 · 달걀 · 콩류, 채소류, 과일류, 우유 · 유제품류, 유지 · 당류의 6가지 기초식품군으로 분류하였다.

(2) 1인 1회 분량

분류된 식품군별 대표식품을 선정하고, 각 식품에 대해 1인 1회 분량을 정하였다표 2-3. 대표식품 선정 시 각 식품군별로 영양소에 대한 기여도가 높은 식품, 자주 이용하는 식품, 섭취량이 상대적으로 높은 식품 등을 고려하였다. 각 식품군별 대표식품의 1인 1회 분량은 한 번에 섭취해야 하는 정확한 양을 의미하는 것이 아니고, 우리나라 사람들이 통상적으로 한 번에 섭취한다고 생각되는 양으로 산출한 것이다.

같은 식품군 내에서 대표식품의 1인 1회 분량의 에너지 함량은 유사하도록 하였는데, 곡류의 경우 300kcal시리얼, 감자류, 묵류의 경우 1회 분량이 밥 1/2공기에 해당하므로 1회 분량으로 제시하되 식단 작성에서는 섭취 횟수를 0.5회로 함, 고기 · 생선 · 달걀 · 콩류는 100kcal단백질 10g, 채소류 15kcal, 우유 · 유제품류 125kcal, 유지 · 당류는 45kcal 정도가 되도록 하였다. 각 식품군별로 대표식품이 주어졌으나 식품군 내에서 대체를 해서 변화를 주더라고, 전체 영양소 섭취에 가능한 한 큰 문제가 없도록 하였다.

• 표 2-3 • • 식품군별 대표식품의 1인 1회 분량

식품군	1인 1회 분량					
곡류	쌀밥(210g)	백미(90g)	가래떡(150g)	국수 말린 것 (90g)	감자(140g)*	식빵(35g)*
고기 · 생선 달걀 · 콩류	쇠고기(60g)	닭고기(60g)	고등어(60g)	달걀(60g)	두부(80g)	대두(20g)
채소류	콩나물(70g)	풋고추(70g)	시금치(70g)	배추김치(40g)	느타리버섯 (30g)	미역(30g)
과일류	참외(150g)	사과(100g)	귤(100g)	바나나(100g)	포도(100g)	과일주스 (100mL)
우유 · 유제품	우유(200mL)	호상요구르트 (100g)	액상요구르트 (150mL)	아이스크림(100g)	치즈(20g)*	
유지 · 당류	깨(5g)	콩기름(5g)	마요네즈(5g)	버터(5g)	설탕(10g)	꿀(10g)

*표시는 0.3회
출처 : 보건복지부(2015).

(3) 권장식사 패턴

개인마다 성별, 연령별로 영양소의 필요량이 다르므로 식사를 계획할 때 이러한 차이가 반영되어야 한다. 권장식사 패턴이란 성별, 연령별 대표 열량을 제시하고,

• 표 2-4 • • 권장식사 패턴

식사	A타입					B타입			
	1,400A	1,700A	1,900A	2,000A	2,600A	1,600B	1,900B	2,000B	2,400B
적용대상 / 식품군	3~5세 유아	6~11세 여	6~11세 남	12~18세 여	12~18세 남	65세 이상 여	19~64세 여	65세 이상 남	19~64세 남
곡류	2	2.5	3	3	3.5	3	3	3.5	4
고기 · 생선 · 달걀 · 콩류	2	3	3.5	3.5	5.5	2.5	4	4	5
채소류	6	6	7	7	8	6	8	8	8
과일류	1	1	1	2	4	1	2	2	3
우유 · 유제품류	2	2	2	2	2	1	1	1	1
유지 · 당류	4	5	5	6	8		4	4	6

심화학습

식품군별 올바른 식품선택법

식품군별로 자주 섭취하는 식품들에 대한 영양 정보를 이해하여 올바른 식품 선택에 활용한다.

- **곡류** : 에너지섭취에 가장 비중이 큰 식품군으로서 평소 식사 시 흰 쌀밥보다는 잡곡을 섞어서 섭취하도록 하여 흰 쌀밥 섭취 시 부족되기 쉬운 영양소를 보충할 수 있도록 한다. 감자, 고구마, 떡 등을 간식으로 섭취할 때에는 1회 분량 이상 섭취하도록 하며, 섭취한 만큼 밥의 양을 조정해야 한다. 단순당이 많이 함유된 음식의 섭취를 가급적 피하도록 한다.

- **고기, 생선, 달걀, 콩류** : 지방이 적은 식품 위주로 선택하고, 육류의 경우 기름기가 적은 부위를 선택하며, 눈에 보이는 지방과 껍질은 제거한다.

- **채소류** : 채소류는 다른 식품군에 비해 비교적 에너지가 적으므로 충분히 섭취하도록 한다. 즙을 내어 먹는 것보다는 생채소로 먹는 것이 섬유소 함량이 높다. 단호박, 도라지, 연근, 우엉 등은 다른 채소에 비해 당질 함량이 높으므로 섭취할 때 분량에 주의한다. 또 김치를 하루 세 끼 먹을 때는 가능하면 싱겁게 해서 먹는다.

- **과일류** : 생과일에 비해 과일주스는 식이섬유 함량이 적으므로 가능하면 생과일로 섭취하도록 한다. 과일주스를 먹을 때는 시판되는 주스는 당이 첨가된 제품이 많으므로 직접 생과일을 갈아서 먹는다.

- **우유 · 유제품** : 저지방우유는 일반우유에 비해 포화지방산과 콜레스테롤 양이 적으므로 성인은 저지방우유를 섭취하도록 한다. 바나나우유, 딸기우유 등과 같은 첨가우유는 흰 우유에 비해 당질 함량이 높다. 소화가 안 되는 경우에는 우유 대신 두유나 요구르트 등을 섭취한다.

출처 : 보건복지부(2010). 비만 예방을 위한 바른 식생활.

대표 열량에 대해 식품군별 섭취 횟수를 제시하여 자신에게 적절한 식품을 선택하여 식단을 작성할 수 있도록 안내하는 식사 형태이다. 권장식사 패턴은 이런 정도의 식사구성을 하면 영양섭취기준을 만족시킬 수 있다는 식사구성의 예를 보여 준다. 따라서 이를 기초로 개인의 기호도 등을 고려하여 식품군별 1일 섭취 횟수를 조정하여 다양하게 사용할 수 있다표 2-4.

같은 군에 속한 식품들은 주요 영양소 함량이 비슷하므로 자유롭게 바꾸어 선택하여 먹을 수 있으며, 가능하면 같은 식품군 내에서도 식품마다 기준 영양소 이외에 다른 영양소 및 건강기능성분의 함량이 다르므로 골고루 선택해 먹도록 한다.

2) 식사구성안을 활용한 식단작성

식사구성안을 이용하여 식단을 작성하는 구체적인 과정은 다음과 같다.

① 1단계 : 자신에게 적합한 1일 에너지필요량 확인

자신의 체중과 신장을 이용하여 비만도를 확인하고 에너지 필요량 계산 시 반영한다.

② 2단계 : 에너지필요량에 적절한 권장식사 패턴 선택

제시된 권장식사 패턴 중 자신에게 필요한 에너지량과 가장 비슷한 식사 패턴을 선택하여 각 식품군별 섭취 횟수를 확인한다.

③ 3단계 : 권장섭취 횟수를 세 끼로 배분

권장식사 패턴에서 제시한 각 식품군별 섭취 횟수를 확인하고 세 끼에 적절하게 배분간식 포함한다.

④ 4단계 : 식품군별 섭취 횟수에 1인 1회 분량을 곱하여 식품섭취량을 계산하고 메뉴를 결정

식품군별 권장섭취 횟수를 곡류는 주식으로 하고, 고기 · 생선 · 달걀 · 콩류와 채소류는 부식으로 하여 세 끼 식사로 나누어 각기 배분하고 과일과 우유는 간식으로 정한다.

• 표 2-5 • • 성인 남성 식단구성의 예(2,400kcal, B타입)

메뉴	분량	아침	점심	저녁	간식
		쌀밥, 육개장, 조기구이, 콩자반, 실파무침	잔치국수, 동태전, 느타리버섯볶음, 시금치나물, 가지나물	잡곡밥, 미역국 수육, 모듬쌈 & 쌈장, 도토리묵무침 배추김치	시리얼, 우유, 배, 단감, 사과, 군고구마, 녹차
곡류	4회	쌀밥 210g (1)	국수(생면) 210g(1)	잡곡밥 210g(1) 도토리묵 70g(0.1)	시리얼 30g(0.3) 고구마 140g(0.6)
고기 · 생선 · 달걀 · 콩류	5회	쇠고기 30g(0.5) 조기 60g(1) 검은콩 20g(1)	동태, 달걀 60g(1)	돼지고기 90g(1.5)	
채소류	8회	숙주, 고사리, 무 70g(1) 실파 70g(1)	애호박 17g(0.25) 김 0.5g(0.25) 느타리버섯 30g(1) 시금치 70g(1) 가지 70g(1)	미역 15g(0.5) 상추, 고추, 깻잎 70g(1) 배추김치 40g(1)	
과일류	3회				배 100g(1) 단감 100g(1) 사과 100g(1)
우유 · 유제품류	1회				우유 200mL(1)

구분	식단	식단사진	
		식사	간식
아침	쌀밥 육개장 조기구이 콩자반 실파무침		시리얼, 우유, 배 
점심	잔치국수 동태전 느타리버섯볶음 시금치나물 가지나물		단감, 사과 
저녁	잡곡밥 미역국 수육 모듬쌈 & 쌈장 도토리묵무침 배추김치		군고구마, 녹차 

권장식사 패턴을 활용하여 작성된 성인 남성을 위한 2,400kcal 식단의 예를 표 2-5에 제시하였다.

❹ 건강한 식생활을 어떻게 하나 : 식생활지침

국민의 건강과 영양문제를 최소화하고 건강증진과 삶의 질을 향상시키기 위해서는 개별 영양소의 섭취량에 대한 제시뿐만 아니라 포괄적인 식사의 질 향상을 위한 지침이 필요하다. 특히, 사회 발전과 더불어 우리나라에서도 급격히 증가하고 있는 생활습관병의 예방을 위해서 질적인 지침이 요구되고 있다.

최근에는 실생활에서의 이용도, 이해도를 높이기 위해 영양소 중심이 아니라 식품 중심의 식생활지침food based dietary guidelines을 개발하고 있다. 세계보건기구에서는 식품 중심의 식생활지침에 대한 가이드를 제시하였는데, 이는 대상집단의 식생활 유형을 반영하고, 실용적이어야 하며, 대부분의 사람이 쉽게 이해할 수 있고, 문화적 · 지역적 특성을 반영해야 함을 포함한다. 식사의 계획이나 평가에서 영양섭취기준은 양적인 기준을 제공하는 반면, 식생활지침은 질적인 기준으로 활용된다.

1) 한국인을 위한 식생활지침

한국인을 위한 식생활지침은 우리나라 사람들의 식생활에서 나타나는 공통적인 문제점을 해소하여 균형 잡힌 식습관으로 이끌고, 식생활 관련 질병 발생을 예방하는 것을 목표로 하고 있다. 1986년 한국영양학회에서 '한국인을 위한 식사지침'이 처음 발표되었고, 1991년에 보건복지부에서 '국민식생활지침'을 발표하였다. 이후 2002년 보건복지부에서 한국인을 위한 식생활지침을 발표하였고, 생애주기에 따른 차이점을 고려하여 영유아, 어린이, 청소년, 성인, 임신 · 수유부, 노인 등 대상별 식생활 실천지침을 제정, 보급해왔다.

2016년에 보건복지부에서는 지금까지 여러 정부기관별로 개발된 식생활지침들

국민 공통 식생활지침 : 국민 식생활 개선을 위한 9가지 수칙

1. 쌀 · 잡곡, 채소, 과일, 우유 · 유제품, 육류, 생선, 달걀, 콩류 등 다양한 식품을 섭취하자
- 곡류 · 과채류 섭취의 감소, 육류 섭취의 증가
- 권장칼슘섭취량 대비 부족률 : (2005) 71.1% → (2014) 68.7%

2. 아침밥을 꼭 먹자
- 아침식사 결식률 : (2005) 19.9% → (2014) 24.0%

3. 과식을 피하고 활동량을 늘리자
- 만 19세 이상, 걷기 실천율
  - (2005) 남자 62.4%, 여자 59.0% → (2014) 남자 43.1%, 여자 40.3%

4. 덜 짜게, 덜 달게, 덜 기름지게 먹자
- (나트륨) 목표섭취량(2,000mg) 대비 남자 2.2배, 여자 1.6배 섭취
- 1일 평균 당류 섭취량 : (2007) 69.6%g → (2013) 72.1g

5. 단 음료 대신 물을 충분히 마시자
- 음료를 통한 당류 섭취량 : (2007) 8.7g → (2013) 13.9g

6. 술자리를 피하자
- 1인 1일 주류 섭취량 : (2005) 81g → (2014) 125g

7. 음식은 위생적으로, 필요한 만큼만 마련하자
- 음식물 쓰레기 줄이기 실천율 : (2011) 62.1% → (2014) 60.6%
- 식중독 발생 건 : (2011) 249건 → (2015) 330건

8. 우리 식재료를 활용한 식생활을 즐기자
- 식량 자급률 50% 미만, 우리 식재료의 관심도 70% 수준

9. 가족과 함께 하는 식사 횟수를 늘리자
- 저녁식사 가족 동반 식사율 : (2005) 76% → (2014) 61.6%

출처 : 보건복지부(2016).

을 통합하여 우리 국민의 건강 · 영양문제, 식생활안전 및 한국형 식생활 등을 고려한 체계적이고 일관된 국민 공통 식생활지침을 발표하였다. 본 식생활지침에서는 최적영양, 식생활 환경, 식품안전 등을 고려하여 건강증진 및 질을 향상하는 것을 목표로 하고 있으며, 일반인들이 쉽게 실천할 수 있도록 영양소가 아닌 식품을 기반으로 내용을 제시하였다.

2) 각 나라별 기초식품군과 식생활지침 : 미국, 일본, 중국

건강한 식생활과 질병 예방 차원에서 전 세계적으로 대부분의 나라들이 각 특성에 맞는 식생활지침을 설정 · 사용하고 있다. 이들 식생활지침의 공통적인 사항으로는 다양한 식품섭취, 복합탄수화물 및 섬유소 함량이 높은 식품의 섭취, 활동량과 섭취열량의 균형에 의한 체중 유지, 총 콜레스테롤 섭취량 제한, 소금섭취 제한 및 절제된 음주 등이 있다.

(1) 미국의 식생활지침

미국은 농림부USDA와 보건복지부USDHHS에 의해 1980년에 식생활지침을 제정하였고 매 5년마다 개정하고 있으며, 2세 이상의 일반인 식생활을 위한 가이드로 활용하고 있다. 2015년에 개정, 발표된 식생활지침은 다음과 같으며, 과체중과 비만이 급격하게 증가함에 따라 적정한 체중유지와 균형식에 중점을 두고 있다.

미국인을 위한 식생활지침 : 주요 권장사항(2015년)

- 모든 식품과 음료는 건강한 식사 형태(healthy eating pattern)에 맞도록 적절한 열량으로 섭취하자.
- 건강한 식사형태에 포함되는 식품으로는 다양한 종류의 채소, 과일, 곡류(특히, 전곡), 저지방 또는 무지방 유제품, 단백질식품(육류, 달걀, 두류, 견과류) 등이다.
- 건강한 식사 형태에서 제한하는 것은 포화지방, 트랜스지방, 설탕, 나트륨 등이다.
- 미국인을 위한 '신체활동지침'을 따르도록 한다.

미국 마이플레이트

출처 : USDA · US DHHS(2015). http//www.choosemyplate.gov

(2) 중국의 식생활지침

1989년에 중국영양학회에서 식생활지침을 처음 제정하였으며, 식품 중심의 식생활지침에 대한 요구가 높아지면서 1997년에 이를 개정하고 식품구성탑을 제시하였다. 2016년에 개정된 중국의 식생활지침은 다음과 같다.

중국인을 위한 식생활지침(2016)

- 곡류를 주식으로 하여 다양한 식품을 섭취하자.
- 식사와 신체활동의 평형을 유지해서 건강체중을 유지하자.
- 채소 · 과일, 우유류 및 콩제품을 많이 먹자.
- 적당량의 생선, 가금류, 달걀, 육류를 먹자.
- 소금과 유지류는 적게 먹고, 당류 섭취량도 조절하며 술을 제한하자.
- 음식물의 낭비를 줄이고 식문화를 개선하자.

중국 식품구성탑

출처 : 중국영양학회(CNS)(2016).

(3) 일본의 식생활지침

일본에서는 1985년에 처음으로 식생활지침이 제정되었고, 1990년에 연령층별로 제시하였다. 이후 2000년에 문부과학성, 후생노동성, 농림수산성이 공동으로 개정하여 제시하였다.

일본인을 위한 식생활지침(2000)

- 식사를 즐기자.
- 규칙적 식사를 통해 건강한 생활리듬을 갖자.
- 주식, 주채, 부채로 균형식을 먹자.
- 밥이나 다른 곡류를 충분히 먹자.
- 식사에서 채소, 과일, 유제품, 콩, 생선 등을 골고루 먹자.
- 소금과 지방을 많이 먹지 말자.
- 적정 체중을 알고 섭취량과 운동량의 균형을 시도하자.
- 식문화나 지역산물을 이용하고, 새롭고 다른 음식을 시도하자.
- 올바른 조리와 보관방법으로 음식물의 낭비와 쓰레기를 줄이자.
- 자신의 식사를 되돌아보자.

일본 식품구성팽이

출처 : http://www.dietition.or.jp

요약

- 건강한 식생활을 유지하기 위해서는 식품구성자전거의 6가지 식품군을 골고루 이용하고, 각 식품군 내에서도 여러 가지 식품을 다양하게, 필요한 양만큼 골고루 섭취하여 균형 잡힌 식생활을 유지하여야 한다.
- 한국인 영양소 섭취기준은 한국인의 건강을 최적 상태로 유지하기 위해서 필요한 영양소의 섭취량을 과학적인 근거에 준하여 제시한 것으로 평균필요량, 권장섭취량, 충분섭취량, 상한섭취량으로 제시되고 있다.
- 식사구성안은 건강한 일반인들이 영양소 섭취기준을 만족시키면서 균형 잡힌 식사를 쉽고 간편하게 할 수 있도록 만든 기준이다. 식품을 함유된 주요 영양소에 따라 6가지 식품군으로 나누어, 각 식품군에 속하는 여러 식품의 일상적으로 섭취하는 1인 1회 분량을 정하고, 하루에 섭취해야 할 각 식품군의 횟수를 제시하였다.
- 국민의 건강과 영양문제를 최소화하고 건강증진과 삶의 질을 향상시키기 위하여 각 나라마다 포괄적인 식사의 질 향상을 위한 식사지침을 제시하고 있다. 우리나라도 국민의 식생활에서 나타나는 공통적 문제점을 해소하기 위해 식생활 목표를 설정한 후 각 연령대별 특성에 중점을 두고 개발한 식생활지침을 보급하고 있다.

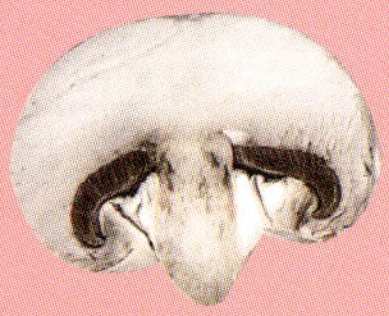

CHAPTER

03

식품의 체내 이용

우리가 섭취한 음식에 들어 있는 다양한 성분 중에서 우리 몸에 필요하고 이로운 영양소는 흡수하여 이용해야 하며 해로운 것은 가능한 한 빨리 배설해야 한다. 소화기관은 식품에 들어 있는 영양소들을 작은 단위로 분해하여 장벽을 통해 흡수시키고 해롭거나 불필요한 것들은 흡수하지 않고 배설한다. 흡수된 영양소들은 산화하여 에너지를 공급하거나 필요한 여러 물질을 합성하는 데 사용된다. 영양소들이 이용되면서 생성되는 이산화탄소, 물, 대사산물들은 호흡, 소변, 피부 등을 통해 배설된다.

❶ 영양소의 소화, 흡수

1) 소화기계의 구조와 기능

소화기계는 우리가 섭취한 음식에 들어 있는 영양소들을 소화, 흡수하는 기관이며 그 구조와 기능은 그림 3-1과 같다. 소화관은 구강으로부터 시작하여 식도, 위, 소장, 대장을 거쳐 항문까지 총 7~8m에 이르는 튜브 형태의 탄력성 있는 근육층으로 구성되어 있다. 여기에 침샘, 췌장, 담낭 등 소화액을 분비하는 부속기관과 흡수된 영양소를 1차적으로 받아들이는 간이 연결되어 있다. 소화관은 입으로부터 항문을 통하여 외부와 연결된 하나의 관으로 생각할 수 있으며, 먹은 음식이 지나가면서 일부는 몸속으로 들어가고 나머지는 항문을 통하여 배설된다. 소화관의 장벽은 모든 것을 통과시키지 않으므로 식품의 성분들이 흡수될 수 있도록 작은 단위로 분해되어야 하는데, 이를 소화라고 한다. 소화된 영양소는 소화관 벽의 점막을 구성하는 상피세포 내로 이동하여 흡수된 후 혈관을 통하여 몸속 기관으로 들어가 체내에서

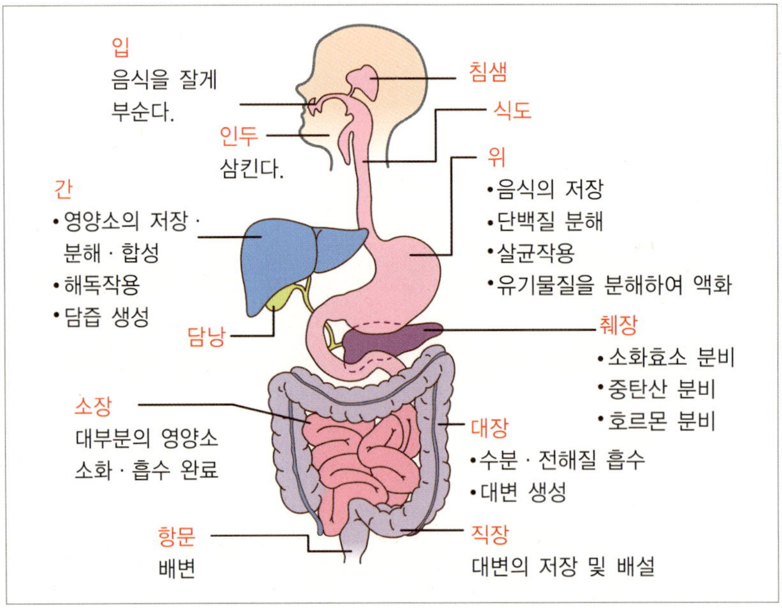

그림 3-1 소화기계의 구조와 작용

이용된다.

소화기계는 우리 신체를 보호하는 기능도 한다. 소화기계는 섭취한 음식 내용물이 통과해야 하는 벽과도 같아 음식성분 중 일부만을 통과시키고 유해한 다른 물질들을 차단한다. 또한 위에서 분비되는 강산은 살균작용이 있어서 음식에 섞여 들어온 균을 죽인다. 장의 벽에는 면역계가 있어서 비정상적인 큰 분자가 들어오면 면역작용에 의하여 이를 물리친다.

침, 위액, 장액, 췌장액 등의 소화액 중에는 소화효소가 함유되어 있어서 식품성분을 화학적인 변화에 의하여 흡수되기 쉬운 물질로 변화시킨다. 소화효소와 음식물이 잘 섞이게 하기 위하여 입, 위, 장에서는 음식물을 잘게 부수고 고루 섞는다. 이와 같은 소화기의 작용을 물리적 소화 또는 기계적 소화라고 하며, 효소에 의한 소화를 화학적 소화라고 한다. 각 소화기관에서의 소화과정을 간단히 설명하면 다음과 같다.

(1) 입과 식도

음식이 입을 통하여 우리 몸에 들어온 후 입에서는 먹은 음식이 식도를 통과할 수 있도록 씹어서 잘게 부수며, 침샘으로부터 분비된 침하루 1.5L 분비이 함께 섞여 미끄럽고 부드러운 반액체가 되어 음식물이 가느다란 식도를 통과할 수 있게 된다. 침은 이와 같이 윤활유의 작용을 할 뿐만 아니라 일부 살균작용도 하며, 아밀레이스amylase가 들어 있어 전분의 소화가 시작된다. 식도로 들어온 음식물은 연동운동에 의해 빠르게 위로 이동된다.

(2) 위

위는 평소에는 수축하여 있다가 음식이 들어가면 팽창하여 주머니처럼 들어온 음식을 저장해두고 조금씩 장으로 내려보낸다. 식사를 빨리 하더라도 위에서는 장으로 내려가는 속도를 조절하므로 장으로 한꺼번에 많은 양이 내려가지 않는다. 장으로 갑자기 너무 많은 내용물이 내려가면 이를 희석시키기 위하여 많은 액이 분비되어 설사의 원인이 된다.

위에서는 하루에 2~2.5L의 위액이 분비되는데, 위산, 펩신, 뮤신, 수분 등이 함유되어 있다. 위산은 pH 1 정도의 강한 산성을 띠며 위에 들어온 음식과 섞여서 음식에 들어 있던 균을 죽여 해로운 균이 장으로 내려가지 않도록 한다. 또한 강산으로 인해 유기성분들이 분해되며 단백질의 입체구조가 변함으로써 소화가 잘 되는 형태가 된다. 펩신은 단백질 가수분해효소로서 일부 단백질을 소화하며, 뮤신은 점액물질로 강산과 펩신으로부터 위점막을 보호한다.

위벽은 두꺼운 근육으로 만들어져 근육이 일정한 속도로 수축 · 이완을 반복함에 따라 내용물들이 위액과 골고루 섞인다. 이와 같이 위로 들어온 음식물은 기계적 · 화학적 소화작용을 거쳐 걸쭉한 반액체상태의 유미즙chyme이 된다. 위의 끝 부분인 유문에는 특수한 근육이 있어서 근육운동에 따라 구멍을 열었다 닫았다 하면서 열릴 때마다 유미즙을 장으로 조금씩 내려보낸다. 음식물이 위에 머무르는 시간은 음식의 양 및 종류에 따라 약 1~4시간 정도 소요되는데, 탄수화물 함량이 높은 음식이 가장 빨리 통과하고 그 다음이 단백질, 그리고 지질 식품의 순으로 위에 머무르는 시간이 길다.

(3) 장

장은 긴 관으로 연결되어 유미즙이 지나가면서 영양소가 소화, 흡수되는 곳이다. 성인의 장은 그 길이가 9m 정도에 달하며 소장과 대장으로 이루어져 있다.

① 소장

소장은 장에서 가장 길이가 길며 다시 십이지장, 공장, 회장의 세 부분으로 나누어진다. 소장벽은 그림 3-2와 같이 표면에 깊고 영구적인 윤상주름들이 있고 이는 다시 손가락 모양의 융모villi로 덮여 있다. 융모의 표면을 영양소의 흡수가 이루어지는 상피세포가 덮고 있는데, 이 세포의 표면에는 미세융모microvilli가 돌출되어 있다. 소장벽은 이러한 윤상주름, 융모, 미세융모 구조로 인하여 겉보기 표면적을 600배나 증가시켜 영양소를 충분히 흡수할 수 있다.

유미즙이 소장으로 들어오면 소장 근육의 수축과 이완이 반복되는 연동작용으로 장 하부 쪽으로 이동하면서 다양한 종류의 소화효소들이 분비되고 복잡한 소화

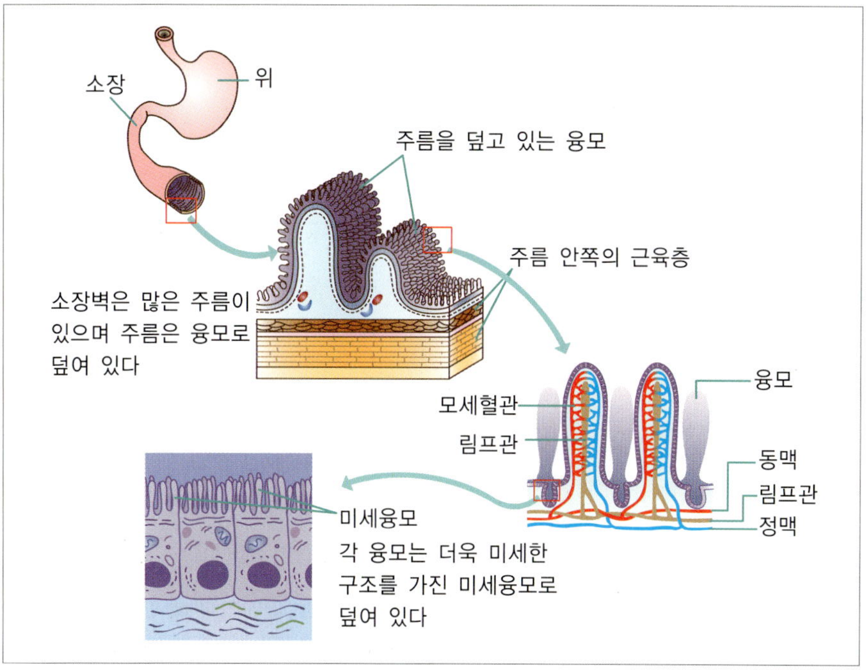

그림 3-2 소장벽의 구조

과정이 진행된다. 십이지장은 위와 연결된 곳으로 그 길이가 짧으나 췌장과 담낭이 연결되어 있어 소화에 중요하다. 췌장에서는 위산을 중화하는 중탄산염과 탄수화물, 지질, 단백질의 소화에 필요한 각종 소화효소를 분비한다. 지질 함량이 높은 음

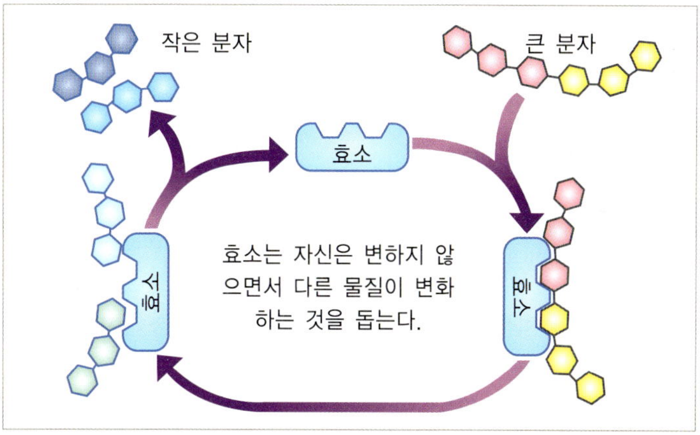

그림 3-3 소화효소가 영양소를 분해하는 모형

식물이 들어오면, 간에서 만들어져 담낭에 고여 있던 담즙이 십이지장으로 분비되어 지질분해효소가 작용하기 쉽도록 지질을 유화한다. 탄수화물, 단백질, 지질은 각각의 효소에 의하여 가장 작은 단위로 분해되어 흡수되고그림 3-3, 수용성비타민들은 비교적 쉽게 흡수되며, 지용성비타민들은 지질과 함께 흡수된다. 유미즙에 들어 있던 대부분의 영양소는 십이지장과 공장의 상부에서 소화가 완성되고, 회장에서는 주로 영양소의 흡수가 이루어지며 내용물의 부피가 줄어서 대장에 도달한다.

② 대장

대장은 소장을 둘러싸는 사각형 모양으로 되어 있으며 주로 수분과 전해질을 흡수하여 남은 것을 반고형 상태로 직장으로 내보내어 대변으로 만든다. 섭취된 수분의 거의 대부분이 대장을 통해 흡수되고, 극히 일부만이 대변으로 배설된다. 대장 하부에는 장내 미생물들이 많이 서식하고 있으며 이를 균총이라고 한다. 균총 중에 유익한 균인 유산균이 많으면 장을 깨끗하고 튼튼하게 해주는 반면, 해로운 균이 많으면 장에 자주 문제를 일으킨다.

2) 각 영양소의 소화과정

소화가 특히 필요한 영양소들은 단위물질들이 많이 결합하여 거대한 분자를 구성한 복합탄수화물, 단백질, 지질 등이다. 이 영양소들은 큰 분자 크기와 복잡한 구조 때문에 그대로 장벽을 통과하지 못하므로 각기 흡수되기 쉬운 작은 단위로 분해되어야 한다. 소화기관별로 분비하는 소화액과 함유된 소화효소 및 그 작용은 표 3-1에 제시되어 있다.

전분은 침과 췌장액에 있는 아밀레이스에 의하여 작은 포도당 중합체로 분해되며 이당류는 장벽에 있는 효소에 의하여 단당류로 분해된다. 단백질은 위에서 분비되는 펩신, 췌장에서 분비되는 트립신과 키모트립신에 의하여 아미노산이나 작은 펩티드로 분해되며 장벽에 있는 효소에 의하여 더 작은 펩티드나 아미노산으로 분해된다. 지질은 췌장에서 분비되는 라이페이스에 의하여 분해되지만 소화효소가 충분히 작용하기 위해서는 담즙에 의하여 유화되어야 한다. 지질은 지방산으로 일부

● 표 3-1 ●● 소화기관의 각 부분에서 분비되는 소화효소와 기능

기관	분비기관	효소이름	작용물질	생성물질
입	침샘	타액 아밀레이스	전분	올리고당, 맥아당, 포도당
위	위샘	펩신	단백질	펩티드
십이지장	췌장	아밀레이스	전분	올리고당, 맥아당, 포도당
		트립신, 키모트립신	단백질	짧은 펩티드
		라이페이스	지질	지방산, 모노글리세리드
	장벽 세포막	말테이즈	맥아당	포도당
		수크레이스	서당	포도당, 과당
		락테이스	유당	포도당, 갈락토스
		아미노펩티데이스	짧은 펩티드	아미노산

분해되어 흡수된다. 비타민들은 장내에서 특별한 소화과정을 거치지 않고 그 자체로 흡수된다.

3) 영양소의 흡수

(1) 흡수기전

장관 내에서 소화된 영양소들은 장벽세포의 적절한 기전에 따라 장벽세포를 통과하여 체내로 들어가는데, 이 과정을 흡수라고 한다. 영양소는 크게 세 가지 기전에 의하여 흡수된다그림 3-4.

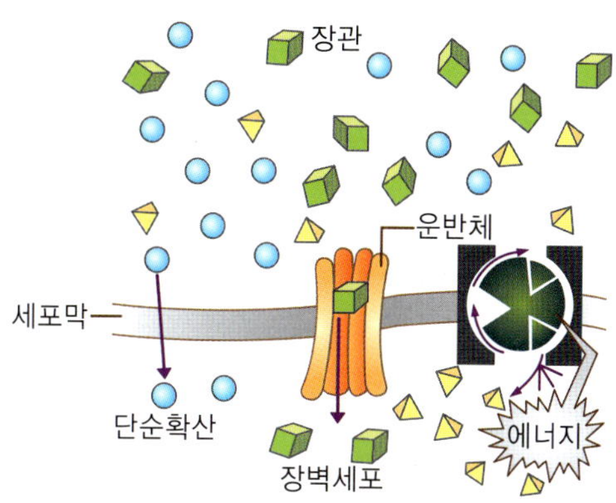

그림 3-4 영양소의 흡수기전

① 단순확산

작은 물질들의 경우에는 세포벽 사이로 스며들어갈 수도 있는데, 이것을 단순확산simple diffusion이라고 한다. 확산은 농도가 높은 곳에서

낮은 곳으로 이동하며 양쪽의 농도가 같아질 때까지 일어난다. 영양소의 농도가 높은 소장 내부강에서부터 융모막을 통해 농도가 낮은 소장 상피세포 쪽으로 영양소가 이동하는 과정이 이에 해당된다.

② 촉진확산

융모 상피세포 안팎의 농도 기울기에 의한 흡수로 단순확산과 비슷하지만 세포막에 특수한 운반체transporter가 있어서 특별한 영양소의 흡수를 도와준다. 운반체들은 각기 특별한 구조를 가지고 있어 그 구조에 맞는 영양소들과 결합하여 이동을 도와주는데, 이때 흡수속도는 단순확산보다 빠르다.

③ 능동수송

체내 필요에 따라 영양소의 농도가 더 낮은 소장 내부강에서 농도가 높은 상피세포 내부로 농도차를 역행하여 영양소를 이동하는 흡수기전이다. 촉진확산처럼 세포막에 흡수를 도와주는 여러 운반체가 있고, 영양소의 농도가 낮은 쪽에서 높은 쪽으로 이동하므로 에너지ATP가 필요하다.

(2) 영양소별 흡수과정

전분의 분해산물인 포도당과 단백질의 분해산물인 아미노산은 각기 장벽세포의 특별한 수송기전에 의하여 흡수된다. 포도당, 아미노산과 같은 수용성영양소들은 융모의 상피세포를 통과하여 융모 내의 모세혈관으로 들어가 문맥을 통해 간으로 간다. 간을 통과하는 동안 포도당이나 아미노산의 일부는 간으로 들어가며 남은 것은 정맥혈관을 따라서 여러 조직으로 운반된다.

지질의 소화산물들은 담즙과 섞여서 작은 입자를 구성하여 장벽 상피세포로 들어간 후 다시 중성지방으로 재합성되어 단백질, 인지질 등으로 둘러싼 카일로마이크론chylomicron을 만들어 림프관으로 분비된다. 분비된 카일로마이크론은 융모 내 림프관을 통해 흉관으로 들어간 후 정맥혈관으로 들어간다. 따라서 섭취된 지질지용성영양소은 흡수된 후 간을 통과하지 않고 림프관을 통하여 직접 정맥혈관으로 들어가 신체의 여러 조직들로 이동한다. 음식을 통해 섭취한 영양소들의 소화, 흡수과정은 그림 3-5와 같다.

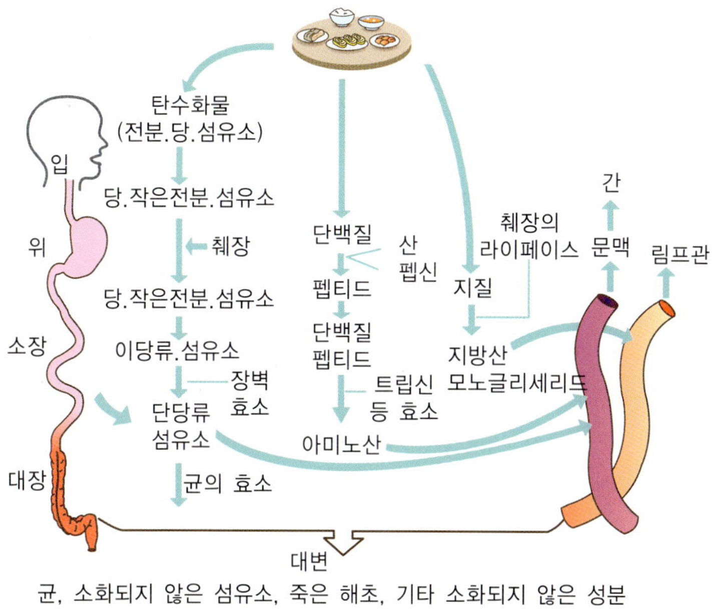

그림 3-5 식사 중의 영양소 소화와 흡수과정

4) 소화기계에 영향을 미치는 요인들

소화기관의 기능은 감각, 음식섭취, 호르몬, 신경 등 여러 생리적 요인, 영양상태, 기타 요인에 의하여 영향을 받는다.

(1) 생리적 요인

음식을 보거나 냄새를 맡으면 감각 자극에 의하여 중추신경으로부터 침샘, 위벽 등을 자극하여 입 안에 침이 고이고 위액도 분비되어 음식을 받을 준비를 하며, 음식을 먹으면 씹는 작용에 의하여 침 분비가 더욱 활발해진다. 음식이 위에 들어가면 위벽을 확장하고 자극하여 호르몬 분비를 통해 소화기능을 촉진하며 장에 내려가면 반대로 소화기능을 차츰 줄이도록 조절한다. 신경활동도 소화기능과 관계가 많은데, 두려움, 불안과 공포 등의 감정은 두뇌를 자극하여 소화관의 연동운동 및 소화액의 분비를 억제한다. 정신적으로 피로할 때 입맛이 없고 소화가 잘 안 되는 것은 이러한 이유이다.

(2) 영양상태

소화기계는 영양상태에 매우 민감한 조직이다. 장은 상피세포의 생성이 매우 활발하며 음식을 먹을 때마다 소화기관에서는 소화액을 분비하고 연동작용을 하며 흡수기전도 활발하므로 많은 에너지와 영양소가 필요하다. 영양상태가 나쁘면 소화기관의 기능은 감소하며 소화가 잘 안 된다. 또한 상피세포가 건강하지 못하여 병균이나 이물질이 장벽을 뚫고 들어오기 쉬워 감염성 질병이 증가한다.

(3) 식이섬유

장의 활동과 건강을 도와주는 것은 식이섬유이다. 식이섬유는 장의 연동작용을 활발하게 하여 음식의 장 통과시간을 단축시키며 직장에 도달한 잔여물remnant의 분량도 증가하고 수분 함량이 많아 배변을 쉽게 해준다. 식이섬유를 적게 먹으면 배변이 잘 되지 않아 대변이 굳어 변비가 된다. 그 동안에 대장에 있는 미생물에 의하여 남은 성분이 발효하면서 장에 가스가 차기 쉽고 장벽에 압력을 주거나 발암성 물질들을 생성하기도 하는 등 장 건강에 나쁜 영향을 미친다. 장기능이 나쁘거나 변비가 있는 사람은 식이섬유가 많은 통곡류, 신선한 채소, 과일을 많이 섭취하는 것이 좋다.

❷ 영양소의 대사

인체는 영양소를 이용하여 에너지를 얻고 우리 몸의 구조나 기능에 필요한 많은 물질들을 만든다. 우리 몸에서 일어나는 이러한 모든 과정들을 합하여 대사metabolism라고 한다. 필요한 영양소들이 모두 충분히 있을 때 모든 과정이 활발하고 우리가 건강하게 살 수 있다.

우리 몸에서 일어나는 대사과정 중에는 영양소를 분해하는 과정이화과정과 합성하는 과정동화과정이 있다. 이화과정은 큰 물질들을 작은 물질로 자르고 자른 물질들을 산화하여 에너지를 얻을 수 있다. 동화과정은 그 재료가 되는 작은 물질들을 합

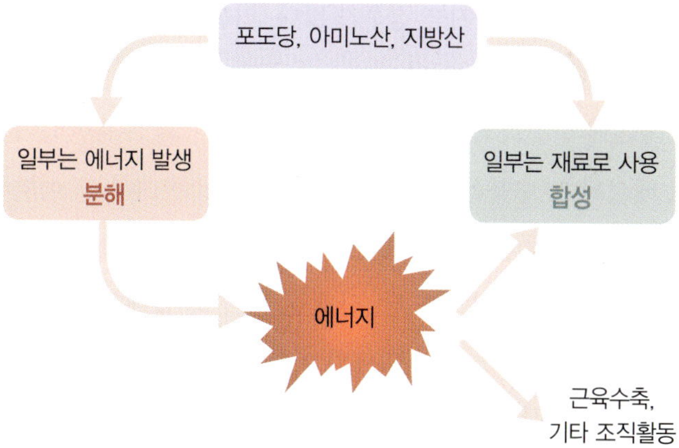

그림 3-6 영양소 대사

하여 큰 물질을 만들며 이때 에너지를 사용한다. 우리가 음식을 먹으면 간과 여러 조직에서는 흡수된 영양소들을 이용하여 단백질, 글리코겐, 지질 등을 합성하는 과정이 활발하다. 반면, 식사를 오랫동안 하지 않으면 에너지를 공급하기 위해서 영양소들을 분해하는 과정이 활발하다. 이러한 분해과정에서는 에너지와 함께 탄산가스, 물 등 분해산물들이 생긴다. 영양소들은 이용되는 동안 일부가 항상 분해되어 배설되므로 이를 식품을 통하여 보충해야 대사가 항상 원활하게 이루어질 수 있다.

❸ 배설

체내로 들어간 영양소들을 배설하는 가장 주된 경로는 크게 대변, 소변, 호흡을 통한 배설이고 그 이외에도 땀, 피부, 머리카락이나 손톱 등으로 소량씩 영양소를 배설한다. 영양소는 그 자체로 배설되기도 하며 대사산물로 변화되기도 한다. 인체는 매일 어느 정도의 영양소와 그 대사산물을 배설하므로 그만큼 다시 섭취해야 하며 이것이 영양소 필요량이 된다.

대변으로 배설되는 것은 체내로 흡수되지 못하고 장관을 통과한 것이다. 배변이 원활하지 못하면 장내에 남은 것이 미생물에 의해 발효되어 해로운 물질들이 생기고 장질환을 일으키기 쉽다. 식물성 식품을 적게 섭취하고, 바쁜 생활로 규칙적인 배변을 하지 못하여 변비가 생기는 경우가 많다. 이를 예방하기 위해서는 충분한 수분과 식이섬유를 섭취하고 규칙적인 배변습관을 길러야 한다.

영양소가 체내에서 산화되면서 생기는 탄산가스는 폐로 운반되어 호흡을 통하여 몸 밖으로 배설된다. 수분을 배설하는 주 경로는 소변이며 그 이외에 폐나 피부를 통해서도 배설된다. 혈액에 들어 있던 여러 가지 대사산물들은 신장에서 걸러져서 소변으로 배설된다. 그러나 포도당, 단백질 등 우리 몸에 필요한 물질들은 소변으로 배설되지 않는다. 당뇨병은 당 대사의 이상으로 혈액 내 과량의 포도당이 신장을 통해 소변으로 배설되는 병이며, 소변에 단백질이 나오면 신장에 이상이 있는 경우가 많다.

심화학습

소화되지 않은 큰 분자도 흡수될 수 있다?

장벽세포를 통과할 수 있는 물질의 종류에는 엄격한 제한이 있어서 소화되지 않은 큰 분자들은 흡수되지 않는 것이 원칙이다. 섭취한 음식에 소화 흡수될 수 없는 이물질이 들어 있다고 해도 이들은 장벽세포를 통과할 수 없으며 따라서 인체에 영향을 줄 수 없다. 그러나 경우에 따라 거대 분자들이 장벽을 통과하는 경우가 있는데, 이러한 물질들은 주로 단백질이다.

대표적인 예로 신생아들이 모유섭취를 통해 면역체를 얻는 것을 들 수 있다. 모유에 들어 있는 면역체들은 단백질이므로 정상적으로는 위와 장에서 분해되어 아미노산으로 흡수되어야 한다. 그러나 이 단백질들은 소화과정에서 분해되지 않도록 보호되어 소장으로 내려와 장벽을 통해서 그 자체로 흡수되어 아기에게 면역능력을 준다. 신생아의 장벽세포는 아직 미숙하고 세포막이 성글어서 단백질도 들어갈 수 있다. 따라서 신생아가 병균이나 이물질이 들어 있는 것을 먹을 경우 장벽세포를 통과하여 병에 걸리기 쉬우므로 신생아에게 먹이는 것의 종류와 위생에 특별한 주의가 필요하다.

다른 예로는 식품 알레르기를 들 수 있다. 알레르기반응은 인체 내 면역체계가 인식하지 못하는 거대 분자가 체내에 들어왔을 때 이를 제거하기 위한 면역계의 과민한 항원 · 항체반응에 의하여 일어난다. 식품 알레르기는 다른 사람에게나 이전에는 별 이상이 없던 음식을 먹은 후 피부에 두드러기가 나거나 가려움증, 재채기, 콧물 등의 증상을 보이며 정도가 심하거나 만성화되면 특별한 치료가 필요하다. 식품 알레르기는 식품의 특정 단백질이 장벽을 통과하여 면역체계를 자극함으로써 일어나므로 지속될 경우 그 식품을 제한해야 한다.

우리가 모르는 사이에도 피부를 통해서 수분이 항상 증발하며 더울 때에는 땀을 통해서 상당량의 수분을 배설한다. 땀에는 수분과 함께 염분 등 무기질이 섞여 있으나 그 양은 수분에 비하면 상당히 적은 편이므로 땀을 많이 흘린 뒤에는 염분이 들어 있지 않은 냉수를 먹는 것이 좋다.

위궤양과 헬리코박터

궤양이란 펩신효소와 위산으로 인해 소화기관의 벽에 상처가 나서 손상된 것을 말한다. 궤양이 주로 생기는 곳은 위와 십이지장 상부이며 위궤양이 더 많다. 일반적으로 위벽은 두꺼운 점액으로 덮여 있어 강한 산성의 위액이 분비된다 하더라도 위벽에 직접 닿지를 않고 위벽을 보호하도록 되어 있다. 그러나 경우에 따라 위액이 너무 많이 분비되거나 점액층이 깨져서 위액이 벽에 닿게 된다. 궤양이 생기면 위가 쓰리고 통증이 심하며 위출혈이 될 수도 있다. 수십 년 동안 궤양의 주요 원인을 스트레스, 음주, 매운 음식섭취 때문으로 알고 있었다.

1982년 궤양환자의 위에서 헬리코박터 파이로리(helicobacter pylori)균이 발견되면서 많은 연구를 통해 궤양뿐 아니라 위암도 헬리코박터에서 기인한다는 것이 알려졌고, 이후 이 균을 죽이는 항생제를 사용하여 궤양 치료가 쉬워졌다. 강산을 분비하는 위장 속에 세균이 살 수 있었던 것은 헬리코박터가 염기성 암모니아를 합성하기 때문에 위산을 중화시킴으로써 가능했고 또한 서너 개의 편모를 가지고 있어 강력한 운동능력으로 위점액층을 뚫고 들어가 숨을 수 있기 때문이다. 한국인의 절반 이상이 헬리코박터 감염자인 것으로 알려져 있다. 헬리코박터 감염을 예방하기 위해서는 규칙적인 손 씻기와 안전하게 음식을 취급하는 것이다.

헬리코박터로 인한 궤양 발생 시 치료는 항생제와 산을 억제하는 약을 쓴다. 식사는 규칙적으로 적절한 양을 먹고, 일반적으로 강한 향신료나 후추가 들어간 것은 위벽을 자극하므로 피하도록 한다. 무엇보다 편안한 마음으로 쾌적한 분위기에서 식사를 하는 것이 좋으며, 술이나 담배는 궤양을 악화시키므로 금해야 한다.

요약

- 식품의 성분들은 흡수될 수 있도록 작은 단위로 분해되어야 하는데, 이를 소화라고 한다. 음식물을 잘게 부수고 고루 섞어서 음식물과 소화효소가 잘 섞이도록 하는 작용을 물리적 소화, 소화효소에 의해 식품성분을 흡수되기 쉬운 물질로 변화시키는 작용을 화학적 소화라고 한다.
- 장관 내에서 소화된 영양소들은 장벽세포의 적절한 기전에 따라 장벽세포를 통과하여 체내로 들어가는데, 이 과정을 흡수라고 한다. 수용성영양소들은 융모의 상피세포를 통과하여 모세혈관으로 들어가 문맥을 통해 간으로 가며, 지용성영양소들은 림프관을 통해 흉관으로 들어간 후 정맥혈관으로 들어가 신체의 여러 조직으로 이동한다.
- 대사과정 중 이화과정은 큰 물질들을 작은 물질로 분해하고 이 물질들을 산화하여 에너지를 얻는 과정이며, 동화과정은 재료가 되는 작은 물질들을 합하기 위하여 에너지를 사용하여 큰 물질을 만드는 과정을 말한다. 영양소들은 이용되는 동안 일부가 항상 분해되어 배설되므로 이를 식품을 통하여 보충해야 대사가 항상 원활하게 이루어질 수 있다.
- 체내로 들어간 영양소들은 그 자체로 배설되기도 하며 대사산물로 변화되기도 한다. 인체는 매일 어느 정도의 영양소와 그 대사산물을 배설하므로 그만큼 다시 섭취해야 하며 이것이 영양소 필요량이 된다.

PART 2

영양소와 건강

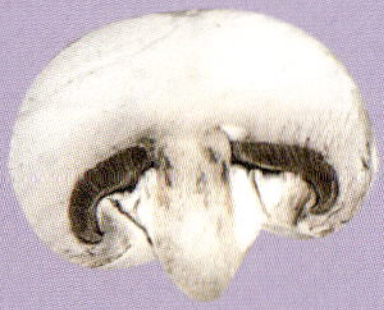

CHAPTER

04

탄수화물

우리 식생활에서 탄수화물이 가지는 의미는 무엇일까? 탄수화물은 우리의 주식인 든든한 밥의 대표적인 영양소로 여겨지기도 하고, 또 한편으로는 음료수, 과자, 아이스크림에 들어 있는 달콤함을 주는 영양소로 여겨지기도 한다. 이는 탄수화물의 종류와 급원식품이 다양하기 때문이며, 하루 섭취 에너지의 절반 이상을 차지하는 에너지급원이기 때문이다. 그러므로 탄수화물의 적절한 섭취를 위해서는 전체적인 양과 함께, 종류와 비율이 중요하다.

❶ 탄수화물이란

탄수화물은 체내에 기본적인 에너지를 내는 세 가지 다량영양소 중의 하나로서, 가장 중요한 에너지 급원이다.

탄수화물이라는 용어 자체가 탄소에 물이 붙어 있는 수화물이라는 뜻으로, 탄소, 수소, 산소로 구성된 화합물이다. 대부분의 탄수화물은 식물성 식품에서 얻게 되는데, 식물은 물과 이산화탄소를 가지고 태양 에너지를 이용해 포도당을 합성하는 광합성작용을 통해 탄수화물을 만들어 낸다.

1) 탄수화물의 분류

탄수화물은 단순당, 올리고당, 복합당으로 나뉜다. 인체 내 가장 기본적인 탄수화물은 탄소 6개로 이루어져 있어 단당류인데, 이들의 중합 정도에 따라 다음과 같이 세 가지 종류로 분류된다.

- 단순당simple sugars은 단당류가 1개 또는 2개로 연결된 당을 말하며, 체내에 매우 쉽게 흡수되고, 단맛을 가지고 있는 특징이 있으며, 총 당류total sugar 또는 당류sugars로 불리기도 한다.
- 올리고당oligosaccharides은 단당류가 3~9개 연결된 당으로, 체내에서는 주로 난소화성이므로 에너지로 이용되지 않고, 대장에서 장내 유익세균의 증식인자 또는 충치 방지 등으로 이용된다.
- 복합당complex carbohydrate은 단당류가 10개 이상 연결되어 구성된 형태로 다당류를 말하며 단당류들이 여러 개 연결되어 구성된 형태로 복합탄수화물이라고 불리기도 한다. 복합당류는 체내에 단순당류에 비해 비교적 천천히 흡수되고 단맛은 적으나 포만감이 큰 특징을 지닌다. 복합당류는 크게 전분, 글리코겐, 식이섬유로 구분한다.

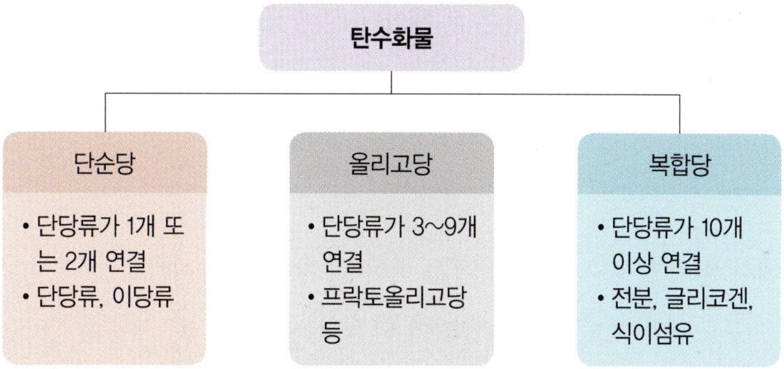

그림 4-1 탄수화물의 분류

2) 단순당

(1) 단당류

단당류는 가장 기본적인 탄수화물로 자연계에서 흔히 볼 수 있는 종류는 포도당, 과당, 갈락토스이다. 이들의 분자량과 구성 재료는 동일하나 수소와 산소의 연결방법이 약간씩 달라서 모양과 맛도 조금씩 달라진다.

포도당은 단당류 중에서도 가장 기본이 되는 당이다. 또한 체내에 들어온 탄수화물의 최종 분해 형태이기도 하며, 체내에 흡수된 포도당은 혈관을 타고 이동하게 된다. 혈당은 혈액에 존재하는 포도당의 농도로 건강의 중요한 지표가 된다. 갈락토스는 우유에 함유된 유당의 구성성분이며 한천, 펙틴 등에도 복합체로 존재한다. 단

표 4-1 단당류의 종류 및 구조

종류	구조	급원식품
포도당(glucose)	포도당	대부분의 식물
갈락토스(galactose)	갈락토스	우유
과당(fructose)	과당	과일과 채소

당류 중 가장 단맛이 약하다. 과당은 과일이나 꿀에 많이 존재하며 천연 당류 중에서 가장 단맛이 강하다.

(2) 이당류

자연계에서 흔히 볼 수 있는 이당류는 맥아당, 자당, 유당이다.

맥아당은 포도당과 포도당이 결합되어 만들어지는 당으로, 식품에 단독으로 존재하지 않고 주로 녹말의 가수분해 산물로 생성된다. 자연식품에는 많이 함유되어 있지 않으며 엿기름을 사용해 밥을 발효시켜 만든 식혜에 존재한다. 자당은 서당으로도 불리며, 포도당과 과당이 각각 한 분자씩 결합되어 있는 당으로 사탕수수, 사탕무에 특히 많이 존재하고 설탕으로 불리기도 한다. 유당은 포도당과 갈락토스가 결합되어 이루어진 당으로 동물의 유즙, 즉 우유에만 존재하는 당이며 젖당이라 불리기도 한다.

• 표 4-2 • • 이당류의 종류 및 구조

종류	구조	급원식품
맥아당(maltose)	포도당 — 포도당	식혜
자당, 설탕(sucrose)	포도당 — 과당	사탕수수, 사탕무
유당(lactose)	포도당 — 갈락토스	우유

3) 올리고당

보통 단당류가 3~9개까지 연결된 당류를 말한다.

올리고당은 자연에 라피노스나 이눌린 등의 형태로 존재하기도 하나, 난우식성 때문에 기존의 감미료인 설탕이 가진 건강상의 결점을 개선할 목적으로 가수분해효소나 당전이효소를 이용하여 만들어지기도 한다. 대표적인 이소말토올리고당, 프락토올리고당, 갈락토올리고당은 특유의 감미도가 있고, 난우식성이나 비피더스균에 선택적으로 이용되기 때문에 기능성 식품소재로서 주목되어, 청량음료 등에 많이 사용된다.

> **Q&A | 프로바이오틱스와 프리바이오틱스, 신바이오틱스의 차이점은?**
>
> 프로바이오틱스(probiotics)란 장내 환경 개선에 도움이 되는 미생물로 우리 몸에 유익한 균을 말한다. 그에 반해 프리바이오틱스(prebiotics)는 인체 내 소화되지 않은 상태로 대장에 도달하는 기능성 당, 식이섬유 중 선택적으로 유익한 미생물 성장을 자극하여 체내에 유리한 영향을 주는 물질이다.
>
> 프로바이오틱스에는 유산균, 비피더스균, 김치에 많은 락토바실러스균 등이 포함되며, 프리바이오틱스에는 이눌린, 프럭토올리고당, 락툴로스, 식이섬유 등이 해당한다.
>
> 또한, 신바이오틱스는 프로바이오틱스와 프리바이오틱스를 합친 것을 말한다.

4) 복합당

복합당류는 수많은 단당류들이 연결된 고분자 탄수화물로 다당류라 불린다. 다당류는 크게 전분, 글리코겐, 식이섬유로 구분이 되며, 구조적 특성이 크게 차이가 난다.

표 4-3 다당류의 종류 및 구조

종류	구조	특징 및 급원식품
전분(starch)		• 식품의 에너지 저장 형태 • 곡류, 콩류, 구근류
글리코겐(glycogen)	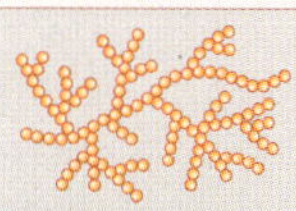	• 동물의 에너지 저장 형태 • 간과 근육
식이섬유(dietary fiber)		• 인간의 소화효소로 자를 수 없음 • 과일류, 채소류, 곡류, 해조류, 콩류, 버섯류

(1) 전분

전분은 대표적인 식물의 저장 탄수화물로서 곡류나 감자류에 주로 존재한다. 식물은 포도당을 하나의 분자로 저장하는 것이 아니라 수백, 수천 개의 포도당이 중합되는 형태로 저장하는데, 그 구조가 포도당을 일직선으로 연결하기도 하고, 가지를 치기도 한다.

(2) 글리코겐

글리코겐은 대표적인 동물의 저장 탄수화물로 간, 근육에 많이 함유되어 있다. 글리코겐은 전분과 다르게 포도당이 연결될 때 가지가 더 많고 사슬 길이가 더 짧은 형태를 가진다. 인체 내 글리코겐은 간에 저장되어 있다가 혈당이 감소하면 분해되어 혈당을 상승시킨다.

(3) 식이섬유

식이섬유는 인간의 소화효소로 분해되지 않는 난소화성 다당류이다. 식이섬유는 다당류이나 전분과 다르게 포도당이 연결되어 있어 인간은 이 연결방식을 분해시키는 효소를 가지고 있지 않아 소화를 시킬 수 없다. 그러므로 사람은 식이섬유를 섭취해도 체내에 흡수가 되지 않는 반면, 소, 양, 염소 등과 같은 반추동물은 식이섬유를 구성하는 포도당 분자 간의 다른 연결방식을 분해시키는 효소를 가지고 있기 때문에 섬유소가 주된 성분인 풀만 먹어도 에너지를 얻을 수 있다.

이러한 식이섬유도 두 가지 세부 분류로 나누어 볼 수 있는데, 체내 소화효소에

표 4-4 식이섬유의 종류와 급원식품

구분	용해성 섬유소(soluble fiber)	불용해성 섬유소(insoluble fiber)
특징	물에 녹아 점성을 띠는 젤 형성	물에 전혀 녹지 않음
종류	펙틴, 구아검, 아라비아검 등	셀룰로스, 헤미셀룰로스, 리그닌
급원식품	과일, 두류, 해조류 등	밀, 보리, 현미, 채소 등

분해되지 않지만 물에는 비교적 잘 팽윤되는 용해성 섬유소soluble fiber와 전혀 팽윤되지 않는 불용해성 섬유소insoluble fiber로 나뉜다. 용해성 식이섬유는 펙틴, 구아검, 해조다당류로 과일, 두류, 해조류 등에 많이 들어 있다. 불용해성 식이섬유에는 셀룰로스, 헤미셀룰로스로 곡류, 채소 등에 많이 들어 있다.

❷ 체내 이용 및 대사

1) 소화 및 흡수

우리는 일상의 식사에서 탄수화물을 다양한 식품들로부터 섭취한다. 밥, 빵, 국수, 감자 등에 있는 탄수화물은 복합당의 형태이고, 우유, 꿀, 과일, 채소 등에 들어 있는 탄수화물은 단순당 형태이다. 이러한 식품들로부터 섭취한 다양한 형태의 탄수화물은 체내 소화과정을 거쳐 단순당 중에서도 단당류 형태로 분해되어 흡수된다.

탄수화물의 소화는 입에서부터 시작되나, 대부분의 소화는 소장에서 일어난다. 모든 단당류는 소장세포에서 흡수되어 혈액으로 이동한다. 소장에서도 흡수되지 않은 탄수화물 형태가 있는데, 이들은 다당류 중 식이섬유로 소화되지 않은 채로 대장으로 내려가서 변으로 배설된다.

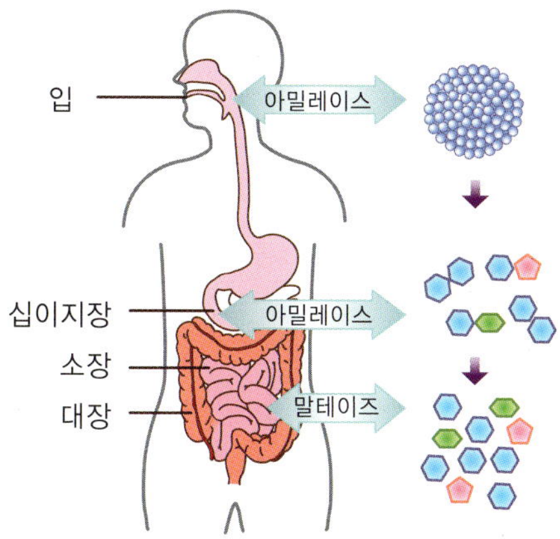

그림 4-2 탄수화물의 소화

Q&A | 우유를 마시면 속이 불편해요

우유에는 유당이라는 이당류가 들어 있는데, 이당류를 분해하는 효소가 일부 사람들에게 충분하지 못한 경우가 있다. 이런 경우 유제품을 잘 소화시킬 수가 없는데, 이를 유당불내증(lactose intolerance)이라고 부른다. 유당불내증의 증상으로는 복부팽만감, 설사, 소화불량 등이 있다. 유당불내증이 있는 사람의 경우는 우유나 유제품 섭취를 제한하거나, 소량의 우유를 다른 음식과 함께 천천히 먹거나, 우유에서 유당을 제거한 우유를 섭취하면 된다. 또한 발효유를 섭취하는 것도 좋은 방법이다.

2) 대사

체내에 흡수된 단당류는 간으로 가는데, 간에서 포도당 이외 다른 단당류들은 포도당으로 전환된다. 그 후 포도당은 혈액을 순환하며 인슐린이라는 호르몬을 만나 포도당이 필요한 조직세포 속으로 들어가게 된다.

세포에 들어간 포도당은 세포들의 에너지원으로 작용하므로 체내에서는 혈액의 포도당 농도혈당를 일정하게 유지한다. 평상시 공복상태에서 혈당은 70~100mg/dL이다. 혈당이 너무 높으면 소변으로 배설되기 시작하고 갈증을 느끼며, 또 반대로 혈당이 너무 낮으면 신경이 예민해지고 불안정해지며 공복감과 두통을 느낀다.

만약 체내 여러 세포가 당장 에너지가 필요한 상황이 아니라면 포도당은 간과

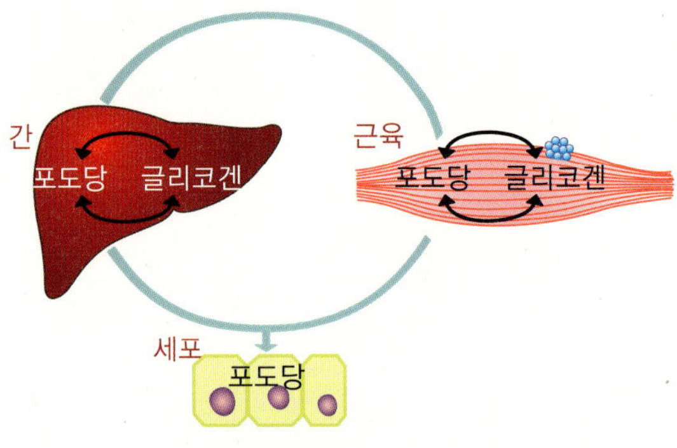

그림 4-3 탄수화물 대사

근육에서 글리코겐으로 저장된다. 이 글리코겐은 식사 사이에 공복기간이 길어져서 혈당이 떨어지면 혈당을 유지하기 위해 사용하기도 하고, 근육에 저장되어 있는 글리코겐의 경우는 강도 높은 운동을 하는 동안 근육에 에너지를 공급하기 위해 분해하여 사용한다.

따라서 우리 몸의 원활한 대사를 위해서는 혈당이 잘 조절되어야 한다. 혈당을 조절하는 요인은 다양하다. 식사 중의 탄수화물은 조성과 양에 따라 혈당을 빠르게 높이거나 완만하게 높이는 데 영향을 줄 수 있지만, 식사 이외에 체내 여러 호르몬들도 혈당 변화에 관여하므로 여러 요인들이 복합적으로 작용하여 혈당이 조절된다.

3) 체내 기능

(1) 주요 에너지원

탄수화물은 대부분 체내에서 포도당으로 전환되어 이용되고, 포도당의 가장 중요한 체내 기능은 에너지원이다. 포도당은 1g당 4kcal의 에너지를 낸다.

그러나 체내 에너지가 충분할 때는 잉여의 포도당은 세포로 들어가는 것이 아니라 간과 근육에서 글리코겐으로 전환되어 저장된다. 그러나 글리코겐 양도 충분하면, 지방산으로 전환하여 지방 조직에 중성지질 형태로 저장된다.

따라서 포도당은 세포 내 주요 에너지원이기도 하면서, 과잉으로 섭취하게 되면 체내 에너지 저장의 급원이 되기도 한다.

(2) 단백질 절약작용

탄수화물섭취가 너무 적어 혈당이 적정범위 아래로 떨어지면, 우리 몸은 남은 포도당을 더 사용하는 것이 아니라 포도당을 합성하는 쪽으로 대사가 진행되어 혈당을 적정범위로 맞추려고 한다.

이렇게 혈당이 낮아 포도당을 합성하는 대사가 이루어지면, 우리 몸은 체지방이 아니라 체단백질을 분해하여 포도당으로 합성한다. 그러므로 체단백질 분해를 막기 위해서는 적당량의 탄수화물섭취가 필수적이다.

(3) 케톤증 방지

또한 극심한 다이어트나 단식 등으로 탄수화물 공급이 매우 적을 때는 세포들이 포도당 이외에 케톤체라고 불리는 물질을 에너지원으로 사용하게 된다. 이 케톤체는 지질이 완전히 산화되지 못하여 생기는 물질로 체내에 케톤체가 다량 축적되면 케톤증이라는 증상이 일어난다. 케톤증은 케톤체가 산성물질이라 체액을 산성화시키므로, 호흡할 때 아세톤 냄새 등을 유발하며 심하면 혼수상태에까지 이르게 하는 증상이다.

따라서 적절한 탄수화물 공급이 케톤증을 방지하는 길이다.

(4) 음식에 단맛 제공

우리가 먹는 이유는 오로지 배고픔을 면하기 위해서가 아니다. 자연에 존재하는 많은 식품들은 여러 맛을 가지고 있는데, 특히 탄수화물의 단당류, 이당류들은 본연의 단맛을 지니고 있다. 자연식품으로는 사탕수수, 사탕무에만 들어 있는 설탕을 비롯하여 과일의 과당은 각 식품에 독특한 천연의 단맛을 부여하며, 이들을 이용하여 조리하게 되면 음식의 맛과 풍미를 좋게 한다.

(5) 식이섬유 제공

탄수화물 중 체내에서 소화되지 않고 남는 다당류는 식이섬유로 필요 없는 물질이 아니라, 소화기관 내의 청소를 담당하는 역할을 한다.

장내 남은 음식물이 너무 적어 정체되어 있으면 가스를 생성하거나, 각종 유해한 물질이 생길 수도 있다. 따라서 적절한 탄수화물섭취는 우리 몸에 필요한 식이섬유를 제공하는 기능을 한다.

심화학습

당지수와 GI 다이어트

- **당지수란** : 당지수(Glycemic Index : GI)는 일반적으로 포도당 100g을 섭취했을 때 나타나는 혈당 상승 정도를 기준으로 하여 각 식품이 혈당을 상승시키는 정도를 0에서 100의 사이의 수치로 표시한다. 55 이하는 당지수가 낮은 식품, 70 이상인 경우 높은 식품으로 분류한다.

- **당부하지수란** : 당부하지수(glycemic load)는 당지수에 식품의 1회 섭취량을 반영한 것으로 당지수식품의 1회 섭취량에 함유된 당질의 양을 곱한 다음 100으로 나누어 계산한다.

- **GI 다이어트란** : 저인슐린 다이어트라고도 불린다. 이 다이어트는 기존의 칼로리가 낮은 식품만 섭취하거나 식품을 안 먹는 다이어트와 달리 당지수가 낮은 식품 위주로 섭취한다. 당지수가 낮은 식품 위주로 식사를 하다보면 혈당을 급하게 상승시키지 않아 인슐린 분비를 억제하여 지방 축적을 막을 수 있어 체중을 감량할 수 있다는 원리를 이용한 다이어트이다.

식품들이 동일한 탄수화물 양을 가지고 있더라도 탄수화물 종류와 연결방식에 따라 또 다른 영양소의 함량에 따라 소화, 흡수의 속도에 차이가 있어 혈당 반응이 다양하게 나타난다.

예를 들어, 사과와 흰밥을 비교해보면, 사과에 단순당류가 많아도 식이섬유도 존재하므로 혈당지수가 38이고, 흰밥은 복합당류이지만 도정을 많이 하여 다른 영양소 없이 거의 포도당만이 연결된 형태라 빠르게 흡수되므로 혈당지수가 86으로 훨씬 높다. 쌀의 경우는 도정 정도에 따라 혈당지수가 달라지는데, 흰밥의 혈당지수는 86이지만, 현미밥은 도정을 덜 해서 포도당 이외의 영양소들이 소화 흡수에 영향을 미치므로 혈당지수가 55로 흰밥보다 낮다.

그러나 당지수가 알려진 우리나라 식품이 많지 않고, 당지수가 낮은 음식 중 지방 함량이 많거나 건강에 좋지 않은 음식들도 있으므로 당지수가 낮은 식품의 선택보다 탄수화물의 적절한 양과 비율을 맞추는 것이 중요하다.

주요 식품의 혈당지수

출처 : 당뇨병학회(2010).

❸ 적절한 섭취

1) 영양소 섭취기준

탄수화물은 얼마나 먹어야 할까? 올바른 탄수화물 섭취를 위해서는 탄수화물 섭취기준뿐 아니라 당류와 식이섬유 섭취기준도 함께 살펴보아야 한다.

2020년 한국인 영양소 섭취기준에서는 탄수화물 섭취기준을 새롭게 제정하였는데, 1일 뇌에서 사용되는 포도당 양이 100g이라는 것에 근거하여, 만 1세 이상 모든 사람의 평균필요량을 100g/일, 권장섭취량을 130g/일로 설정하였다. 또한 3대 영양소의 균형 잡힌 섭취를 위해 에너지 적정비율도 제시하고 있다. 만 1세 이상 모든 사람의 탄수화물의 적정비율은 총 에너지 섭취량의 55~65%이다.

당류 섭취기준은 총 당류와 첨가당 섭취기준을 에너지 비율로 제시하고 있는데, 이는 당류 섭취가 증가하면 식사의 영양밀도가 저하되고, 대사성 질환의 위험도가 증가하는 관련성에 기반한 것이다. 한국인을 위한 섭취기준으로 총당류 섭취량은 1일 총 에너지 섭취량의 10~20%로 제한하고, 특히 식품의 조리 및 가공 시 첨가되는 첨가당은 총 에너지 섭취량의 10% 이내로 섭취하도록 한다. 첨가당의 주요 급원으로는 설탕, 액상과당, 물엿, 당밀, 꿀, 시럽, 농축과일주스 등이 있다.

식이섬유는 체내 흡수되지는 않지만, 장 기능 개선, 콜레스테롤 흡수 저하 등 건

한국인 영양소 섭취기준

- 탄수화물은 만 1세 이상 모든 사람에게 1일 평균필요량 100g/일, 권장섭취량 130g/일을 권장하며, 1일 총 에너지 섭취량의 55~65%로 섭취할 것을 권장한다.
- 총 당류 섭취량은 1일 총 에너지 섭취량의 10~20%로 제한하고, 특히 식품의 조리 및 가공 시 첨가되는 첨가당은 총 에너지 섭취량의 10% 이내로 섭취하도록 한다.
- 식이섬유는 충분섭취량으로, 1일 성인 남자(만 19~64세) 30g, (만 65세 이상) 25g, 성인 여자(만 19세 이상) 20g 섭취를 권장한다.

출처 : 보건복지부(2020).

강에 유익한 영향을 주는 점을 고려하여 섭취기준을 설정하였고, 한국인의 섭취기준은 충분섭취량으로 12g/1,000kcal이다. 이를 성별, 연령별 에너지 섭취량과 계산해보면, 성인 남자만 19~64세는 30g, 성인 여성만 19세 이상은 20g이다.

2) 급원식품

탄수화물섭취의 주요 급원식품군은 곡류 및 전분류, 과일류, 음료류이다. 그중에서도 가장 기여가 큰 식품군은 곡류군이다. 급원식품을 파악할 때는 식품 100g당의 함량보다는 1회 섭취분량당의 함량으로 비교해보는 것이 현명하다.

1회 분량당 탄수화물 함량을 살펴보면, 흰밥 1공기210g의 탄수화물 함량은 67g으로 라면 1개120g의 탄수화물 함량 83g보다 적으나, 밥은 라면보다 더 자주 먹기 때문에 우리나라 사람들의 탄수화물섭취에 가장 큰 기여식품은 흰쌀밥이다.

당류 섭취의 주요 급원 식품군은 과일류, 케이크 등의 후식류, 음료류이다. 1회 분량당 총 당류 함량을 살펴보면, 케이크 1조각90g 섭취 시 20.6g, 콜라 1캔200mL마실 때 18g의 당류를 섭취하게 된다.

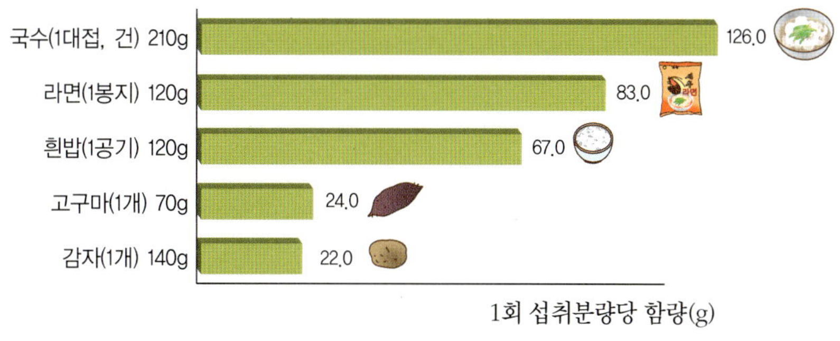

그림 4-4 탄수화물 급원식품

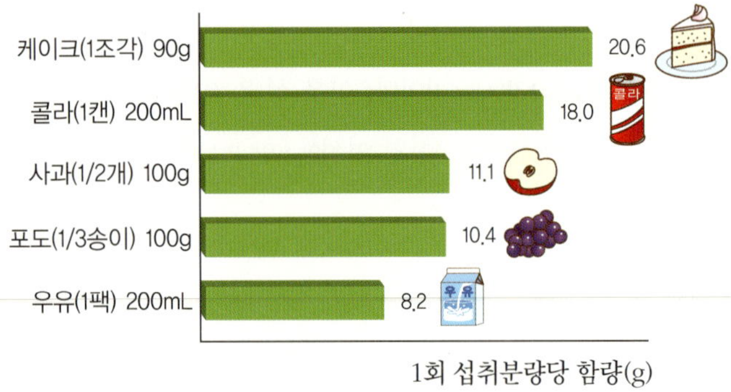

그림 4-5 총 당류 급원식품

3) 바람직한 식사 패턴

탄수화물을 올바르게 섭취하기 위한 바람직한 식사 패턴은 통곡 및 잡곡, 신선한 과일류가 풍부한 식사를 하는 것이다.

우리나라 사람들의 주식인 곡류 섭취 시 백미 위주의 밥이 아닌 잡곡 또는 현미 위주의 밥을 섭취하는 것이 중요하다. 잡곡밥이나 현미밥은 복합탄수화물로서 혈당 상승을 서서히 할 뿐 아니라 식이섬유도 풍부히 가지고 있어 탄수화물의 양과 질 모두를 만족시킬 수 있다.

또한 적절한 단순당류 섭취를 위해서는 첨가당의 급원식품인 음료수, 사탕, 케이크 등의 단 간식의 섭취를 자제하고 신선한 과일을 통해 당류 섭취를 하는 것이 좋다.

❹ 탄수화물과 건강

1) 설탕과 빈열량식품

탄수화물을 건강에 좋지 않다고 여기게 하는 주범은 설탕이라고 할 수 있다. 설탕은 현대 식생활에서 쉽게 과잉 열량을 섭취하게 되어 비만을 초래한다고 여겨지

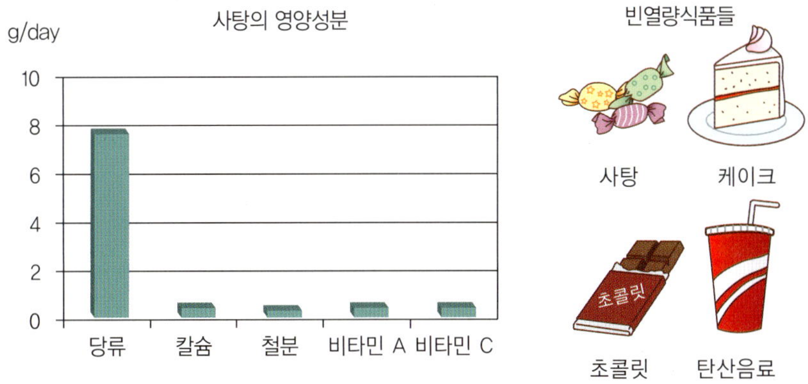

그림 4-6 빈열량식품의 영양성분과 대표식품

지만, 설탕 자체는 우리 인류에게 단맛을 제공하는 귀중한 급원식품이었다.

설탕은 단맛뿐 아니라 케이크나 과자를 부드럽게 하거나 수분을 유지시키고, 달걀 거품을 안정시켜 비효소적인 갈변에 관여함으로써 빵의 풍미를 증진시켜준다. 이러한 여러 기능으로 인해 설탕은 각종 가공식품에 중요한 재료가 되었다.

그러나 설탕은 많이 섭취해도 포만감을 쉽게 느낄 수 없어 섭취열량이 매우 높아지기 쉽기 때문에 건강상에 문제가 되는 것이다. 설탕은 그 자체를 섭취하기보다는 가공식품에 포함된 형태로 섭취하므로 정확한 섭취량을 가늠하기가 어렵다. 또한 이러한 가공식품은 보통 설탕 이외의 다른 영양소는 없이 열량만 제공하는 빈열량식품empty calorie food인 경우가 많아 문제가 된다.

빈열량식품이란, 대부분 가공식품이며 식품을 가공할 때 설탕과 같은 단순당류 이외의 영양소는 전혀 함유하고 있지 않는 식품들을 통칭하며, 사탕, 초콜릿, 단 과자, 음료수 등이 여기에 속한다.

2) 첨가당과 비만

당류는 식품의 단맛을 주는 영양소로 과잉섭취할 때 비만 등의 건강에 위해를 준다.

그러나 모든 당류가 비만과 관련이 되어 있는 것은 아니다. 단순당류도 식품 내

Q&A | 무설탕, 무가당인데 왜 단맛이 날까요?

제품의 주원료가 되는 식품이 이미 당을 가지고 있는 경우 식품 제조, 가공 시 따로 당을 첨가하지 않은 경우 무설탕, 무가당이라고 한다.

무설탕은 식품 제조 시 단맛을 내기 위해 설탕 이외에도 단맛을 내는 다른 당류를 사용하기 때문에 설탕을 사용하지 않았지만 다른 단맛을 내는 액상과당, 결정과당, 전화당, 프락토올리고당 등이 사용된 경우이다.

무가당은 식품 제조 또는 가공 시 당을 더 첨가하지 않았다는 의미이지, 주원료가 되는 식품이 이미 당을 내재적으로 가지고 있으면 단맛이 날 수밖에 없다.

그러므로 무설탕, 무가당식품이라고 해도 당류가 전혀 없는 것은 아니므로, 과잉섭취 시 문제가 된다.

존재하는 당과 식품의 가공, 조리 시에 첨가되는 첨가당으로 구분할 수 있다. 신선한 과일이나 흰 우유에서 섭취하는 당은 식품에 내재되어 있는 당으로 다른 영양소와 함께 체내에서 흡수되므로 건강에 오히려 유익하다. 그러나 당류 중 식품의 제조, 가공, 조리 중에 첨가되는 당인 첨가당added sugar은 제조, 가공과정에서 다른 영양소를 모두 제거했으므로 거의 단맛만을 제공하게 되므로 이 첨가당의 과잉섭취가 문제가 된다. 첨가당의 주요 급원식품은 음료수, 케이크, 과자, 사탕, 시리얼 등으로 현대인이 즐겨먹는 간식들이다.

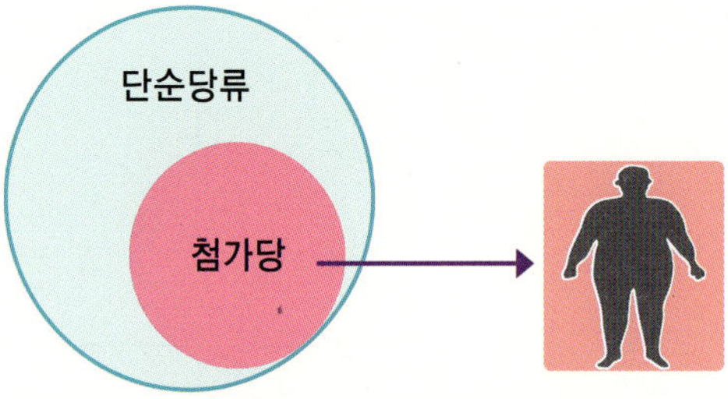

• 식품 제조, 가공, 조리 시 첨가되는 당
• (급원식품) 시럽, 음료수, 과자, 아이스크림 등

그림 4-7 첨가당의 과잉섭취와 비만

첨가당을 과잉섭취하면 체중이 증가되어 비만에 이르기가 쉽나. 2015년 세계보건기구WHO는 전 세계 연구들을 종합 검토한 결과 첨가당섭취가 많을수록 체중이 증가하였고, 반대로 첨가당섭취를 줄이면 체중이 감소하였다고 보고하였다.

또한 첨가당을 과잉섭취하면, 체내로 흡수된 당이 중성지방으로 전환되어 혈액 중 중성지방 농도를 높이고, 혈압을 높여 심혈관질환의 위험도를 높이거나 혈당 대사에 영향을 주어 당뇨병 위험도를 높인다. 이렇듯, 첨가당의 과잉섭취는 체중 증가를 유발하고, 이를 통해 당뇨병이나 심혈관질환 등의 대사질환으로 이행되기 쉽기 때문에 첨가당섭취는 가급적 줄여야 한다.

Q&A | 과일을 많이 먹어도 살이 찌나요?

과일이 달다고 생각하여 무조건 살이 찐다고 생각하는 것은 잘못된 생각이다. 과일을 생과일 형태로 섭취하게 되면 당류뿐 아니라 식이섬유, 파이토케미컬 등을 함께 섭취하게 되므로 생과일 섭취는 건강상의 이점이 있다. 그러나 생과일 형태가 아닌 농축과일주스의 환원주스 형태로 섭취하게 되면, 이는 첨가당의 급원이 되어 체중 증가와 관련이 되고, 이러한 액상 형태는 포만감이 적어 섭취량도 쉽게 초과하게 되므로 주의해야 한다.

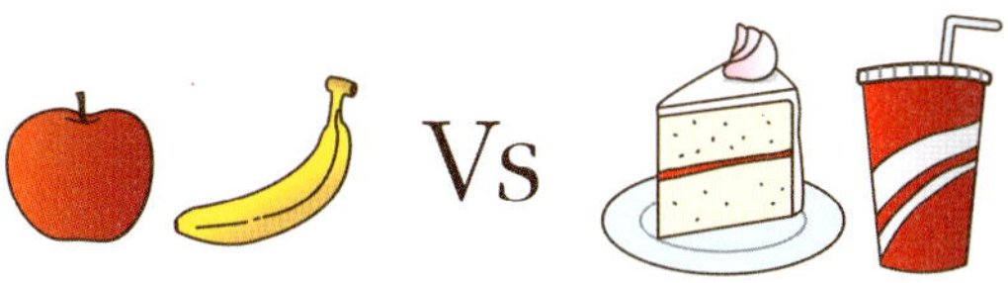

3) 식이섬유와 변비 및 대사질환

인간에게 식이섬유는 체내에 흡수가 되지 않기 때문에 영양성분으로는 가치가 없으나, 소화기계를 지나가면서 장관의 운동을 자극하거나 장내 세균의 먹이가 되어 체내 장내 환경을 개선시키는 생리적 기능이 있다. 또한 섬유소가 흡수되지 않으므로 포만감은 주나 열량은 적게 제공하는 생리적 이점을 살려 저칼로리 식품 제조에 주요 사용되기도 하므로 식이섬유는 건강관리에 이점이 있다.

식이섬유가 건강에 미치는 영향은 식이섬유 종류에 따라 다르다. 우리가 흔히 알고 있는 식이섬유가 변비에 좋다고 하는 것은 불용해성 식이섬유의 생리기능이다. 물에 쉽게 용해되지 않는 불용해성 식이섬유는 장내에 남아 있는 음식물대변의 용적을 증가시키고 장벽을 자극하여 장운동을 활발하게 한다. 이로써 장내에 남아 있는 음식물의 장 통과시간을 줄이게 되어 변비나 대장에 많은 외형 주머니가 생기는 게실증 발생을 예방한다.

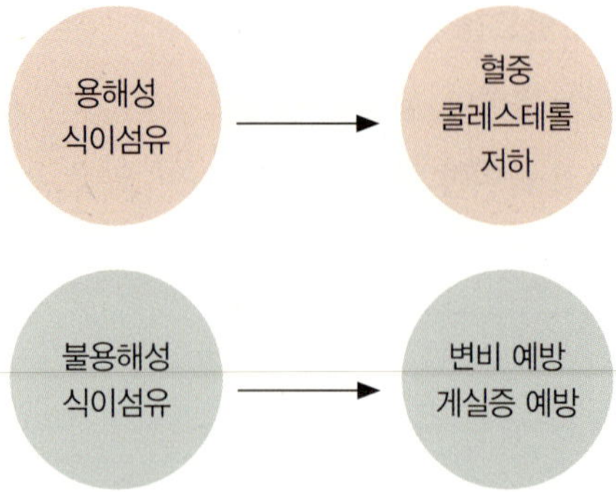

그림 4-8 식이섬유 종류에 따른 생리작용

이에 반해 용해성 식이섬유는 물에 용해되어 끈적끈적한 점성이 있는 겔을 형성하므로 음식물을 장에 오래 머무르게 하여 만복감을 주고, 겔을 형성할 때 포도당이나 다른 물질들과 같이 결합하게 되어 다른 물질의 장내 흡수를 저하시킨다. 또한 담즙산과 결합하여 함께 배설이 되므로, 담즙산 생성의 주요 재료인 콜레스테롤을 체외로 배출할 수 있어 혈중 콜레스테롤 농도를 낮추는 효과를 나타낸다.

따라서 불용해성 식이섬유는 변비나 게실증 예방에 효과적이고, 용해성 식이섬유는 혈당과 혈청 콜레스테롤 농도 저하를 통한 대사질환 예방에 효과적이다.

4) 고탄수화물섭취와 대사질환

탄수화물의 과잉섭취는 대사증후군, 당뇨병, 심혈관질환과 같은 대사질환과 관련된다. 왜냐하면 탄수화물은 체내의 에너지를 제공하는 가장 중요한 영양소이나 과잉섭취하게 되면 체지방으로 전환되기 때문이다.

특히, 우리나라와 같은 아시아 국가들은 곡류를 주식으로 하기 때문에 전체 식사에서 탄수화물 비율이 높다. 그러므로 이렇게 하루 열량의 절반 이상의 비율을 차지하는 영양소를 무조건 적게 먹을 수는 없다. 따라서 탄수화물을 올바르게 섭취하

그림 4-9 탄수화물 과잉섭취와 대사질환

는 것이 중요하다.

탄수화물을 올바르게 섭취하기 위해서는 총 탄수화물 양도 중요하지만, 전체 에너지섭취에서의 탄수화물 비율이나 단순당류 비율 및 종류도 중요하다. 즉, 탄수화물 구성과 양을 모두 고려해야 한다.

요약

- 탄수화물은 체내 기본적인 에너지를 내는 영양소로, 단순당, 올리고당, 복합당으로 분류하며, 체내에 소화되어 흡수되면 혈당으로 전환되어 적절한 범위로 조절된다.
- 탄수화물의 가장 중요한 체내 기능은 에너지원이고, 그 이외에 단백질 절약작용 및 케톤증 방지, 음식에 단맛 제공, 식이섬유 제공의 기능을 한다.
- 탄수화물의 적절한 섭취는 1일 탄수화물섭취량과 총 당류 섭취량이 에너지 비율로 제시되어 있다.
- 단순당 중 첨가당 섭취가 높으면 비만이 되며 복합당류 중 식이섬유 섭취가 높으면 비만 및 대사질환 예방에 효과적이다.
- 고탄수화물 식사는 탄수화물섭취량이 적절해도 단순당류와 높은 혈당지수 식품의 비율이 높은 것을 말하며, 대사증후군, 당뇨병, 심혈관질환과 같은 대사질환 위험도를 증가시킨다.

CHAPTER

05

지질

지질 중 식생활에서 건강과 관련하여 주로 관심을 받고 있는 것을 꼽는다면 지방과 콜레스테롤을 들 수 있다. 지방과 콜레스테롤은 현대사회에서 주요 건강문제가 되고 있는 심혈관계 질환이나 암과 같은 만성질환의 발생과 연관이 있는 것으로 알려져 있기 때문이다. 지방은 음식의 맛과 향을 증진시킨다. 따라서 지방과 기름의 함량이 높은 음식을 선호하는 경향이 있고, 경제수준이 높아지면서 동물성 식품의 섭취가 증가하는 양상을 보인다. 건강을 위해 지나친 섭취는 삼가야겠으나 섭취 자체를 기피할 필요는 없다. 인체의 건강을 위해 섭취가 필요할 뿐만 아니라 종류에 따라서는 일정량 이상의 섭취가 필수적인 것도 있다.

❶ 지질이란

지질은 물에 녹지 않는 성질을 가지고 있는 것으로 구분할 수 있다. 식품에 존재하는 지질의 종류로는 지방, 인지질, 스테롤이 있는데, 우리가 섭취하는 지질의 대부분95%은 지방의 형태이다.

1) 지방의 구조

지방은 세 개의 탄소원자를 가지고 있는 글리세롤을 골격으로 하여 각각의 탄소에 지방산이 결합된 구조로 중성지방이라고도 한다. 지방을 구성하는 세 개의 지방산 분자는 종류가 꼭 같지는 않다. 지방 중 액체 형태는 기름이라고 부르기도 한다.

2) 지방산

지방산은 수소기 결합된 탄소사슬로 구성되어 있는데, 지방산의 탄소사슬 한쪽 끝은 메틸기로, 다른 한쪽 끝은 산성기로 이루어져 있다. 탄소와 결합된 수소의 수에 따라 탄소 간의 이중결합이 만들어지고 이로 인해 상온에서의 형태와 건강에 미치는 영향에 차이를 나타내게 된다. 또한 지방산은 그 길이가 다양하며 대부분의 지방산은 짝수개의 탄소를 가지고 있다.

(1) 지방산의 이중결합 여부에 따른 분류

지방산의 골격을 구성하는 탄소는 4개의 결합점을 가진다. 이중 2개는 탄소골격을 형성하는 데 이용되고 나머지 두 개가 모두 수소와 결합하였는지, 탄소사슬 간의 이중결합에 이용되었는지에 따라 포화지방산과 불포화지방산으로 구분한다.

① 포화지방산

지방산의 탄소사슬이 단일결합으로만 이루어진 지방산을 포화지방산이라고 한

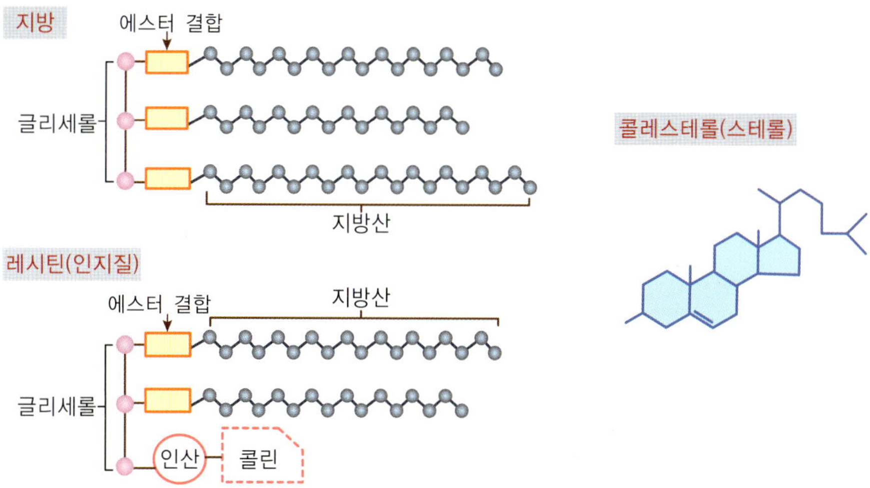

그림 5-1 지질의 종류와 구조

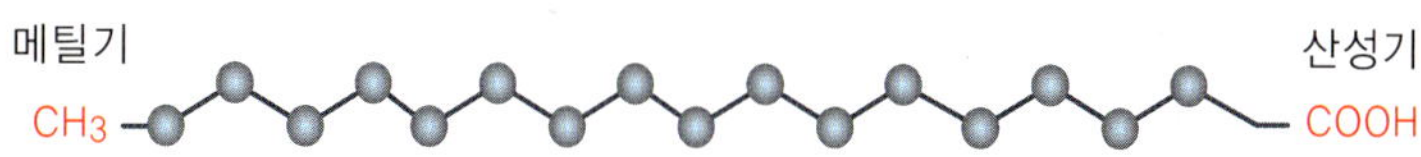

그림 5-2 지방산의 구조(스테아르산, C18:0)

다. 수소로 결합이 포화되었다는 의미이다. 포화지방산의 단일결합은 안정하여 산소 등 다른 원자와 쉽게 반응하지 않는다. 또한 규칙적인 모양을 가지고 있어 융점이 높기 때문에 상온에서 고체상태로 존재한다.

② 불포화지방산

탄소사슬 중에 한 개 이상의 포화되지 않은 결합, 즉 이중결합이 존재하는 지방산을 불포화지방산이라고 한다. 탄소사슬 중 이중결합이 한 개 있으면 단일불포화지방산, 이중결합이 두 개 이상 있으면 다중불포화지방산이라고 한다. 이중결합은 단일결합보다 불안정하기 때문에 산소와 반응하여 변질되기 쉽다.

(2) 불포화지방산의 종류

① 시스형과 트랜스형

탄소사슬 이중결합 부위 수소의 공간적인 배열에 따라 시스cis형과 트랜스trans형으로 나눈다. 시스형은 이중결합에 참여하는 탄소와 결합된 수소가 동일한 방향에 위치하고 있어서 탄소사슬이 같은 방향으로 구부러진 모양을 한다. 트랜스형은 이중결합하는 탄소들과 결합된 수소가 엇갈린 방향으로 위치하고 있어 탄소사슬도 엇갈린 방향으로 연결되면서 전체적으로는 탄소사슬이 일렬로 위치하게 된다.

자연적으로 존재하는 불포화지방산의 대부분은 시스형이기 때문에 불규칙한 모양을 가져서 지방산 분자 간의 정돈된 꾸러미를 형성하기 어렵다. 따라서 불포화지방산은 일반적으로 융점이 낮으며 상온에서 액체상태로 존재한다.

그러나 초식동물의 위장관 내에 존재하는 미생물의 발효작용으로 트랜스형 이중결합이 형성되기 때문에 초식동물의 고기와 유즙에는 트랜스형 지방산이 함유되어 있다. 또한 식물성 불포화지방산을 수소화한 마가린이나 쇼트닝에는 이중결합이 불완전하게 수소화되면서 트랜스형이 형성되기도 한다. 트랜스형 지방산은 물리적 특성뿐 아니라 체내에서 혈중 콜레스테롤 수준에 미치는 영향도 포화지방산과 비슷하다.

② 오메가-3 지방산과 오메가-6 지방산

불포화지방산에서 이중결합의 위치에 따라 체내 대사 및 건강에 미치는 영향이 다르다. 이중결합의 위치를 표시할 때는 메틸기 쪽으로부터의 위치를 표시한다. 그 이유는 체내에서 탄소사슬의 길이가 늘어나거나 줄어들 때 작용을 받는 곳이 산성기이기 때문이다. 탄소사슬의 탄소의 순서는 산성기로부터 1번 또는 알파 탄소로 표시하고, 메틸기 쪽의 마지막 탄소의 위치를 오메가- 또는 n번으로 표시한다. 따라서, 오메가-3 지방산이란 메틸기로부터 3번째 탄소부터 이중결합이 시작되는 불포화지방산을 의미하며, 6번째부터 이중결합이 시작되는 경우는 오메가-6 지방산

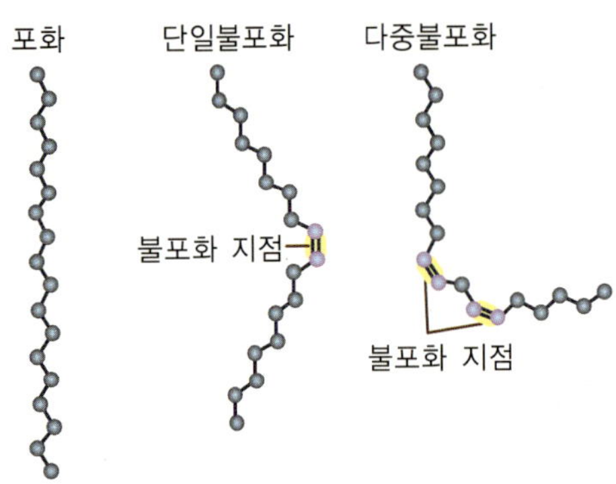

그림 5-3 포화지방산과 불포화지방산

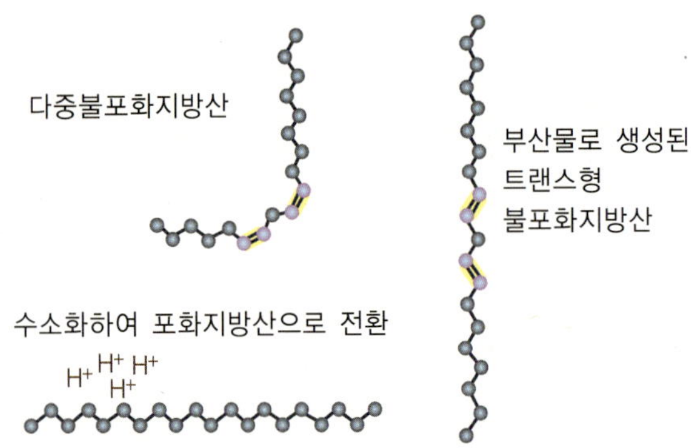

그림 5-4 시스형 지방산과 트랜스형 지방산

이라 한다.

체내에서 중요한 역할을 하는 대표적인 오메가-3 지방산으로 EPA와 DHA가 있다. 생선과 어유 등을 통해 섭취할 수 있으며, 들기름이나 콩기름 등에 많이 함유된 α-리놀렌산을 이용하여 체내 합성이 가능하다. 이와 함께 체내에서 중요한 역할을 하는 오메가-6 지방산으로는 아라키돈산이 있다. 콩기름이나 해바라기씨 기름 등의 식물성 기름으로부터 섭취되는 리놀레산으로부터 합성될 수 있다.

(3) 필수지방산

체내에서 호르몬과 같이 생체기능을 조절하는 물질로 프로스타글란딘, 트롬복산, 프로스타사이클린, 류코트리엔 등이 있다. 이들은 탄소사슬의 길이가 20개인 오메가-3 또는 오메가-6 지방산으로부터 형성되어 아이코자노이드로 불린다. 이중결합의 위치가 다른 오메가-6 지방산과 오메가-3 지방산으로부터 만들어진 아이코자노이드는 서로 반대의 생리효과를 나타내기도 한다.

체내의 대사작용을 통해서는 오메가-3 또는 오메가-6 위치에 이중결합을 생성하지 못하기 때문에 아이코자노이드 형성을 위해 식품으로 꼭 섭취해야 하는 지방산을 필수지방산이라고 한다. 필수지방산으로는 오메가-6 지방산인 리놀레산과 오메가-3 지방산인 α-리놀렌산이 있다.

3) 인지질

식사로 섭취하는 지질 중 중성지방 다음으로 많은 것이 인지질이다. 구조적으로는 중성지방과 같이 글리세롤 골격에 지방산이 결합한 형태인데, 중성지방과 달리 지방산은 두 분자만 결합되어 있고 대신 인산기가 한 개 결합되어 있다. 이러한 구조적인 특성으로 지방산 부분은 소수성을 띠고 인산기가 결합된 부분은 친수성을 띠는 양극성을 나타내기 때문에 수용성물질과 지용성물질을 유화시킬 수 있다. 생물체에 존재하는 인지질 중 대부분은 레시틴으로 인산기 쪽에 콜린 분자가 결합된 형태이다.

4) 콜레스테롤

스테롤은 중성지방이나 인지질과 마찬가지로 인체와 식사로 섭취하는 식품에 모두 존재하지만 고리 모양의 구조를 가지고 있다는 차이가 있다. 지방산은 탄소가 사슬 모양을 하고 있으나 스테롤은 탄소가 여러 개의 고리 모양으로 연결되어 있다. 스테롤은 동물성식품과 식물성식품 모두에 함유되어 있으나, 식품을 통해 가장 흔히 접하게 되는 콜레스테롤은 동물성 지방에 존재한다. 특히, 간, 신장 등 동물성식품의 내장 부위와 달걀에 많이 함유되어 있다.

심화학습

트랜스지방

지방을 첨가하여 식품을 가공할 때 고체상태인 것이 액체상태보다 음식의 맛과 모양을 좋게 하고 불포화지방보다 포화지방의 유통기간이 길다. 그래서 패스트푸드나 과자, 빵, 팝콘, 도넛, 케이크 등에 고체상태의 포화지방이 다양하게 사용된다. 자연적으로 고체지방은 대부분 동물성이라 값이 비싸기 때문에 비용의 절감을 위해 식물성 액체지방을 수소로 포화시켜 고체화한 쇼트닝 등의 경화유가 주로 이용되어 왔다. 이러한 수소화를 통한 고체화과정 중에는 트랜스지방이 부산물로 생성된다.

- **트랜스지방의 건강 위해성**

트랜스지방은 심혈관계 질환에 악영향을 끼친다는 연구결과들이 보고되어 있다. 트랜스 지방은 일종의 불포화지방임에도 물리적으로나 생리적으로 포화지방과 같은 특성을 나타낸다. 특히, 체내에서 HDL-콜레스테롤의 혈중 농도를 낮추는 대신 LDL-콜레스테롤 수치를 높여 심장병(심근경색·협심증), 뇌졸중, 동맥경화증 발생 위험을 높인다. 1999년 미국 하버드 의대에서는 트랜스지방이 건강 위험을 높이는 LDL-콜레스테롤은 증가시키고 건강을 지키는 데 도움이 되는 HDL-콜레스테롤은 감소시키기 때문에 포화지방보다 2배 더 해로운 지방이라고 발표하였으며, 트랜스지방 섭취가 2% 증가하면, 심장병 발생 위험이 28% 높아진다는 역학조사가 영국의 의학회지 〈LANCET〉에 보고된 바 있다.

• 식품의 트랜스지방 함량

세계보건기구(WHO)에서는 성인의 일일 트랜스지방 섭취를 총 섭취 에너지의 1% 이내로 제한하고 있다. 하루 에너지섭취를 2,000kcal로 가정할 때 트랜스지방으로 약 2.2g까지의 섭취에 해당하는 양이다. 식품의약품안전처에서는 지난 2005~2006년까지 가공식품의 트랜스지방 함량을 모니터링했는데, 제품 100g당 전자레인지용 팝콘에 11g, 케이크류에 2.5g, 초콜릿 가공품에 2.1g, 감자튀김에 2.0g, 비스킷에 1.6g 정도의 트랜스지방이 함유되어 있었다. 쇼트닝이나 마가린과 같은 경화유를 사용하면 100g 정도의 섭취만으로도 하루 제한량을 넘게 되는 식품들이 많은 셈이다.

가공식품에 들어 있는 트랜스 지방 함량

또한 유제품에도 자연적으로 생성된 트랜스지방이 함유되어 있다. 그러나 경화유를 사용하여 가공한 식품의 함량과 비교해서 소량에 지나지 않고, 건강에 바람직한 영양소들을 많이 함유하고 있어서 이러한 식품의 섭취를 제한할 필요는 없다. 그리고 올리브유, 콩기름 등 식물성 기름이라도 고온에서 조리하거나 햇빛을 받으면 트랜스지방으로 변질될 수 있어 조리방법이나 보관에 주의할 필요가 있다.

• 가공식품 선택 시 주의사항

트랜스지방 섭취의 주요 급원은 경화유의 이용과 이를 통해 가공된 식품의 섭취이다. 따라서 가공식품을 선택할 때 영양표시에 표기된 트랜스지방 함량을 확인하는 것이 중요하며, 사용재료에 경화유, 마가린, 쇼트닝 등이 포함되어 있는지 살펴보는 것이 좋다. 식약처의 트랜스지방 함량에 표기와 저감화사업 노력으로 현재 가공식품에 함유된 트랜스지방의 함량은 매우 낮아진 상태이나 함량표시를 하지 않는 즉석조리식품의 경우 트랜스지방이 함유된 경화유의 사용 여부에 대해 주의 깊게 살펴볼 필요가 있다. 가공식품의 트랜지방 함량 표시에 대해서는 제10장을 참조한다.

출처 : 식품의약품안전처. 영양표시정보 ; http://www.mfds.go.kr/nutrition/index.do?nMenuCode=28

❷ 체내 이용 및 대사

1) 소화 · 흡수와 이용

지질의 소화 · 흡수가 시작되는 곳은 소장의 시작 부위인 십이지장이다. 췌장의 라이페이스가 중성지방을 지방산과 모노글리세리드로 소화시키는데, 라이페이스의 소화작용을 위해서는 지질이 수용성인 소화액에 유화되는 과정이 필요하다. 지질의 유화는 담즙에 포한된 담즙산과 담즙염의 도움으로 이루어진다. 흡수된 지질은 신체의 각 부위로 이동하여 이용되거나 지방조직에 저장된다.

2) 체내 운반과 지단백질

지질이 체내에서 이동하는 과정 중에는 단백질, 콜레스테롤, 인지질 등으로 구성된 여러 종류의 지단백질이 지방구를 형성하여 수용성인 체액에 유화될 수 있도록 돕는다.

① 카일로마이크론

소장에서 흡수된 지방의 소화산물 및 지용성 비타민 등의 지질은 카일로마이크론이라고 하는 지방구를 형성하여 소장에서 림프관을 통해 이동된다.

② 초저밀도지단백질과 저밀도지단백질

식사로 섭취하는 지질 외에도 간에서는 필요한 지질을 합성한다. 간에서 합성된 지질은 초저밀도지단백질VLDL이란 지방구 형태로 만들어져 필요한 조직에 중성지방을 전달하고 콜레스테롤의 함량이 높은 저밀도지단백질LDL로 전환된다.

③ 고밀도지단백

말단조직에서 필요 이상의 콜레스테롤은 상대적으로 지질의 함량이 낮고 단백질의 함량이 높은 고밀도지단백HDL을 통해 간으로 회수된다.

3) 기능

(1) 에너지의 제공 및 저장

신체에서 에너지가 필요할 때 지방으로부터 유리된 지방산을 산화시켜 에너지를 생산한다. 지방 외에도 탄수화물과 단백질이 신체에 필요한 에너지의 급원으로 이용되는데, 탄수화물과 단백질은 1g당 4kcal의 에너지, 지방은 1g당 9kcal의 에너지를 생산한다. 따라서 중성지방은 동일 분량의 탄수화물과 단백질에 비하여 두 배 이상의 에너지를 생산하는 농축된 에너지원인 셈이다.

또한 신체에 에너지가 충분할 때는 남은 에너지가 중성지방으로 전환되어 나중에 사용하기 위해 저장된다. 섭취한 중성지방뿐 아니라 필요 이상으로 섭취한 탄수화물이나 단백질도 중성지방으로 전환되어 저장된다.

(2) 향미

지방은 향미, 색, 질감 등 식품의 관능적 특성에 영향을 주어 음식의 맛이 좋아지도록 한다. 지방이 포함된 식품은 독특한 향미와 색을 가지며, 식품가공과정 중 첨가된 지방은 고체식품의 질감과 액체식품의 점도를 변화시키며, 식품의 향미와 외관을 변화시킨다. 예를 들어, 으깬 감자에 버터를 첨가하면, 향미, 질감, 외관 등이 모두 향상된다.

(3) 지용성비타민의 용매

비타민 A, D, E, K는 지용성으로 주로 식품의 지방부분에 있으며 장에서 흡수될 때도 지방과 함께 흡수된다. 따라서 식사 중 지방의 섭취가 부족하면 지용성비타민의 흡수가 저하되어 결핍의 위험이 증가한다.

(4) 필수지방산 공급

필수지방산으로는 오메가-6 지방산인 리놀레산과 오메가-3 지방산인 리놀렌산이 있는데, 성장, 피부건강, 생식기능에 중요한 역할을 한다. 지방은 섭취를 통해 얻기도 하지만 신체에서도 합성이 된다. 그러나 불포화지방산 중 아이코자노이드 형성에 필요한 오메가-6 지방산과 오메가-3 지방산은 신체 내에서 합성하지 못하므로 식품을 통해서 공급하여야 한다.

(5) 체온 조절 및 장기 보호기능

지방은 물에 비하여 열전도율이 낮다. 따라서 피하지방조직은 주변 환경의 영향에 따른 체온의 변동을 방지하는 효과가 있다. 또한 지방조직은 심장 및 복강 내 주요 장기를 둘러싸 외부로부터의 충격을 완화해 준다.

(6) 세포막의 구성성분

인지질은 세포막의 기본구조를 형성하고 세포 내외의 물질이동을 조절한다. 콜레스테롤은 동물세포의 세포막을 구성하는 중요한 성분이다.

(7) 체내 대사의 조절

콜레스테롤은 스테로이드계 호르몬의 전구체이다. 세포막 인지질에 결합된 탄소 수 20개인 불포화지방산으로부터 아이코자노이드가 생성되는데, 필수지방산은 전구체로 기능한다. 아이코자노이드는 위장관 운동성 조절, 혈소판의 혈액응고, 혈관의 수축과 이완을 통한 혈압 조절, 혈관의 투과성 조절, 염증반응 조절과 같은 기능을 수행한다.

(8) 지질의 흡수와 운반

콜레스테롤은 지질의 소화흡수에 이용되는 담즙산의 전구체이다. 양극성을 가지는 인지질은 체내에서는 대부분 수분으로 이루어진 혈액을 통한 지방 분자의 이동을 돕는다.

❸ 적절한 섭취

1) 영양소 섭취기준

국민건강영양조사결과를 살펴보면, 총 에너지섭취량 중 지방으로 섭취하는 에너지의 비율이 증가하여 2005년에는 평균 20.6%로 20%를 넘었고 이후 이 정도의 수준에서 조금씩 변동하고 있다. 2020년 한국인 영양소 섭취기준에서는 19세 이상 성인의 경우 지방에너지의 섭취는 15~30%의 범위가 적절한 수준인 것으로 제시하고 있다. 인구집단의 평균수준이 적정섭취범위 내에 위치한다고 해도 집단 내 모든 개인의 섭취가 적정섭취범위 내에 존재하는 것은 아니다. 개인에 따라서는 과잉섭취나 부족한 섭취로 인한 건강문제를 일으킬 수 있다. 특히, 지방의 섭취 증가는 동물성 식품섭취의 증가에 따른 것으로 이는 포화지방 및 콜레스테롤의 섭취 증가가 동반됨을 의미하므로 이에 대한 주의가 필요하다. 2020년 한국인 영양소 섭취기준에는 지방산의 종류에 따른 섭취기준이 설정되어 있는데, 포화지방산과 트랜스지방산의 섭취기준으로는 에너지 적정비율이, 필수지방산과 오메가-3 지방산의 섭취기준으로는 충분섭취량이 있다. 각각 표 5-1과 표 5-2에 제시하였다.

• 표 5-1 •• 지방의 적정 에너지 비율

연령	지방	포화지방산	트랜스지방산
1~2세	20~35%	–	–
3~18세	15~30%	<8%	<1%
19세 이상	15~30%	<7%	<1%

출처 : 보건복지부(2020). 한국인 영양소 섭취기준.

• 표 5-2 • • 필수지방산과 오메가-3 지방산의 충분섭취량

연령	남자			여자		
	리놀레산	알파-리놀렌산	EPA+DHA	리놀레산	알파-리놀렌산	EPA+DHA
0~5개월	5.0	0.6	200	5.0	0.6	200
6~11	7.0	0.8	300	7.0	0.8	300
1~2세	4.5	0.6		4.5	0.6	
3~5	7.0	0.9		7.0	0.9	
6~8	9.0	1.1	200	7.0	0.8	200
9~11	9.5	1.3	220	9.0	1.1	150
12~14	12.0	1.5	230	9.0	1.2	210
15~18	14.0	1.7	230	10.0	1.1	100
19~29	13.0	1.6	210	10.0	1.2	150
30~49	11.5	1.4	400	8.5	1.2	260
50~64	9.0	1.4	500	7.0	1.2	240
65~74	7.0	1.2	310	4.5	1.0	150
75 이상	5.0	0.9	280	3.0	0.4	140
임신부	+0	+0	+0	+0	+0	+0
수유부	+0	+0	+0	+0	+0	+0

출처 : 보건복지부(2020). 한국인 영양소 섭취기준.

2) 급원식품

지방은 신체에서 여러 가지 기능을 수행할 뿐 아니라 식품의 관능적인 특성에 중요하다. 분자량이 작은 휘발성 지용성물질들이 식품의 지방부분에 있으며, 식품의 가공과정 중에 첨가된 지방은 식품의 질감에 미치는 영향이 크다.

국민건강영양조사 자료를 이용하여 3세 이상 한국인의 식사에서 지방의 급원식품을 분석한 결과 돼지고기로부터 섭취하고 있는 지방의 비율이 전체 섭취의 16% 정도로 가장 많았다. 이와 함께 콩기름, 쇠고기, 달걀, 인스턴트면, 우유, 마요네즈, 참기름으로부터 전체 지방섭취의 50% 이상을 섭취하고 있다.

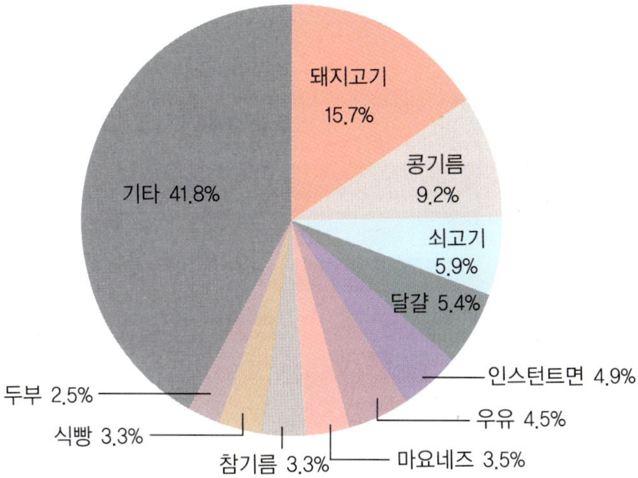

그림 5-5 한국인의 지방 급원식품 상위 10위(3세 이상)

출처 : Baek et al.(2015).

한국인의 식사에서 지방의 급원식품을 살펴보면, 돼지고기, 쇠고기 등의 육류와 달걀과 같이 지방 함량이 높은 자연식품, 두부와 같이 지방 함량이 높은 식품으로부터 가공된 식품, 식품가공과정에서 지방이 첨가되는 인스턴트면과 식빵 등의 가공식품이 있다. 또한 지방 함량이 높은 종실류, 견과류, 두류와 같은 식품으로부터 지방을 추출하여 식용유로 이용되는 콩기름, 참기름 등이나 이러한 식용유를 이용하여 가공된 마요네즈와 같은 식품이 있다.

육류와 달걀에 들어 있는 지방의 반 정도가 포화지방인 데 반해, 어류와 가금류에는 육류에 비해 불포화지방산이 더 많다. 특히, 어류에는 오메가-3 지방산 함량이 높다. 우유, 요거트, 치즈 등 유제품에 들어 있는 지방도 대체로 포화지방이다. 우유의 경우 지방의 63%가 포화지방산이며 우유 한 컵에는 콜레스테롤이 33mg 정도 들어 있다. 무지방 우유는 일반 우유에서 지질을 제거하여 가공된 것이므로 포화지방산과 콜레스테롤 모두를 소량 함유하고 있다.

종실류 및 견과류의 지방은 다중불포화지방산 : 포화지방산P : S 비와 오메가-6 지방산 함량이 높다. 쌀 등의 곡류와 이로부터 가공된 빵, 파스타 등은 대개 지방 함량이 매우 낮지만 조리가공과정에서 지방이 첨가되는 경우가 많다. 케이크, 파이, 머핀, 크루아상, 유탕 처리된 스낵과자 등은 조리가공과정 중 지방이 첨가된 식품들

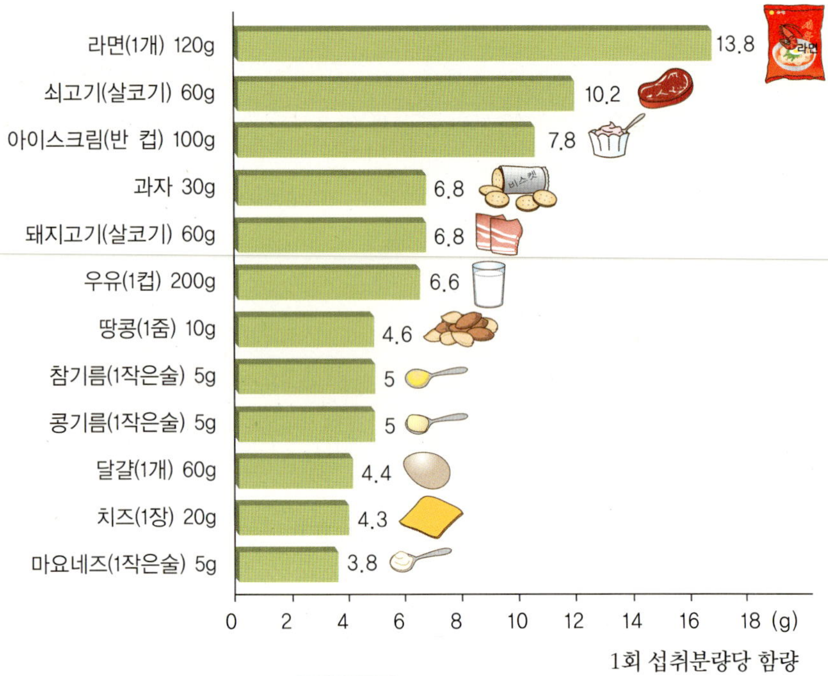

그림 5-6 지방 급원식품

이다.

이외에도 향미 보존 및 증진을 위해 조리가공 중 지방을 첨가하는 식품이 많이 있다. 튀김, 부침, 볶음 등은 식용유의 이용이 많은 조리방법이다. 섭취하는 과정에서 지방을 첨가하는 경우도 많은데, 섭취하는 음식에 드레싱, 버터, 크림, 마요네즈 등을 첨가하여 음식의 맛을 증진시킨다. 이렇게 식품에 첨가하여 섭취하는 지방은 식품에 자연적으로 함유되어 섭취하게 되는 것에 비해 식사에서 차지하는 비중이 크다.

그런데 문화권이나 민족에 따라 조리에 즐겨 사용하는 지방급원에 차이가 있다. 한국을 포함한 아시아에서는 콩기름과 참기름 등을 많이 사용하는 반면 지중해 연안국가에서는 올리브유, 미국인은 버터를 많이 사용한다. 지방의 급원에 따라 지방산의 조성이 다르기 때문에, 지방 함량이 높은 식품이나 지방의 사용량이 많은 음식을 즐겨 섭취하는지, 어떠한 지방을 즐겨 사용하는지에 따라 문화권이나 민족마다 지방의 섭취량과 섭취하는 지방산의 조성에 특성을 나타낸다.

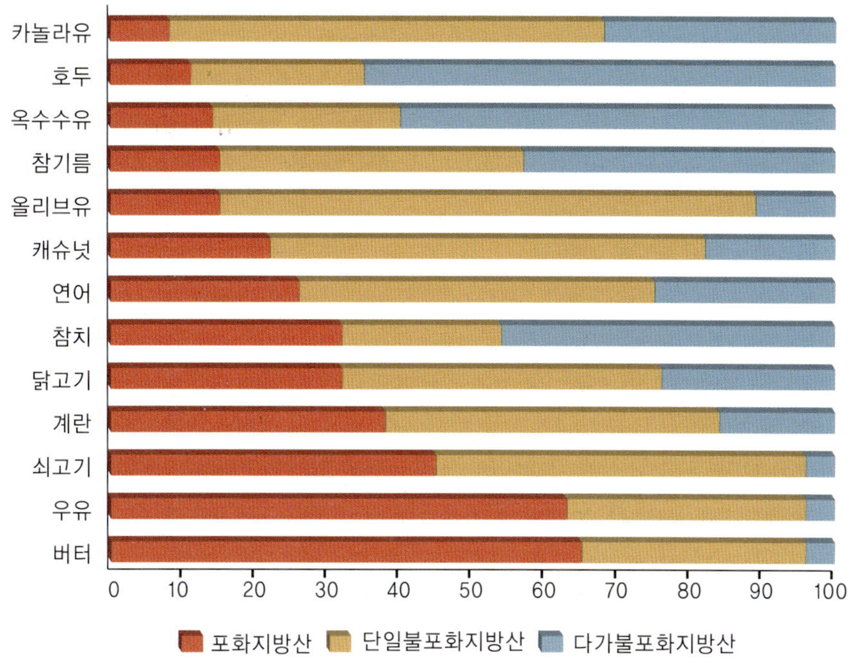

그림 5-7 지방함량이 높은 식품의 지방산 조성

출처 : Thompson & Manore(2006). Nutrition for Life, 6th ed. Pearson.

3) 바람직한 섭취 패턴

지방은 단위중량당 에너지 함량이 높기 때문에 지방 함량이 높은 식품이나 지방을 첨가한 음식은 에너지 섭취를 증가시킨다. 지방 섭취는 여러 만성질환과 연관이 있는 것으로 알려져 있기 때문에 식품의 지방 함량과 지방을 건강하게 섭취하는 방법에 대해 잘 알고 식품을 선택할 필요가 있다.

지방의 총 섭취량이 증가함에 따라 만성질환의 위험도 증가하기 때문에 건강을 위해서는 일반적으로 지방섭취를 줄일 것을 권고한다. 식품에는 눈에 보이는 지방과 눈에 보이지 않는 지방이 있다. 식용유, 버터, 크림, 마요네즈 등은 식품에 첨가될 때 알 수 있기 때문에 눈에 보이는 지방이라고 부른다. 예를 들어, 빵 한 조각120kcal에 버터 한 작은술5g을 발라먹으면 추가 섭취한 지방에 의해 약 30%의 에너지가 증가한다. 또한 샐러드 한 접시140g에 마요네즈 한 큰술15g을 첨가하면 에너지섭취량

눈에 보이는 지방 눈에 보이지 않는 지방

그림 5-8 눈에 보이는 지방과 보이지 않는 지방

이 약 340% 증가한다. 반면, 패스트푸드나 가공식품의 지방은 눈에 보이지 않는 지방이라고 한다. 식품 표시를 잘 읽어보지 않는다면 함유된 지방의 양과 종류를 알기 어렵기 때문이다. 따라서 총 지방의 섭취를 줄이기 위해서는 음식을 먹을 때 지방의 첨가를 줄이고 패스트푸드와 가공식품의 섭취에 주의할 필요가 있다그림 5-9.

개별적인 지방산의 효과에 다소 차이는 있으나 일반적으로 포화지방산은 혈중 콜레스테롤 수준을 상승시키고 심혈관질환의 위험을 높인다. 따라서 심혈관질환의 위험을 낮추기 위해 포화지방이 많은 식품 대신 식물성기름을 섭취하여 포화지방산의 섭취를 다중불포화지방산의 섭취로 대체하도록 권장한다. 식사의 P : S 비율이 높다는 것은 혈청 콜레스테롤을 낮추는 효과가 있음을 의미한다.

한국영양학회에서는 19세 이상 성인의 적절한 지방섭취수준을 하루 섭취하는 총 에너지의 15~30%로 권고하고 있다. 이 범위 내에서 지방의 섭취수준을 유지하되 섭취하는 지방의 종류를 보다 건강한 것으로 섭취하려고 하는 노력이 필요하다. 즉, 포화지방과 트랜스지방을 불포화지방으로 대체하여 섭취하는 것이다. 이를 위해서는 포화지방의 함량이 높은 육류나 크림, 버터와 동물성 지방 대신 어패류와 견과류 및 식물성 기름으로 섭취를 대체하는 것이 필요하다.

건강을 위해 불포화지방을 섭취할 때 주의할 점은 불포화지방산의 이중결합이 자외선, 열, 산화촉진물질들에 의해 산화되어 파괴되기 쉽다는 것이다. 산패된 지방산은 나쁜 냄새와 맛을 낼 뿐 아니라 형성된 산화물질들은 건강에도 좋지 않다. 이러한 불포화지방산의 산화는 체내에서도 일어난다. 생체막의 불포화지방산이 산화되면 세포막 손상, 암 발생 등으로 신체에 해로운 영향을 줄 수 있다. 따라서 불포화지방이 많은 기름은 소량 구입하여 공기와의 접촉을 피해 그늘에 보관한다. 또한 불

그림 5-9 지방의 첨가에 따른 에너지섭취 변화

포화지방의 섭취가 많을 때는 불포화지방의 산화를 막아주는 항산화제의 섭취 증가도 필요하다. 카로티노이드, 비타민 C, 비타민 E, 셀레늄 등의 영양소는 항산화기능을 가지고 있다.

❹ 지질과 건강

1) 심혈관계 질환

심혈관계 질환은 서구의 여러 나라에서 주요 사망원인이 되고 있으며, 우리나라에서도 이로 인한 사망률이 높은 수준이다. 심장에 혈액을 공급하는 관상동맥의 경화는 심장으로의 혈액 공급을 원활하지 못하게 하며 이에 따라 협심증, 심근경색 등의 심장병이 발생할 수 있다.

혈액 중의 콜레스테롤 농도, 특히 LDL-콜레스테롤 수준이 높을수록 동맥경화증이 촉진되는 것으로 알려져 있다. 인체에서 필요한 콜레스테롤의 대부분은 간에서 합성되기 때문에 식사를 통해 과잉의 콜레스테롤을 섭취하면 콜레스테롤 함량이 높은 LDL의 혈액수준이 높아질 수 있다. LDL은 산화되기 쉬운데, 혈액 중 LDL 수준이 높으면 산화 LDL이 동맥에 많이 침착되어 혈관벽이 두꺼워지고 탄력이 감소하는 죽상동맥경화증을 일으키기도 한다. 반면, HDL은 각 조직의 콜레스테롤을 간으로 회수하는 역할을 하기 때문에 콜레스테롤을 체외로 배출하는 데 기여하므로 혈액 중의 HDL 수준이 높으면 심장질환의 위험이 낮다.

심화학습

심장질환과 지질섭취

혈중 콜레스테롤 수준과 심장질환 발생 간의 연관성을 살펴본 역학적 연구를 통해 혈중 콜레스테롤 농도 증가가 심장질환에 의한 사망위험을 증가시키는 것으로 알려져 있다. 그러나 지방의 종류에 따라 심장 관상동맥질환의 위험에 미치는 영향은 차이를 나타낸다. 포화지방산, 특히 탄소사슬의 길이가 12~16개인 경우 총 콜레스테롤과 LDL-콜레스테롤을 증가시킨다고 보고되었다. 반면, 탄소사슬의 길이가 18개인 경우는 포화지방산이나 단일불포화지방산 모두 영향을 미치지 않으며, 오메가-6 다중불포화지방산은 혈중 콜레스테롤 수준을 낮춘다는 것이 보고된 바 있다. 또한 오메가-3 다중불포화지방산은 중성지방의 수준을 낮추는 효과를 나타내며, 트랜스지방은 콜레스테롤 수준을 증가시키는 것으로 알려져 있다.

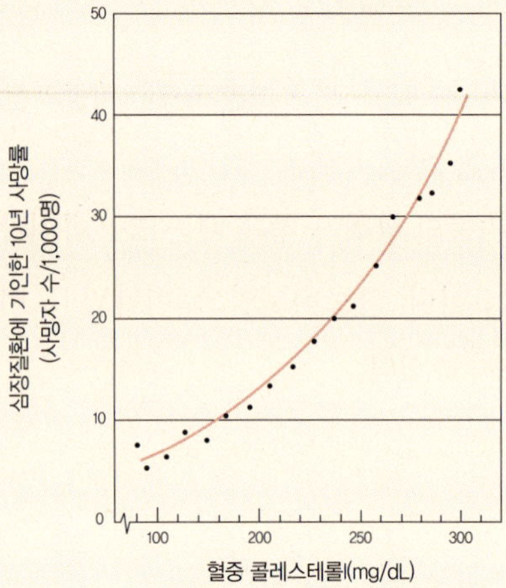

혈중 콜레스테롤 수준에 따른 심장병으로 인한 사망률

출처 : National Cholesterol Education Program.

최근에는 전향적인 관찰연구와 무작위 임상시험결과를 체계적으로 고찰하여 지방산의 종류별 섭취량이나 혈중 수준에 따른 관상동맥질환의 위험과 불포화지방산 보충제 섭취에 따른 관상동맥질환의 위험을 분석한 결과가 보고된 바 있다. 연구결과, 포화지방의 섭취가 관상동맥질환의 위험을 증가시키지 않았으며, 불포화지방산 중 오메가-3 지방산만이 관상동맥질환의 위험을 감소시키는 것으로 나타났다.

이전에 보고된 바와 달리 포화지방산의 섭취가 관상동맥질환의 위험과 연관이 없다는 결과에 대해 많은 토론이 있었는데, 관상동맥질환의 위험을 감소시키기 위해 포화지방을 대체하여 섭취한 에너지 급원이 이러한 결과에 영향을 미쳤을 것이라는 연구결과가 뒤를 이어 보고되었다. 즉, 포화지방섭취를 감소시키기 위해 정제된 탄수화물을 대신 섭취하였다면 심장질환의 위험을 낮추지 못한다는 것이다. 반면, 불포화지방이나 통곡류를 통해 포화지방의 섭취를 대체한 경우는 심장질환의 위험이 감소하였다는 것이다. 이 연구에서 섭취한 에너지 중 5%를 포화지방 대신 다중불포화지방산, 단일불포화지방산, 통곡류 탄수화물로 섭취하였을 때 관상심장질환의 위험이 각각 25%, 15%, 9% 감소하였다. 심장질환의 위험을 줄이기 위해 포화지방의 섭취를 줄이는 것도 필요하지만, 필요한 에너지 섭취수준을 충족하기 위해 대체하여 섭취하는 에너지 급원도 건강한 것으로 고려해야 할 필요가 있다.

그런데 혈중 LDL의 증가에 가장 큰 영향을 미치는 것은 콜레스테롤 섭취 자체보다는 포화지방 및 트랜스지방의 섭취이다. 식사로 섭취한 콜레스테롤은 체내에서 합성되는 양과 체외 배출을 조절하여 그 수준을 조절한다. 그리고 그 능력은 유전적으로 개인에 따라 차이가 있다. 콜레스테롤 함량이 높은 식사를 해도 혈중 수준이 크게 증가하지 않는 사람도 있으나, 어떤 사람들은 같은 음식을 섭취하였는데, 혈중 수준이 크게 증가하기도 한다. 그러므로 섭취하는 콜레스테롤 수준에 민감한 유전적 특성을 가진 사람들은 콜레스테롤 함량이 높은 식품을 피하는 것이 좋다. 이 외에도 체지방 과다, 흡연 등도 심혈관계 질환의 위험을 높인다.

2) 암과 면역기능

지방섭취량은 암 발생과 관련이 있는 것으로 알려져 있다. 역학적 연구를 통해 보고된 바에 의하면 지방섭취량이 높은 집단에서 췌장암, 유방암, 결장암 등의 발생률이 높다. 또한 섭취하는 지방의 구성도 암 발생과 관련이 있는 것으로 보고되고 있는데, 포화지방산과 오메가-6 지방산의 섭취 증가는 암 발생의 위험을 증가시키고, 오메가-3 지방산의 섭취 증가는 암 발생의 위험을 낮춘다. 주로 동물성 지방의 섭취 증가가 대장암 발생의 위험을 증가시키는 것으로 보고되고 있다.

또한 오메가-3 지방산은 아라키돈산 등으로부터 염증반응을 촉진하는 아이코자노이드가 생성되는 것을 억제한다. 따라서 오메가-3 지방산은 여러 측면에서 면역기능을 저해하여 항 염증성 효과가 있다는 이로운 점이 있지만 T세포의 기능도 억제된다는 부정적인 측면을 동시에 가지고 있다.

요약

- 식사로 섭취하는 지질은 주로 지방, 콜레스테롤, 인지질이다.
- 지방을 구성하는 지방산은 수소와의 결합의 포화 정도에 따라 포화지방산과 불포화지방산으로 나뉘며, 불포화지방산은 이중결합의 수에 따라 이중결합이 하나인 단일불포화지방산과 두 개 이상인 다중불포화지방산으로 구분한다.
- 지방은 신체의 주요 에너지급원으로 이용되며, 성인의 경우 하루 섭취에너지의 15~30%를 섭취하도록 권장한다.
- 필수지방산은 체내에서 생리적 조절기능을 수행하는 아이코자노이드 생성에 필요하며, 오메가-6 지방산인 리놀레산과 오메가-3 지방산인 리놀렌산이 이에 해당된다.
- 포화지방과 트랜스지방은 관상동맥질환의 위험을 증가시킨다.

CHAPTER

06

단백질

신체 구성성분 중 수분 다음으로 많은 것이 단백질이다. 신체에서 단백질이라고 하면 근육을 먼저 생각하지만 신체 모든 조직에서 중요한 성분으로 생명 유지에 필수적이다. 단백질은 신체의 모든 세포에 존재하며 그 종류가 매우 다양하여 세포에서만도 수백 가지 단백질이 합성된다. 또한 탄수화물이나 지방과 같이 신체 에너지의 주된 급원은 아니지만 단백질이 에너지 급원으로 이용되는 경우도 있다.

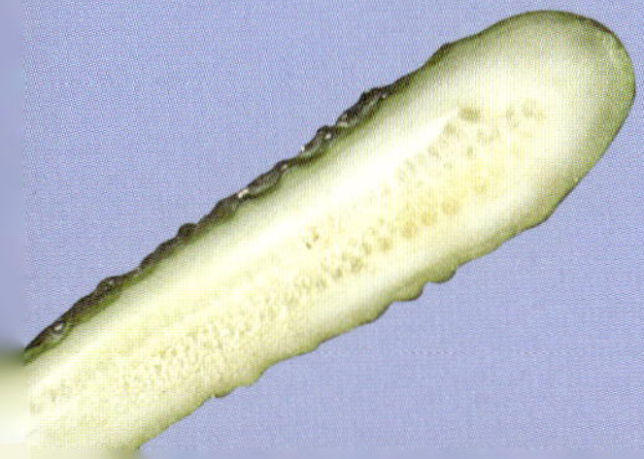

❶ 단백질이란

단백질은 근육과 골격을 형성하는 주요 성분이며 효소, 호르몬, 항체와 같은 기능을 한다.

다른 영양소에 비해 크고 복잡한 분자구조를 가지는데, 탄수화물이나 지방을 구성하는 원소인 탄소, 수소, 산소 외에 질소가 더 포함되어 있어 단백질의 독특한 특성을 나타낸다. 단백을 구성하는 기본 단위는 아미노산으로, 단백질마다 특징적인 아미노산 배열과 기능을 나타낸다.

1) 아미노산의 종류

우리 몸의 수많은 종류의 단백질을 구성하는 아미노산의 종류는 20가지가 있다. 이 외에도 단백질을 구성하지 않고 유리상태로 존재하는 아미노산도 있다. 이들은 체내의 주요 호르몬이나 신경전달물질로 전환되어 기능을 수행한다.

아미노산 중 체내에서 합성이 가능한 아미노산을 비필수아미노산nonessential amino acids이라 하고, 체내에서 합성되지 않거나 합성되는 양이 충분하지 않아 식사를 통해 섭취해야 하는 아미노산을 필수아미노산essential amino acids이라고 한다. 단백질을 형성하는 20가지 아미노산 중 필수아미노산은 9가지가 있는데, 식사를 통해 필수아미노산을 충분히 섭취하지 못하면 그 아미노산을 필요로 하는 단백질의 합성이 원활하게 이루어지지 못하기 때문에, 필수아미노산의 섭취부족은 체내대사의 저해를 초래한다.

2) 단백질의 합성

DNA의 유전정보는 우리 몸에 필요한 단백질을 합성하기 위한 아미노산 배열에 관한 정보이다. 아미노산 간의 결합을 펩티드 결합이라 하는데, 유전자의 정보에 따라 필요한 아미노산을 알맞은 순서로 배열하여 긴 사슬 형태의 폴리펩티드, 즉 단백질이 합성되며, 구성된 아미노산의 물리화학적 특성에 따른 상호작용으로 독특한 3차원 구조를 형성한다. 이러한 3차원 구조는 체내에서 단백질이 기능을 수행하는 데 중요하기 때문에 3차원적인 구조의 변화를 일으키는 아미노산 배열순서의 작은 차이도 단백질의 생리적인 기능에 영향을 미칠 수 있다.

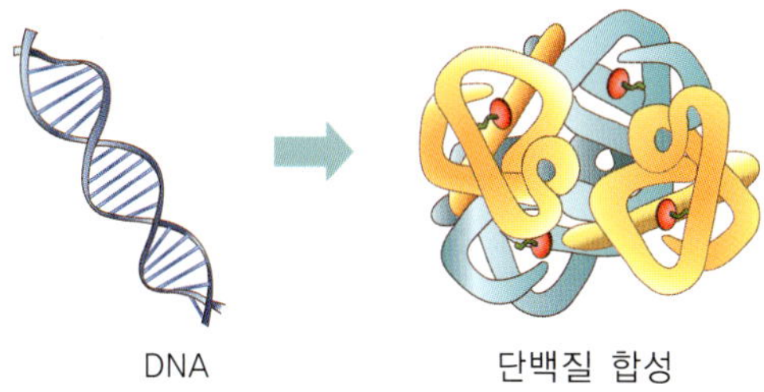

그림 6-1 단백질 합성

3) 단백질의 질 평가

단백질을 구성하는 아미노산의 종류와 양에 따라 단백질의 질을 평가한다. 체내에서 단백질을 합성할 때 그 단백질을 구성하는 데 필요한 아미노산이 모두 동시에 존재하여야 한다. 만일 하나 또는 그 이상이 부족하면 단백질 합성은 정지되어 나머지 아미노산들도 체내에서 이용되지 못하고 몸 밖으로 빠져나가게 된다. 그러므로 우리 몸에서 단백질이 합성될 때에는 필요한 아미노산이 동시에 모두 충분한 양으로 존재하여야 한다.

식품 중 단백질의 아미노산 조성에 있어서 한 가지 이상의 필수아미노산이 빠져 있거나 양적으로 부족하여 단백질 합성이 제한될 때, 그 부족한 아미노산을 제한 아미노산limiting amino acids이라고 한다. 동물성 단백질은 모든 필수아미노산을 충분히 포함하지만, 일반적으로 식물성 단백질에는 한 가지 이상의 제한 아미노산이 있다.

단백질의 조성에 있어 제한 아미노산이 있는 경우 불완전단백질incomplete protein이라고 한다. 곡류나 채소류 등 식물성 식품에 함유된 단백질은 대부분 불완전 단백질이다. 그러나 같은 식물성 식품이라도 대두는 필수아미노산을 충분히 함유하고 있다.

섭취하는 단백질의 질이 좋다는 것은 필수아미노산의 종류와 양을 충분히 포함하고 있는 것을 의미하며 이러한 단백질을 완전단백질complete protein이라고 한다. 완전단백질은 체내 단백질 합성을 위한 필수아미노산을 원활하게 공급하여 단백질의 합성효율이 높고, 대사기능을 정상적으로 유지하여, 적절한 성장발달을 이룰 수 있다. 고기, 생선, 달걀, 우유와 같은 동물성 식품에 함유된 단백질이 그렇다.

4) 단백질의 상호 보충효과

비록 함유된 단백질의 질이 낮은 식품이라도 여러 가지 식품을 골고루 섞어 먹으면 한 식품에 부족한 아미노산을 다른 식품으로부터 보충받을 수 있어, 단백질의 체내 이용률을 높일 수 있다. 식물성 식품과 동물성 식품을 함께 섭취하거나, 제한아미노산의 종류가 서로 다른 식물성 식품을 잘 선택하여 같이 섭취하면, 식물성 단백질의 제한아미노산을 보완하여 섭취할 수 있기 때문에 식사의 단백질 질을 향상시킬 수 있다. 이와 같은 효과를 단백질의 상호 보충효과라고 한다. 예를 들면, 쌀의 제한아미노산은 리신인데, 콩은 메티오닌이므로 각각을 따로 먹으면 불완전 단백질을 섭취하는 것이나, 두 식품을 함께 섭취하면 서로의 부족한 필수아미노산을 보충하게 되므로 질이 높은 동물성 단백질을 섭취한 것과 비슷한 결과를 얻을 수 있다.

그림 6-2 단백질의 상호 보충효과

❷ 체내 이용 및 대사

1) 소화 · 흡수 및 대사

섭취한 단백질은 소화기관을 통과하면서 아미노산으로 분해된 후 흡수되어 인체에 필요한 단백질을 합성하거나 에너지를 내는 데 이용된다. 단백질의 소화는 구강에서 섭취한 음식물을 씹어 부수는 것으로부터 시작한다. 위에서 위산에 의해 단백질의 구조가 변성되어 단백질 소화효소인 펩신의 작용이 수월해진다. 펩신에 의해 단백질은 아미노산과 작은 크기의 폴리펩티드로 분해되며 소장의 소화효소에 의해 분해가 더욱 진행된다. 폴리펩티드 형태로 남아 있던 것들은 소장세포 내에서 아미노산 형태로 완전히 분해된다. 체내에서 합성된 단백질도 분해되어 다른 단백질을 합성하는 데 이용되거나 에너지를 내는 데 이용된다.

단백질이 에너지를 내는 데 이용되기 위해서는 아미노산의 아미노기가 암모니아 형태로 떨어져 나간다. 이렇게 형성된 암모니아는 간에서 수용성 요소로 전환된 후 소변을 통해 배설된다. 아미노기가 떨어져 나가고 남은 아미노산의 구조는 유기산 형태를 가지며 탄수화물의 대사와 같은 경로로 대사된다. 에너지가 부족한 경우 분해된 아미노산은 에너지를 내는 데 사용되며, 체내 조직에 포도당이 필요한 경우 간이나 신장에서 포도당을 합성하는 데 이용되기도 한다. 체내에 필요한 단백질을 합성하고 에너지섭취도 충분할 경우에 필요 이상의 단백질은 탄수화물처럼 간에서 지방으로 전환되어 저장된다.

심화학습

유전성 대사질환

유전성 대사질환은 선천적으로 신체 내 물질 대사가 비정상적인 질환이다. 특정물질의 대사에 관여하는 특정효소가 결핍되면 대사되지 못한 물질이 신체에 축적되는데, 그 물질이 독성이 있으면 신체기능에 장애가 발생하게 된다. 특히, 뇌기능에 장애가 나타나기 쉬워 유전성 대사질환 시 대부분 심한 지능장애가 나타나며, 이밖에도 간장이나 신장에 장애가 나타나는 경우도 있다. 또한 합성되어야 할 물질이 생성되지 못하는 경우 신체에 필요한 물질이 결핍되어 여러 가지 장애가 나타나게 된다.

출생 즉시 발견하여 치료하지 않으면 정상으로의 회복이 어려워져 일생 동안 정신지체 및 발육장애를 겪을 수 있다. 그러나 조기에 발견하여 식사요법과 의학적인 치료를 받으면 신체장애를 최대한 줄이고 정상 성장하도록 할 수 있다. 그래서 우리나라에서는 국가의 지원을 통해 한국인에게 발생빈도가 높은 6종의 유전성 대사질환(페닐케톤뇨증, 갑상선기능저하증, 갈락토스혈증, 호모시스틴뇨증, 단풍당뇨증, 선천성 부신과형성증)에 대해 생후 일주일 이내에 선별검사를 시행하고 있으며, 그 외 43종의 유전성 대사질환 검사를 보호자 부담으로 시행하고 있다. 다음은 아미노산 대사 이상으로 인해 발생하는 유전성 대사질환이다.

아미노산 대사 이상으로 발생하는 유전성 대사질환

질환	특징
유기산뇨증	• 아미노산 대사장애로 유기산 축적 • 수유 시작 후 2~3일경 대사성 산혈증, 고암모니아혈증, 저혈당 등이 나타나고 빠른 호흡, 의식장애, 경련, 심한 탈수 등 동반
페닐케톤뇨증	• 아미노산 대사 이상으로 페닐알라닌을 대사하지 못하여 축적 • 뇌 손상으로 인한 정신발달지체, 기능저하 등 동반 • 한국인 신생아 7만~9만 명당 1명 꼴로 발생
단풍당뇨증	• 이소루신, 루신, 발린 등과 같은 가지형 구조의 아미노산 대사장애 • 설탕을 태울 때 나는 달콤한 냄새가 소변에서 나며 케톤산혈증, 의식장애, 구토 등 동반
요소회로계 대사질환	• 아미노산 등의 대사과정에서 발생한 암모니아를 요소로 만들어서 체외로 배출시키는 요소회로대사계의 효소들이 부족하여 발생 • 혈액 내 암모니아가 상승하고 필수아미노산인 아르기닌의 합성 저해 • 수유 후 2일경 고암모니아혈증에 의해 보챔, 경련, 의식소실 등 동반

2) 기능

(1) 체조직 구성

단백질은 신체조직의 구성성분이다. 성장과정 중에 새로운 조직이 형성될 때뿐만 아니라, 성인이 되어서도 대사과정 중 소모되는 신체조직을 재생하기 위해서도 필요하다. 또한 성장기, 임신기 및 수유기에는 새로운 조직의 형성이 많은 시기라 단백질섭취가 특히 많이 필요한 때이다.

(2) 효소 · 호르몬 · 항체의 합성

체내에서 효소enzyme는 소화 및 체내 대사반응의 속도를 증진시키는 촉매 역할을 하는 단백질이다. 신체는 외부환경에 적응하여 항상성을 유지하는 기전을 가지는데, 이때 필요한 생체반응을 조절하는 역할을 하는 화학물질이 호르몬hormone이다. 합성된 호르몬은 혈액으로 분비된 후 그 작용을 나타내는 조직의 세포로 이동하여 세포 내 기능을 조절한다. 신체조직 외부로 분비되는 소화효소와 달리 호르몬은 체내 혈관계로 분비되므로 호르몬을 생성하는 기관을 내분비기관이라 한다. 호르몬은 스테로이드와 같은 지질로부터 형성되기도 하고, 단백질이나 아미노산 유도체로부터 생성되기도 한다. 또한 면역반응에 참여하는 세포들의 주요 구성성분과 항체의 재료로 단백질이 이용된다. 이러한 이유로 단백질의 섭취가 부족하면 면역기능이 저하되어 감염성질환에 걸리기 쉽다.

(3) 수분과 전해질 평형 유지

체내 기능이 원활히 수행되기 위해서는 세포 내외 및 혈관 내 수분과 전해질이 적절히 유지되어야 한다. 단백질은 이러한 수분과 전해질의 평형을 유지하는 데 도움을 준다. 먼저 단백질은 수분을 끌어당기는 성질이 있어서 세포 및 혈관을 가로질러 수분을 이동시킬 수 있으며, 이를 통해 수분의 평형과 혈압을 적정수준으로 유지한다. 알부민과 글로불린 같은 혈장 단백질은 분자량이 커서 혈관벽을 통과할 수 없기 때문에 혈관 내에 존재하면서 조직의 수분을 혈관 내로 이동시켜 체내 수분평형을 유지한다. 단백질섭취가 부족하면 혈장 단백질의 수준이 감소하여 혈관 내에 수분을 보유하지 못하고 조직에 축적되어 부종edema이 나타나게 된다.

(4) 산염기 평형 유지

산은 수소이온을 많이 보유하고 있는 물질이고, 염기는 수소이온을 적게 보유하고 있는 물질이다. 세포 내 대사는 일정량의 산과 염기를 형성하여 혈액의 산도는 중성 내지 약알칼리성pH 7.35~7.45을 유지한다. 지나친 수소이온의 발생은 체액을 산성화하여 세포기능을 적절히 수행하는 데 바람직하지 않으며, 혈액 중의 단백질은 환경에 따라 쉽게 수소이온을 받아들이거나 내어줄 수 있어 혈액의 산도가 크게 변하지 않도록 하는 완충작용을 할 수 있다.

(5) 영양소 및 체내성분의 운반작용

단백질은 영양소나 다른 중요한 물질들이 체내에서 이동하는 데 중요한 역할을 한다. 세포막에 존재하는 단백질은 막을 통해 수분과 전해질의 이동을 조절하여 균형을 유지한다. 혈액 내에서는 비타민이나 무기질 같은 영양소를 필요로 하는 조직과 세포로 운반하는 역할을 한다. 또한 혈액 중의 포도당을 세포 안으로 이동시켜 에너지를 내는 데 이용될 수 있도록 한다.

(6) 포도당 생성 및 에너지원

체내에서 주된 에너지 급원은 탄수화물과 지방이다. 그러나 뇌와 적혈구는 정상 상태에서는 포도당만을 에너지원으로 사용한다. 그래서 탄수화물섭취가 부족하고 체내에 저장한 탄수화물이 고갈되면 혈당을 유지하기 위해 단백질을 포도당으로 전환하여 에너지 급원으로 이용될 수 있도록 한다.

단백질을 과다섭취한 경우도 단백질이 에너지원으로 사용된다. 단백질이 에너지원으로 사용되기 위해 체내에서 대사될 때 암모니아의 형태로 단백질로부터 유리된 질소는 간에서 요소로 전환되어 신장을 통해 배출된다. 따라서 필요 이상의 단백질을 섭취하는 것은 이 과정을 담당하는 간과 신장에 과중한 부담을 주는 결과를 가져온다.

붉은 고기와 가공육의 발암성

2015년 10월 프랑스 국제 암연구기관(International Agency for Research on Cancer : IARC)에 여러 나라의 과학자들이 모여 붉은 고기와 가공육의 발암성에 관해 평가하는 회의를 가졌다. 붉은 고기는 포유류의 근육조직으로 된 육류를 말하며, 가공육은 향과 저장성 증진을 위해 염장, 발효, 훈연 처리한 육류를 뜻한다. 육류를 염장, 훈연 가공하는 과정이나 고온에서 조리하는 튀김, 직화구이 등의 조리방법을 통해 발암성을 지닌 질소 화합물, PAH(policyclic aromatic hydrocarbon), HAA(heterocyclic aromatic amines) 등이 형성될 수 있기 때문이다.

국가에 따라 총 섭취하는 육류 중 붉은 고기의 비율은 5~100%, 가공육은 2% 미만에서 65% 정도이다. 붉은 고기를 섭취하는 나라의 1인당 1일 붉은 고기 섭취량은 평균 50~100g 정도이고 많이 섭취하는 나라는 200g에 이른다.

대장암에 관한 많은 역학적 연구들은 육류 섭취와 연관성이 있다고 보고하고 있다. 붉은 고기 섭취와 가공육 섭취에 관한 연구들을 메타 분석한 결과 하루 평균 100g의 붉은 고기 섭취는 대장암 발생을 17% 증가시키고, 50g의 가공육 섭취는 18% 증가시키는 것으로 나타났다. 가공육은 대장암의 발생과 관련한 충분한 근거가 있으며 이를 기초로 평가할 때 인체 발암물질임이 확실하고 위암의 발생도 증가시킨다는 결론을 내릴 수 있었다. 또한 붉은 고기는 대장암 위험증가와 양의 상관성을 나타내는 상당수 역학적 연구결과를 바탕으로 인체 발암물질일 가능성이 높은 것으로 분류되었다. 이와 함께 붉은 고기는 췌장암이나 전립선암과도 양의 상관성이 있다고 보고하고 있다.

출처 : http://www.thelancet.com/oncology Published online October 26, 2015 ; http://dx.doi.org/10.1016/S1470-2045(15)00444-1

❸ 적절한 섭취

1) 섭취실태

한국인의 단백질섭취비율은 2008년 기준으로 총 에너지의 7~20%이며, 따라서 단백질 권장섭취비율 7~20%와 일치하는 수준이다. 2013~2017년도 국민건강영양조사 자료 분석 결과, 현재 우리나라 국민의 단백질 섭취량은 여성 75세 이상을 제외하고 평균필요량보다 높은 수준으로 보고되었다.

나이가 들면서 발생하는 노쇠는 의도하지 않은 체중 감소, 허약, 탈진, 신체활동 저하, 그리고 넘어짐 등이 특징인데, 이러한 노쇠현상의 주요 원인 중 하나로 비정상적 근육량 및 근력 손실로 정의되는 근감소증이 있다. 2013~2017년 국민건강영양조사가 자료 분석에서 나타난 바와 같이 75세 이상 노인특히 여성의 단백질 섭취량이 1일 권장섭취량에 미치지 못하고 있으므로 신장질환을 앓지 않는 한 충분한 단백질 섭취로 근감소증을 적극적으로 예방할 필요가 있다.

그림 6-3 100g당 단백질섭취량의 비교

2) 단백질섭취기준

성인의 경우 단백질섭취와 손실 사이에 균형을 맞추어 신체 내 구성성분인 피부, 머리카락, 손톱, 발톱, 대변, 소변 등을 통해 손실되는 단백질의 양만큼 단백질을 섭취하면 된다. 이때 충분한 양의 단백질이 인체 내에 공급되어서 체내 단백질의 기능을 수행하게 되는데, 이것을 질소 평형의 유지nitrogen balance라고 일컫는다. 성장기 어린이, 임산부 및 회복기 환자의 경우는 새로운 조직 합성을 위하여, 손실되는 양보다 더 많은 단백질을 섭취해야 한다. 반면에 굶거나, 병에 걸렸을 때, 격한 운동을 하였을 때에는 단백질 내 구성성분인 질소 손실량이 질소섭취량보다 더 많아진다.

개인의 단백질필요량은 적당한 수준의 신체적 활동을 한다고 가정할 때, 에너지 균형을 유지, 체내 질소배설량과 식이질소섭취량이 균형을 이루는 최소의 수준으로 하였다. 1일 단백질섭취량은 총 에너지섭취량의 7~20% 정도를 섭취하고, 단백질 종류 중에 하나인 동물성 단백질은 1일 총 단백질섭취량의 1/3 이상으로 섭취할 것을 권장하고 있다.

한국인 영양소 섭취기준에 의하면 성인 1일 단백질섭취기준은 표 6-1과 같다. 특히, 영 · 유아기의 성장과 발육이 왕성한 시기, 임산부, 수유부의 경우에는 단백질 필요량이 증가한다. 인체는 정신적 스트레스를 받게 되면 소변 내 질소배설량이 증가하는데, 이는 체내의 단백질 분해가 증가하였음을 의미하며, 따라서 스트레스를 받는 기간 중에는 단백질의 섭취를 늘려야 한다.

표 6-1 2020 한국인 1일 단백질 섭취기준

구분 / 연령	단백질(g/일)					
	남자			여자		
	평균필요량	권장섭취량	충분섭취량	평균필요량	권장섭취량	충분섭취량
0~5개월			10			10
6~11	12	15		12	15	
1~2세	15	20		15	20	
3~5	20	25		20	25	
6~8	30	35		30	35	
9~11	40	50		40	45	
12~14	50	60		45	55	
15~18	55	65		45	55	
19~29	50	65		45	55	
30~49	50	65		40	50	
50~64	50	60		40	50	
65~74	50	60		40	50	
75 이상	50	60		40	50	
임신부[1)]				+12	+15	
				+25	+30	
수유부				+20	+25	

1) 에너지, 단백질 임신부 2, 3분기별 부가량

3) 급원식품

단백질은 식물성 식품과 동물성 식품에 골고루 들어 있다. 곡류인 쌀 · 밀 · 옥수수의 경우는 두류나 유제품, 어육류 및 난류와 같은 동물성 식품에 비해 단백질 함량이 적지만 한국인의 주식으로서 절대적 단백질 공급량이 많기 때문에 단백질 급원의 상당부분을 차지한다. 한국인의 주요 단백질 급원식품의 단백질 함량을 그림 6-4와 같이 제시하였다.

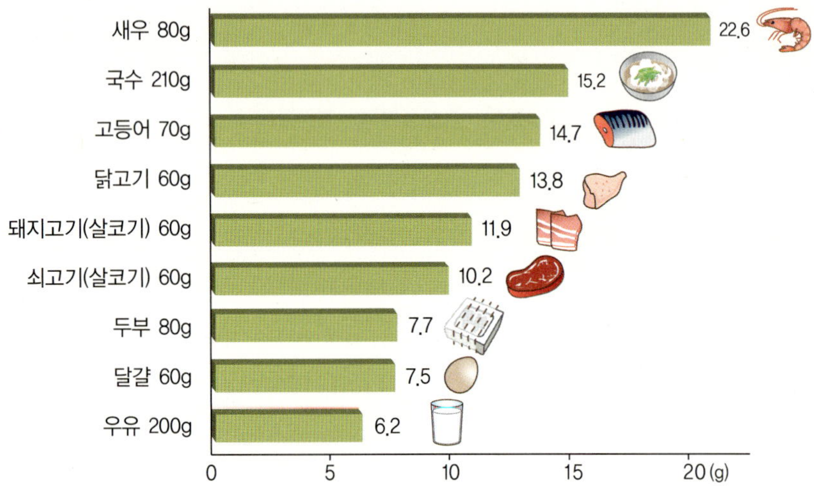

1회 섭취분량당 함량

그림 6-4 단백질 주요 급원식품

심화학습

채식주의자의 단백질 공급원 콩단백질

대두 단백질은 대표적인 식물성 단백질로 생리활성물질이 풍부하여 인기가 높은 식품 중에 하나이다. 우 리나라에서는 전통적으로 된장, 간장, 두부 등 콩 가공식품을 통하여 콩을 섭취하고 있다. 콩에는 단백질이 35%, 지질이 18%, 탄수화물이 25% 정도 포함되어 있으며, 생리활성물질로 이소플라본 등이 포함되어 있다.

1) 콩 안의 단백질과 건강

콩에는 단백질 함량도 많고 질적인 면에서도 동물성 단백질과 큰 차이가 없다. 메티오닌과 같은 함황아미노산이 약간 부족하지만, 곡류와 함께 섭취하면 상호보충효과가 있다. 간장, 된장 등 콩 발효식품에 들어 있는 단백질 분해산물인 콩 펩티드가 대장암, 유방암 등 항암성을 갖는다는 연구보고가 있다.

2) 콩 안의 지질성분과 건강

콩 섭취 시에는 육류 등의 섭취 시 문제가 되는 포화지방이나 콜레스테롤 섭취의 걱정이 없고, 필수지방산도 많이 섭취할 수 있다. 더욱이 지질성분 중 항지방간 인자로 알려진 레시틴 함량이 높아서 고지혈증과 지방간 예방에도 좋다.

3) 대두단백질의 종류

콩에서 추출한 대두단백질(soy protein)은 우유를 잘 소화하지 못하거나 특정 음식에 알레르기가 있을 때 섭취하며, 근육을 강화하기 위해서 섭취하기도 한다.

- 분리대두단백(Isolated Soy Protein : ISP) : 콩에 함유된 탄수화물과 지방을 제거하고 단백질만 정제 건조한 것이다. 90%의 정제된 단백질로 콜레스테롤과 유당이 없어 우유를 소화하지 못하거나 육류를 먹지 않는 채식주의자의 경우 대체식품으로 사용할 수 있다.
- 농축대두단백(concentrated soy protein) : 대두를 잘게 부수어 껍질을 벗겨 기름을 제거한 후 건조시켜 탈지 대두 플레이크를 제조한다. 탄수화물을 제거하고 식이섬유를 풍부하게 유지시켰으며 65% 이상의 단백질을 함유하고 있다.
- 조직대두단백(structured soy protein) : 콩에 고온과 압력을 가하여 조직의 씹는 맛을 증가시킨 콩 단백질로 콩고기를 만드는 주원료로 사용하고 있다.

❹ 단백질과 건강

1) 단백질섭취 부족

(1) 콰시오커

단백질결핍이 주원인으로 나타나는 콰시오커는 특히 이유기와 성장기에 단백질 섭취가 부족할 때 잘 나타난다. 콰시오커 증상을 가진 성장기 어린이는 비교적 정상적 체중을 보이며 골격근육도 정상적이나 혈액 내 혈청단백질 농도가 감소되어 있다. 따라서 혈액 단백질 농도의 감소로 인해 배에 복수가 차는 영양실조성 부종현상을 보이며, 그 외에도 지방간, 머리카락의 변색, 피부염 및 신경계 이상 등의 증상을 나타낸다. 콰시오커 증상을 보이는 어린이는 단백질결핍에 의한 감염에 대한 저항력이 떨어져 설사, 구토, 탈수 등의 증상을 보이기도 한다. 이때 어린이에게 지방이 제거된 탈지분유를 제공하면 2~3주 내에 회복이 된다.

(2) 마라스무스

콰시오커가 단백질의 부족에 의한 증상이라면, 마라스무스는 단백질과 에너지가 부족하여 발생하는 증상이다. 저개발국의 성장기 어린이에게서 주로 나타나며,

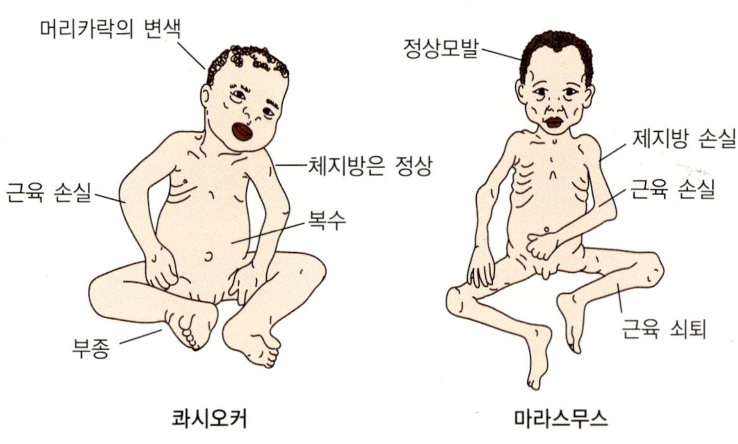

그림 6-5 콰시오커와 마라스무스의 비교

피하지방과 근육이 손실되어 체중감소가 심한 것이 특징이다. 혈액 내 단백질 농도는 비교적 정상으로 부종증상은 없으며 피부, 간 기능도 비교적 정상이다.

2) 단백질섭취 과잉

근육을 키우기 위해서 단백질 식품의 섭취를 증가시키거나 단백질 보충제 섭취, 황제다이어트 등 단백질을 필요량 이상 과잉섭취 시 체내에서 단백질의 성분인 여분의 질소를 요소의 형태로 배설한다. 이때 체내의 신장은 여분의 요소 배설을 담당하며 신장에 무리를 주기도 한다. 특히, 신장기능이 좋지 않은 사람은 단백질을 과다하게 섭취하지 않도록 주의한다. 또한 동물성 단백질을 많이 섭취하게 되면 요를 통한 칼슘의 배설량이 증가한다. 따라서 골다공증이 야기될 수 있으므로, 특히 갱년기 이후의 여성은 주의하도록 한다. 체내에서 여분의 단백질은 지방으로 전환될 수 있으므로 단백질 과잉섭취로 인한 체중 증가도 주의한다. 또한 동물성 단백질의 경우에는 동물성 지방의 함량이 높으므로 성인병 예방을 위해서 적당량을 섭취하도록 한다.

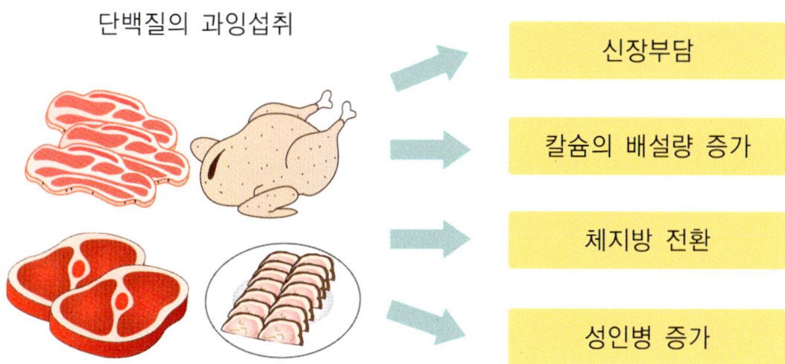

그림 6-6 단백질 과잉섭취 시 건강문제

심화학습

단백질 보충제인 프로틴 파우더는 무엇인가?

단백질은 근육을 구성하는 주요 성분으로 충분한 단백질 섭취를 통하여 근육을 유지, 성장시키고 있다. 근력운동(웨이트 트레이닝), 효과적인 다이어트를 할 때, 근육발달을 시키기 위해서 단백질섭취를 증가시킨다. 특히, 단백질을 효율적으로 쉽게 섭취하기 위해서 단백질 파우더(단백질 보충제)의 섭취는 언제하는 것이 좋을까? 단백질 보충제를 섭취하려면 운동 후 1~2시간 이내에 단백질보충제를 탄수화물과 함께 섭취하는 것이 효과가 있다고 보고되고 있다. 단백질 보충제는 약물과 달리 식품법규상 가공식품 혹은 건강기능식품에 속한다. 단백질보충제는 제한적인 영양소로 이루어져 있기 때문에 양질의 단백질과 식사를 대신할 수는 없으나, 운동 후 섭취의 편리성으로 사용된다. 단백질 보충제의 주요 원료는 우유, 달걀, 콩 등이 있다. 유청단백질 프로틴 파우더의 단백질 원료는 크게 우유에서 얻은 농축 유청 단백질과 유청단백질 분리물로 나누어진다. 농축 유단백의 경우 우유 알레르기나 유당불내증이 있는 사람이 다량섭취하면 소화에 어려움을 겪을 수 있다.

단백질 파우더의 종류

1) 유단백

우유는 지방, 유당과 함께 3~4% 정도의 단백질이 들어 있으며, 가장 흔히 사용되는 단백질 보충제의 원료이다. 제조사나 공정에 따라 조금씩 차이는 있지만 분리단계에 따라 몇 가지 종류가 있다.

- 농축유청단백질(Whey Protein Concentrate : WPC)은 치즈를 만들고 남은 유청에서 추출한 것으로 지방과 유당 함량이 적고 아미노산이 풍부하다.
- 분리유청단백질(Whey Protein Isolate : WPI)은 여과과정을 거친 단백질로 순도가 88% 이상이다.
- 가수분해유청단백질(Whey Protein Hydrolysate : WPH)은 여과과정을 반복하여 단백질 순도를 높이고 유당을 없애서 흡수율을 높였다.

2) 분지사슬아미노산

분지사슬아미노산은 분자구조가 사슬 모양으로 결합되어 있으며, 세 가지 필수 아미노산인 루신, 이소루신, 발린이 속한다. 근육의 생성과 보존에 중요한 역할을 하며 루게릭병 같은 근위축성 질환, 간, 신장질환으로 근육을 정상적으로 유지하지 못하는 환자나 심한 외상 환자에 사용하기도 한다. 또한 장시간의 격한 운동 중에 근육의 분해를 줄이는 효과가 보고되어 단백질 보조제로 사용하기도 한다.

요약

- 아미노산 중 체내에서 합성되지 않거나 합성되는 양이 충분치 않아 식사를 통해 섭취해야 하는 아미노산을 필수아미노산이라고 한다.
- 단백질의 질이 낮은 식품이라도 여러 가지 식품을 골고루 섞어 먹으면 한 식품에 부족한 아미노산을 다른 식품으로부터 보충받을 수 있다.
- 성인은 하루에 총 에너지섭취량의 7~20% 정도의 단백질을 섭취하고, 1일 총 단백질섭취량의 1/3 이상을 동물성으로 섭취할 것을 권장한다.
- 단백질-에너지섭취 부족의 대표적인 임상증상으로 콰시오커와 마라스무스가 있다. 단백질결핍이 주원인일 경우는 부종 증상과 함께 콰시오커가 나타나며, 에너지 부족에 의하여 심한 저체중과 함께 마라스무스 증상이 나타난다.
- 과잉 단백질섭취로 인한 요소 배설로 신장에 부담을 줄 수 있으며, 칼슘의 배설량 증가 및 체지방 증가가 우려되므로 적절한 단백질섭취를 하도록 한다.

CHAPTER

07

비타민

비타민은 에너지를 제공하는 영양소는 아니지만 탄수화물, 지방, 단백질 등의 영양소가 체내에서 에너지를 생성하는 반응 또는 신체 조직을 유지하기 위해 필요한 화학반응에 관여하기 때문에 식품을 통해 섭취해야 하는 중요한 영양소이다. 물에 녹는 수용성비타민과 물에 녹지 않는 지용성비타민으로 구분하며 비타민의 종류에 따라 하루에 필요한 권장량이 다르다. 비타민섭취가 부족할 경우 결핍증을 유발하며 지나치게 많이 섭취할 경우에는 과잉증을 유발하므로 적절하게 섭취하는 것이 바람직하다.

❶ 비타민의 종류

비타민은 지용성비타민과 수용성비타민으로 구분된다. 지용성비타민은 지방이나 유기용매에 용해되는 비타민으로 A, D, E, K가 있으며 지방이 많이 함유된 식품에 존재하고 식품섭취 시 지방과 함께 흡수된다. 지용성비타민은 체내에 상당량 저장이 될 수 있으며 과량으로 섭취할 경우 독성효과나 과잉증이 나타날 수 있다.

수용성비타민은 물에 용해되는 비타민으로 티아민, 리보플라빈, 니아신과 비타민 B_6, 엽산, 비타민 B_{12} , 비오틴, 판토텐산, 비타민 C 등을 포함한다. 수용성비타민은 체내에 저장되지 않고 과량으로 섭취할 경우에는 대부분 소변으로 배출된다. 수용성비타민은 도정과정, 저장, 가열 조리 또는 알칼리 환경에서 파괴가 일어난다.

식품 속에 비타민은 소량으로 존재하나 여러 가지 식품을 골고루 섭취하면 신체에 필요한 여러 종류의 비타민을 대부분 섭취할 수 있다. 비타민의 섭취가 부족하거나 체내 요구량이 증가하는 경우에는 비타민결핍증이 일어날 수 있으며 비타민 보충제의 섭취가 권장되기도 한다. 예를 들어, 임산부와 수유부에게는 엽산의 보충이, 채식주의자들의 경우 비타민 B_{12}, 알코올중독자들의 경우 비타민 B복합체 등의 보충이 필요하다. 비타민의 보충이 특별히 요구되는 경우를 제외하고는 식품으로 비타민을 적절하게 섭취하는 것이 건강을 위해 가장 바람직한 방법이다.

• 표 7-1 •• 비타민의 종류

구분	지용성비타민	수용성비타민
종류	비타민 A, D, E, K	• 티아민, 리보플라빈, 니아신 • B_6, B_{12}, 엽산, 판토텐산, 비오틴 • 비타민 C
성질	지방에 녹는다.	물에 녹는다.
특징	섭취 부족 시 결핍증을 유발할 수 있으며 과잉섭취 시 체내에 축적되어 독성효과를 보인다.	섭취 부족 시 결핍증을 유발하며 과잉섭취 시 대부분 소변으로 배설된다.

❷ 지용성비타민

1) 비타민 A

비타민 A의 대사 및 저장은 주로 간에서 일어나며 동물성 식품에 포함된 레티노이드와 식물성 식품에 있는 비타민 A의 전구체인 카로티노이드 등을 포함한다. 비타민 A는 기본 분자인 레티놀retinol과 시각색소로 작용하는 레티날retinal, 세포 분화를 조절하는 세포 내 신호전달물질인 레티노산retinoic acid 등과 같이 다양한 레티노이드 형태로 존재한다. 카로티노이드는 식물성 식품에 존재하는데, 그중 베타-카로틴, 알파-카로틴 및 베타-크립토잔틴은 비타민 A 전구체로서 비타민 A의 생물학적 활성을 가진 프로비타민 A이며, 카로티노이드는 체내에서 비타민 A로 전환되고 가장 활성이 높은 형태가 베타-카로틴β-carotene이다. 라이코펜, 루테인, 제아잔틴은 비타민 A로 전환되지 않는 비프로비타민 A이다.

(1) 기능

비타민 A 중 레티날은 어두운 곳에서 물체를 볼 수 있는 기능을 담당하는 간상세포에서 필요한 색소인 로돕신을 형성하는 데 필수적인 성분으로 시각기능에 관여한다. 또한 세포 성장, 상피세포의 정상적인 분화 및 증식에서 정상적인 점액 분비에 관여한다. 특히, 비타민 A는 세포 증식과 세포 분화를 조절하므로 배아단계에서 비타민 A의 결핍은 기관발달 및 세포가 정상적으로 일어나지 않아 기형아 출산으로 이어질 수 있다. 또한 비타민 A는 병원균 또는 항원의 공격에 대항하여 면역작용을 하며 염증반응 억제기능에 관여한다. 카로티노이드는 생체 내에서 비타민 A 전구체로서의 작용과 항산화작용을 한다. 또한 세포의 성장과 분화에 영향을 미치며 항산화 활성과 발암물질의 대사를 조절하여 세포와 세포 간의 면역능력과 상호작용에 영향을 준다.

(2) 결핍증 및 과잉증

비타민 A의 주요 결핍증은 야맹증과 안구건조증이며 심할 경우 각막장애가 나타날 수 있다. 비타민 A의 섭취 부족에 의한 결핍 증상은 개발도상국의 어린이들에게서 많이 나타나고 있다. 또한 비타민 A 결핍증은 주로 성장, 감염, 임신과 수유 등의 상태에 요구되는 비타민 A 필요량을 충족하여 섭취하지 않을 때 나타난다. 비타민 A를 과량으로 섭취하면 독성이 나타날 수 있으며, 오심, 두통, 현기증, 무력감 등 급성 과잉증과 두통, 탈모증, 피부건조 및 가려움증, 골관절 통증 등 만성과잉증, 기형아 발생 등이 나타날 수 있다.

(3) 급원식품

비타민 A는 동물의 간, 어유, 난황 등 동물성 식품에 많이 들어 있고 베타-카로틴은 녹황색 채소, 해조류 및 과일에 많이 들어 있다그림 7-1.

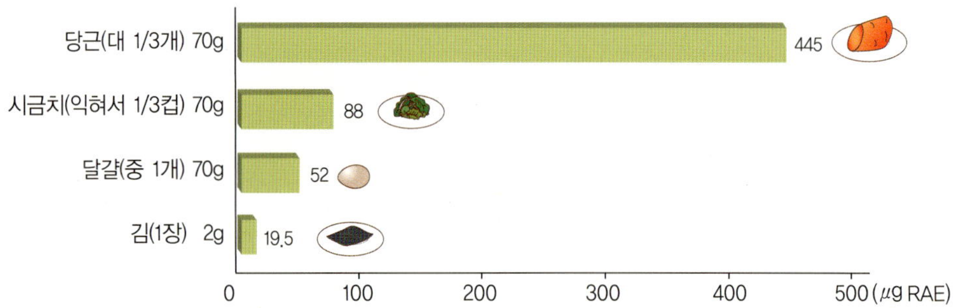

1회 섭취분량당 함량

그림 7-1 비타민 A 급원식품

2) 비타민 D

비타민 D 또는 칼시페롤calciferol은 체내에서 호르몬처럼 작용하는 프로호르몬으로 사람 피부에서 7-데하이드로콜레스테롤7-dehydrocholesterol로부터 합성되거나 동물성 식품으로부터 섭취된다. 비타민 D는 두 단계의 수산화 과정을 거친 후

활성화되는데, 먼저 간에서 25−수산화효소에 의해 25−하이드록시비타민 D25-hydroxyvitamin D, 25(OH)D로 전환되고 다시 신장에서 1α−수산화효소의 작용으로 25−하이드록시비타민 D가 생물학적 활성형인 칼시트리올1,25-hydroxyvitamin D, 1,25(OH)2D로 전환된다.

(1) 기능

비타민 D는 소장 상피세포에서 칼슘이온의 운반에 필요한 단백질의 생합성을 촉진함으로써 칼슘의 흡수를 증가시킨다. 또한 비타민 D는 뼈에 있는 칼슘의 방출을 증가시킴으로써 혈청의 칼슘과 인의 농도를 적절한 수준으로 유지시킨다. 골격조직은 칼슘과 인의 저장고로서 혈액 내 칼슘 및 인의 농도를 조절하는 기능을 한다. 혈청의 칼슘 또는 인의 농도가 떨어지면 부갑상선호르몬parathyroid hormone이 분비되고 이 호르몬은 신장의 하이드록시화 효소hydroxylase를 자극하여 비타민 D를 활성형 형태로 전환되도록 돕는다. 이러한 방법으로 체내작용이 가장 강력한 비타민 D의 활성형이 증가하고 뼈에서 혈액으로 칼슘과 인을 방출하는 것을 촉진하며, 소장과 신장에서의 대사를 촉진시킨다. 비타민 D는 신장에서 칼슘과 인이 재흡수되는 것을 돕는다. 특히, 비타민 D는 인산염이 소변으로 배출되는 것을 감소시키는 역할을 한다. 혈액 내에 칼슘과 함께 인산염의 농도가 적절하게 유지되는 일은 뼈의 석회화에 반드시 필요한 일이다.

(2) 결핍증 및 과잉증

현대인에게 비타민 D의 섭취는 식사와 보충제 섭취로 이루어지며 비타민 D 부족은 피부에서 비타민 D 생성 저하, 부적절한 식사, 흡수장애에 의하여 발생된다. 비타민 D의 결핍은 골격 건강을 악화시킨다. 소아에서는 구루병, 성인에서는 골연화증 및 골다공증의 위험을 높이며, 노인에서는 낙상 및 신체기능 약화의 위험인자이다. 과잉으로 섭취하는 경우에는 고칼슘혈증, 고칼슘뇨증, 심혈관계 손상, 신장결석 등이 일어날 수 있다.

심화학습

햇빛과 비타민 D

사람에서 대부분의 비타민 D는 체표면의 태양광선을 쪼임으로써 생성된다. 즉, 사람의 피부에는 7-데하이드로콜레스테롤이라고 하는 스테롤 물질이 함유되어 있는데, 여기에 자외선이 닿으면 비타민 D로 전환된다. 이때 비타민 D로 전환시키는 자외선의 효과는 피부에 닿는 자외선의 강도에 따라 달라진다. 평상시 햇볕에 얼굴, 팔, 손 등을 짧게 쬐는 것은 비타민 D 5μg(200 IU)을 얻는 것과 같으며 홍반(erythema)이 있을 만큼 지속적인 노출은 250μg의 비타민 D를 매일, 장기간 복용하는 것만큼 혈장 25-(OH)D 농도를 증가시켜준다. 자외선 투과 정도는 피부 속 멜라닌 색소의 양, 착용한 의상의 종류, 창문에 의한 광선 차단의 정도 및 자외선차단제의 사용 여부에 따라 달라진다. 최근 연구에 따르면 팔과 다리 또는 손, 팔, 얼굴은 5~10분가량, 주 2~3회 햇볕에 노출시키는 것이 적절하다고 보고되었다. 이처럼 평소에 햇볕을 받는 것은 밖으로 나가지 못하거나 나가는 것을 꺼리는 경우를 제외하고는 인체에 충분한 비타민 D 수준을 겨울까지 유지시켜주는 것으로 보인다. 여름 동안 햇볕을 쬔 사람들에게는 보통 비타민 D 급원식품 내 비타민 D의 양이 충분하지만, 그 양만으로 비타민 D를 충분히 공급받지 못하는 사람들이 증가하고 있다. 우유는 칼슘을 많이 함유하여 비타민 D의 가장 좋은 급원식품이며, 최근에는 두유나 비유제품 밀크(nondairy milk) 또한 우유와 비슷한 수준으로 칼슘과 비타민 D를 강화시켜 가공되고 있다. 야외활동 감소와 부적절한 섭취로 비타민 D 부족이나 결핍사례가 많이 보고되고 있는데, 비타민 D 결핍이 근골격근계를 악화시키는 것으로 알려져 있으며 최근에는 비타민 D가 암, 심혈관계 질환, 고혈압, 당뇨, 대사증후군 등에 대한 보호효과가 있는 것으로 알려지고 있다. 반면에 강화우유의 부적절하고 과도한 섭취 또는 비타민제의 남용으로 인해 고비타민 D 혈증이 나타난 사례가 보고되고 있다. 그러므로 영양소 강화식품 또는 영양보충제 섭취는 조심히 이루어져야 하며 통일된 감독 절차가 필요할 것이다.

(3) 급원식품

동물성 식품에 함유되어 있으며 생선간유 및 어류, 강화우유, 버터 등에 들어 있다그림 7-2.

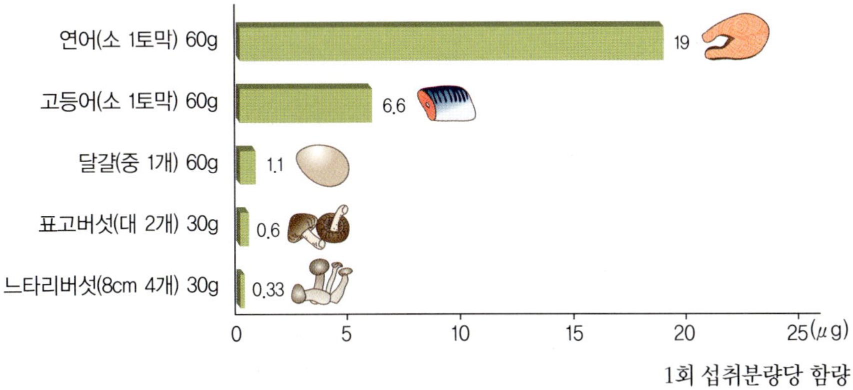

그림 7-2 비타민 D 급원식품

3) 비타민 E

식품에 함유된 비타민 E는 항산화기능을 갖는 영양소로 천연에는 α−, β−, γ−, δ−토코페롤tocopherol과 α−, β−, γ−, δ−토코트리에놀tocotrienol 형태로 존재한다. 그중 가장 활성이 높은 것이 α−토코페롤이다.

(1) 기능

비타민 E는 세포막에 존재하는 다중불포화지방산이 세포 내의 유리라디칼에 의하여 산화되는 것을 방지하여 산화적 스트레스로부터 세포막을 보호하고 안정화하는 항산화 영양소로서 기능을 수행한다. 비타민 E는 주로 세포막과 지단백질 표면에서 작용하는 것으로 알려져 있다. 비타민 E의 형태에 따라 항산화반응 기전이 다른데, γ−토코페롤은 α−토코페롤에 비하여 활성산소 라디칼과의 반응도는 낮으나 활성질소 라디칼과 반응하여 조직성분을 보호하고 항염증작용에 관여한다. 또한 체내 면역기능을 정상적으로 유지할 수 있도록 해주어 동맥경화 예방 또는 항암효과와도 관련이 있는 것으로 알려져 있다.

(2) 결핍증 및 과잉증

비타민 E의 결핍증은 성인의 경우 거의 나타나지 않으며 어린이의 경우에는 비타민 D 흡수에 이상이 생기면 신경계에 영향을 미치게 된다. 반면, 과잉으로 섭취할 경우 위장질환, 혈장 티록신 수준 감소, 비타민 K 흡수 방해 등을 초래할 수 있다.

(3) 급원식품

비타민 E는 주로 곡류의 배아, 종실류, 콩류, 푸른잎 채소, 식물성 기름 등에 다량 함유되어 있다그림 7-3.

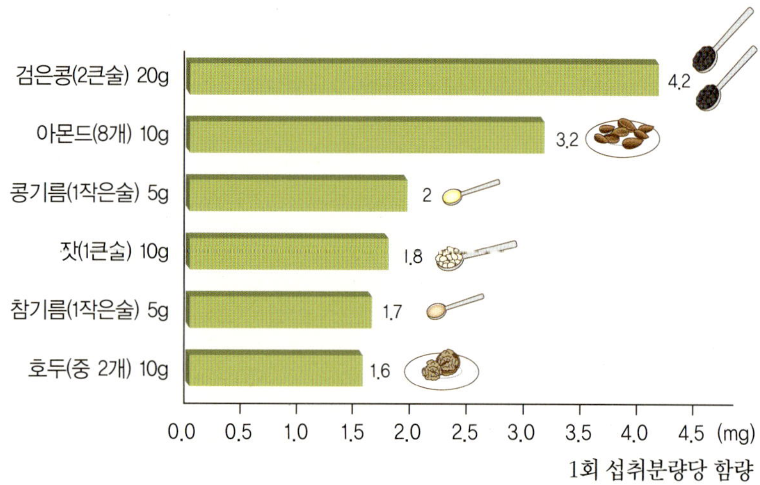

그림 7-3 비타민 E 급원식품

4) 비타민 K

자연계에서 비타민 K는 비타민 K_1phylloquinone, 필로퀴논과 비타민 K_2menaquinone, 메나퀴논의 활성형으로 존재한다. 비타민 K의 주요 급원인 비타민 K_1은 식물의 광합성작용에 의해 합성되어 녹색잎채소에 풍부하다. 메나퀴논, 즉 비타민 K_2는 장내 박테리아에 의해 합성이 가능하여 동물성 식품이 주요 급원이다.

(1) 기능

비타민 K는 혈액응고에 필수적인 비타민으로 혈액응고에 관여하는 단백질인 트롬빈의 전구체인 프로트롬빈이 간에서 합성되는 과정에서 비타민 K가 관여한다. 따라서 비타민 K가 부족하면 혈액응고가 지연되는 현상이 나타난다.

(2) 결핍증 및 과잉증

비타민 K 결핍은 정상적인 식사를 하는 성인에 있어서 흔하지 않으나 지방의 흡수가 불량하거나 간질환과 관련되어 있다. 신생아는 장관이 무균상태로 출생하므로 장관 내에 박테리아가 정상적으로 성장하여 비타민 K를 합성할 때까지 생후 며칠 동안 신생아 출혈이 올 수 있다. 항생제나 비타민 K 대사를 방해하는 약제를 투여받는 경우 비타민 K 결핍의 위험이 있을 수 있다. 비타민 K는 지용성임에도 불구하고 체내에서 빨리 배설되므로 거의 독성을 보이지 않는다.

(3) 급원식품

건강한 사람의 경우 1일 비타민 K 필요량의 절반은 장내 박테리아에 의해 합성된다. 시금치, 양배추 등 녹색채소류와 간에 많이 함유되어 있다.

표 7-2 지용성비타민 요약

비타민	기능	결핍증	과잉증	급원식품
비타민 A	시각기능세포 성장 및 분화	야맹증, 안구건조증, 각막장애	• 급성 : 오심, 두통, 현기증, 무력감 등 • 만성 : 두통, 탈모증, 피부건조 및 가려움증, 골관절 통증 등	• 동물의 간, 어유, 난황 등 • 카로티노이드 : 녹황색 채소, 해조류 및 과일
비타민 D	칼슘 항상성 유지	구루병, 성장장애, 저칼슘혈증	고칼슘혈증, 고칼슘뇨증, 심혈관계 손상, 신장결석	생선간유 및 어류, 강화우유
비타민 E	항산화기능	신경계 이상	위장질환, 혈장 티록신 수준 감소, 비타민 K 흡수 방해	곡류의 배아, 종실류, 콩류, 푸른잎 채소, 식물성 기름
비타민 K	혈액응고인자 합성	혈액응고 지연	거의 없음	시금치, 양배추 등 녹색채소류, 간

❸ 수용성비타민

- 에너지 대사 및 단백질 대사에 필요한 비타민 : 티아민, 리보플라빈, 니아신, 비타민 B_6
- 조혈작용에 관여하는 비타민 : 엽산, 비타민 B_{12}
- 항산화기능을 가진 영양소 : 비타민 C

1) 티아민, 리보플라빈, 니아신

티아민, 리보플라빈, 니아신은 에너지 대사에 관여하는 수용성비타민이다. 티아민은 주로 인산화된 형태로 식물이나 동물 조직에 존재하는데, 주요 활성형 형태인 티아민 피로인산Thiaminpyrophosphate : TPP이 조효소로 작용한다. 리보플라빈의 생리적 활성형은 플라빈 아데닌 다이뉴클레오티드Flavin Adenine Dinucleotide : FAD와 플라빈 모노뉴클레오티드Flavin Mononucleotide : FMN이며 알칼리와 자외선에 쉽게 파괴된다. 니아신niacin은 니코틴아미드nicotinic acid amide, 니코틴산nicotinic acid 및 그 유도체 중 니코틴아미드 생리활성을 나타내는 화합물을 총칭한다. 아미노산의 한 종류인 트립토판이 체내에서 니아신으로 전환된다.

(1) 기능

탄수화물, 지방, 아미노산의 산화, 환원반응에 관여하는 조효소로 체내 에너지 합성에 매우 중요한 역할을 한다. 따라서 에너지섭취량이 증가함에 따라 이들 비타민의 필요량이 증가한다.

(2) 결핍증 및 급원식품

에너지 대사에 관여하는 티아민, 리보플라빈, 니아신의 결핍증 및 급원식품은 표 7-3과 같다.

• 표 7-3 • • 티아민, 리보플라빈, 니아신의 결핍증 및 급원식품

비타민	결핍증	급원식품
티아민	• 건성 각기증 : 허약감, 신경퇴화 • 습성 각기증 : 심부전, 부종	돼지고기, 해바라기씨, 전곡류, 내장육, 두류 및 종실류(그림 7-4)
리보플라빈	설염, 구순구각염, 피부염, 신경질환	육류, 닭고기, 생선, 우유, 요거트, 치즈(햇빛 노출 시 쉽게 파괴됨)(그림 7-5)
니아신	펠라그라(피부염, 설사, 정신질환 동반)	버섯, 생선, 돼지고기, 닭고기, 쇠고기, 달걀, 우유(그림 7-6)

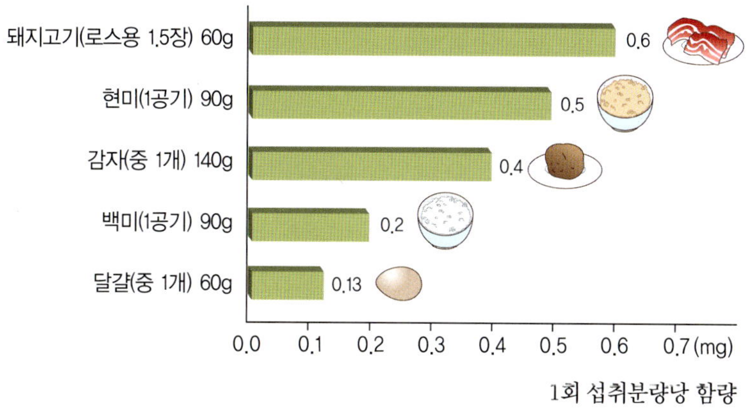

그림 7-4 티아민 급원식품

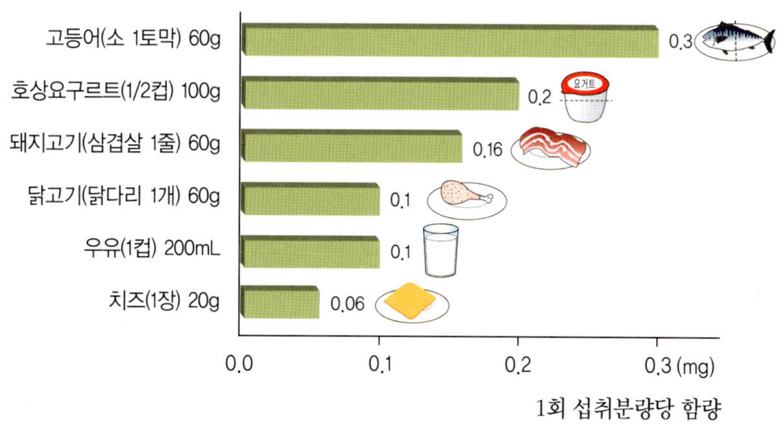

그림 7-5 리보플라빈 급원식품

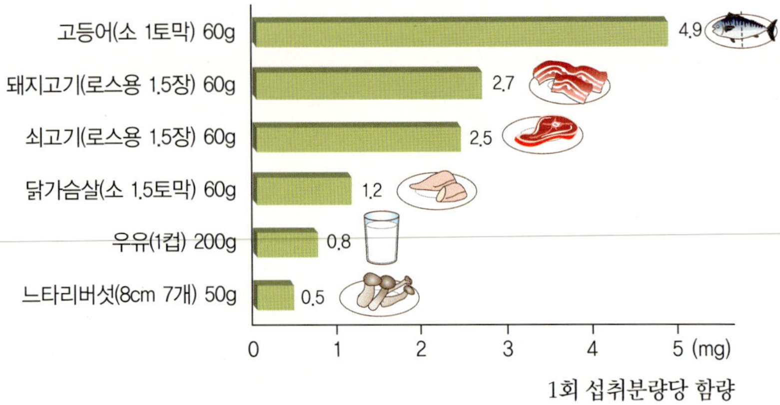

그림 7-6 니아신 급원식품

2) 비타민 B_6

비타민 B_6는 활성을 갖는 피리독살pyridoxal, 피리독신pyridoxine, 피리독사민 pyridoaxamine과 각각의 인산화형태인 피리독살 5'-인산pyridoxal 5'-phospate : PLP, 피리독신 5'-인산pyridoxine 5'-phospate : PNP, 피리독사민 5'-인산pyridoaxamine 5'-phospate : PMP 등 6종의 유도체로 구성되어 있다. 단백질 대사에 관여하므로 단백질의 섭취량이 증가하면 비타민 B_6의 필요량도 증가하며, 임신, 수유부, 질병 및 수술 후 회복기 환자, 알코올 중독자의 경우 단백질과 함께 비타민 B_6의 필요량이 증가한다.

(1) 기능

비타민 B_6는 체내에서 100여 종의 단백질 및 아미노산 대사에 관여하는 효소의 조효소로 작용한다. 주로 탈탄산효소, 아미노전이효소 등에 관여하며, 탈탄산반응, 단일탄소대사, 아미노기전이반응, 헴 신생합성 및 지질 탄수화물대사 등을 통해 면역계 및 신경전달물질 합성, 스테로이드호르몬 작용을 조정하는 역할을 한다.

(2) 결핍증

성인에서는 비타민 B_6의 결핍증이 보고된 예는 거의 없으나 잠재적 결핍증은 흔히 볼 수 있다. 결핍 증상으로는 간질성 혼수, 피부염, 구내염 등이 있으며 면역기능이 저하되고, 우울, 두통, 메스꺼움, 구토 등의 신경장애가 일어날 수 있다.

(3) 급원식품

비타민 B_6는 생선, 돼지고기, 닭고기, 난류 등 동물성 식품에 주로 많이 함유되어 있으며, 식물성 식품 급원으로는 현미, 대두, 귀리 등이 있다그림 7-7.

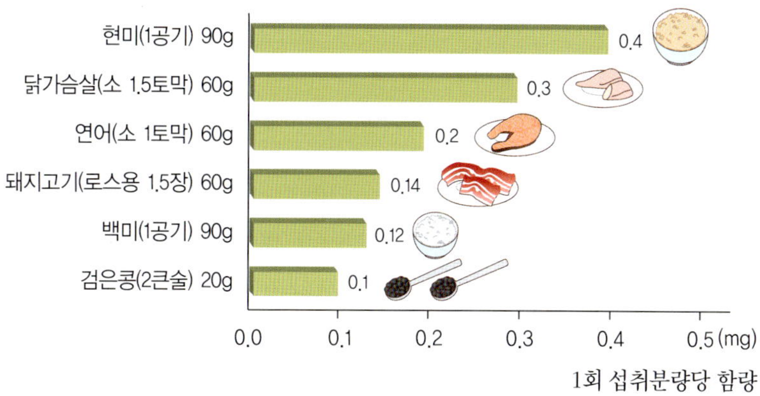

그림 7-7 비타민 B_6 급원식품

3) 엽산

식품에 들어 있는 엽산folic acid의 주된 형태는 환원형tetrahydrofolate으로서, 다양한 형태의 단일 탄소단위를 운반하는 조효소 역할을 하므로 유도체들의 종류가 많으며, 이들을 모두 엽산으로 일컫는다. 반면, 엽산 보충제나 식품 중에 강화된 엽산은 비교적 안정한 엽산의 형태로 들어 있다. 엽산은 식품 중에 존재하는 형태에 따라, 생체 이용률에 큰 차이가 있으며 식품 중에 자연적으로 들어 있는 다양한 형태의 엽산은 약 50% 정도 흡수된다.

(1) 기능

엽산은 적혈구, 백혈구 및 소장세포 등 세포분열에 관여하며 DNA 합성에 필요한 물질이 합성하는 과정에 조효소로 작용하는 필수적인 영양소이다. 그러므로 유아기, 성장기, 임신기와 수유기 등 세포 성장 및 분열이 활발하게 일어나는 시기에 엽산의 섭취가 매우 중요하다. 또한 엽산은 아미노산과 핵산 대사에 필요한 효소의 조효소로서 역할을 하는데, 비타민 B_{12}의 대사와 밀접하게 관련되어 있다. 예로, 체내에서 호모시스테인으로부터 메티오닌을 합성하는 대사과정은 체내 메티오닌을 유지시키고 호모시스테인의 과다한 축적을 방지하는데, 이 과정에서 엽산과 비타민 B_{12}가 필수적으로 필요하다. 메티오닌은 뇌신경기능에 필요한 신경전달물질 및 DNA와 RNA의 메틸화, 카테콜라민 합성 등 100여 가지 메틸화 반응에 메틸기 공여체로 작용하는 물질의 전구체이다. 호모시스테인혈증은 심혈관계 질환, 신경관 손상, 인지능력 감퇴 등의 위험인자로 알려져 있다.

(2) 결핍증

엽산이 부족하면 거대적아구성 빈혈, 위장장애, 면역기능 손상 등이 나타난다. 임산부의 경우에는 엽산 필요량이 증가하며, 엽산이 부족할 경우 태아의 신경관 손상으로 인한 기형아 출산의 위험이 높아질 수 있으며 조산 또는 사산을 초래할 수 있다.

(3) 급원식품

두류, 시금치, 브로콜리, 쑥갓 등의 푸른잎채소에 많이 함유되어 있고, 마른 김, 다시마 등의 해조류, 간, 오렌지주스에도 많이 들어 있다그림 7-8.

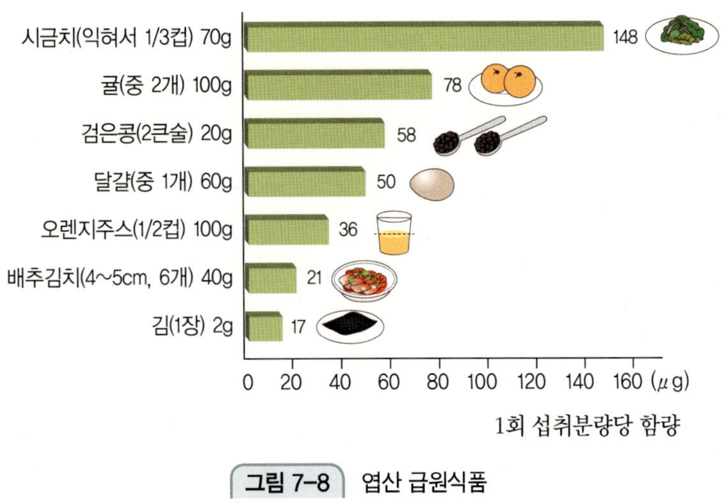

그림 7-8 엽산 급원식품

4) 비타민 B_{12}

비타민 B_{12}는 미생물에 의해서만 합성되며 먹이사슬을 통하여 동물의 근육이나 내장 등에 축적된다. 비타민 B_{12}의 활성을 가지고 있는 코엔자임 형태로는 아데노실코발라민과 메틸코발라민이 있으며, 인체에는 코엔자임 형태 외에도 하이드로코발라민이 존재한다.

(1) 기능

비타민 B_{12}는 세포분열과 DNA 합성과정에서 엽산이 활성형을 유지할 수 있도록 하는 데 필요하며 엽산과 함께 호모시스테인을 메티오닌으로 합성하는 데 필수적인 영양소이다. 비타민 B_{12}가 부족하면 엽산 조효소가 감소하게 되어 거대적아구성 빈혈이 발생한다. 또한 엽산은 신경섬유 사이에는 절연의 역할을 하는 수초가 있는데, 이 수초를 정상적으로 유지시켜 주는 기능을 한다.

(2) 결핍증

정상적으로 식사를 하는 경우 비타민 B_{12} 섭취부족은 매우 드물다. 그러나 비타민 B_{12}의 급원식품은 주로 동물성이기 때문에 채식주의자, 노인, 환자, 심한 다이어트를 하는 사람 등에서 비타민 B_{12} 섭취 부족이 생길 수 있다. 비타민 B_{12}가 부족할 때는 이차적으로 엽산 결핍증상이 나타나 거대적아구성 빈혈을 초래할 수 있으며 악성빈혈로 인해 비타민 B_{12}가 부족할 수 있다. 또한 신경장애, 체중감소, 창백한 피부, 설염, 기억력 감퇴 등의 증상이 나타난다.

(3) 급원식품

비타민 B_{12}는 장내 박테리아에 의해 합성되나 그 양이 필요량에 비해 부족하므로 반드시 식품을 통해 섭취하여야 한다. 비타민 B_{12}는 동물의 간, 심장, 신장 등의 내장육과 어패류, 쇠고기, 달걀, 유제품 등 동물성 식품에 주로 함유되어 있다. 최근에는 발효식품과 해조류 등 일부 식물성 식품에도 비타민 B_{12}가 함유되어 있다고 보고되었다그림 7-9.

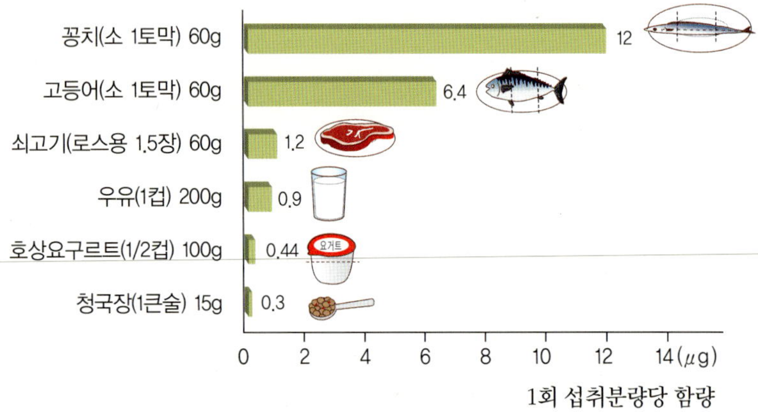

그림 7-9 비타민 B_{12} 급원식품

5) 비타민 C

비타민 C는 항산화제로 작용하고 여러 화학반응의 보조인자로 기능하는 수용성 비타민이다. 비타민 C는 하루 30~200mg 정도 섭취할 경우 약 80~90% 정도 흡수되며, 흡수된 비타민 C는 모든 조직에 저장될 수 있다. 비타민 C를 과도하게 섭취하면 흡수율이 감소하고 신장을 통한 배설량이 증가한다. 청소년기의 경우 성장에 필요한 콜라겐 합성을 고려하여 남자가 여자보다 더 많은 비타민 C를 섭취하도록 권장하고 있다. 또한 흡연은 산화적 스트레스의 원인이 되므로 흡연자는 비흡연자보다 비타민 C를 더 많이 섭취하도록 권장한다.

(1) 기능

세포 내에서 수용성 항산화제로 작용하며 세포 대사과정에서 생성되는 자유라디칼을 제거하는 역할을 한다. 비타민 C는 결합조직을 구성하는 단백질인 콜라겐 합성에 필요하다. 콜라겐은 뼈, 인대, 근육 및 혈관의 기본 구조를 형성하는 단백질이다. 그 이외에도 소장에서 철의 흡수를 촉진하며, 산화된 비타민 E를 환원시켜 재활용하므로 비타민 E의 항산화기능을 증가시킨다. 상처 회복, 신경전달물질, 카르니틴, 헤모글로빈, 담즙, 스테로이드 호르몬, 퓨린 등의 생합성에도 관여한다.

(2) 결핍증 및 과잉증

비타민 C가 부족하면 괴혈병이 나타난다. 괴혈병의 임상증상으로는 점상출혈, 관절통, 상처회복 지연, 호흡곤란, 부종 등이 있다. 또한 비타민 C 결핍 시 콜라겐 합성이 저해되어 연골과 근육조직이 변형되기도 하며, 골격 형성이 방해되어 성장 지연, 골절 등이 나타난다.

비타민 C는 독성이 낮고 과량 섭취해도 소변으로 배설되기 때문에 심각한 유해효과가 나타나지 않는다. 과잉섭취로 인한 일반적인 증상은 오심, 구토, 복부팽만, 복통, 설사 등의 위장관장애이다. 그러나 신장질환자가 비타민 C를 과다하게 섭취하면 수산뇨증이 생기고 신장결석 위험이 증가하는 것으로 알려져 있으며 유전적으로 혈색소증이 있는 사람은 장기간 비타민 C를 섭취할 경우 철이 과다하게 축적되어 유해효과가 나타난다고 보고되었다.

(3) 급원식품

비타민 C는 채소와 과일류에 풍부하다. 감귤류, 오렌지주스, 사과, 풋고추, 콜리플라워, 브로콜리, 시금치 등에 많이 들어 있다. 비타민 C는 가열조리, 햇빛, 산소, 알칼리 및 금속에 의해 쉽게 산화되므로 보관 및 조리 시에 주의가 필요하다. 흡연자, 알코올중독자, 임산부는 비타민 C의 필요량이 증가한다그림 7-10.

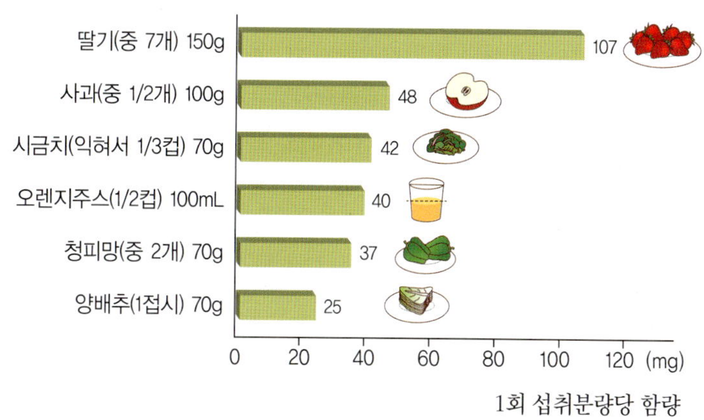

그림 7-10 비타민 C 급원식품

• 표 7-4 • • 수용성비타민 요약

비타민	기능	결핍증	급원식품
비타민 B_6	단백질 및 아미노산 대사에 관여	• 간질성 혼수, 피부염, 구내염 • 면역기능 저하	생선, 돼지고기, 닭고기, 난류, 현미, 대두, 귀리
엽산	• 세포분열 • DNA 합성	• 거대적아구성 빈혈 • 위장 장애 • 면역기능 손상	푸른잎채소, 해조류, 오렌지주스
비타민 B_{12}	• 세포분열 • 핵산 합성	• 거대적아구성 빈혈 • 신경장애	내장육과 어패류, 쇠고기, 달걀, 유제품
비타민 C	• 항산화기능 • 콜라겐 합성 • 철 흡수 촉진 • 면역기능 강화	• 괴혈병 • 성장 지연 • 골절 • 상처회복의 지연	감귤류, 오렌지주스, 토마토, 풋고추, 콜리플라워, 브로콜리, 시금치

비타민과 항산화작용

스트레스, 흡연, 자외선, 격렬한 운동으로 인해 발생되는 활성산소는 노화의 원인물질이다. 일반적으로 짝을 이룬 전자쌍을 가지고 있는 안정적인 형태에 비해 활성산소는 전자 1개를 가지는 불안정한 상태인 유리라디칼(free radical) 형태로 다른 분자에서 전자를 빼앗으며, 연속적인 산화과정으로 세포를 공격한다.

체내의 세포막은 불포화지방산으로 구성되어 활성산소의 공격을 받기 쉬운데, 이러한 공격을 막기 위해 항산화작용을 하는 물질들이 필요하다. 영양소 중 항산화작용을 하는 대표적인 비타민이 비타민 C, 비타민 E, 베타-카로틴이다. 이들 항산화 비타민은 활성산소로부터 세포를 보호하고 동맥혈관에 쌓여 있는 나쁜 콜레스테롤인 LDL-콜레스테롤이 산화되는 것을 막아준다. LDL-콜레스테롤이 산화되면 혈관 벽에 쌓이면서 혈관 내부가 두꺼워지고 좁아지면서 동맥경화가 발생한다. 항산화 과정에서 비타민 C는 비타민 E와 함께 움직이는데, 활성산소가 우리 몸의 세포를 공격하면 비타민 E는 스스로를 산화시켜 일차적으로 활성산소를 진정시킨다. 이렇게 산화된 비타민 E를 비타민 C가 회복시키고 소변으로 배설되기 때문에 인체에 피해를 주지 않게 된다. 따라서 비타민 C와 E를 균형 있게 섭취하는 것이 중요하다. 한편, 비타민 A는 베타-카로틴과 같은 카로티노이드 형태가 항산화 효과가 있는 것으로 알려져 있는데, 이에 대해 부정적인 연구결과도 있다. 따라서 카로티노이드 자체보다는 카로티노이드가 많이 함유된 과일과 채소의 여러 가지 성분들이 항산화 효과를 증가시키는 것으로 추측하고 있다. 그렇다면 시중에 판매되고 있는 영양 보충제로 항산화 영양소를 섭취하는 것은 어떨까? 영양학자들은 항산화 영양제를 섭취하는 것보다 비타민 C, 비타민 E, 베타-카로틴과 같은 항산화 영양소가 풍부하게 들어 있는 식품을 섭취하는 것이 더 효과적이라고 한다. 항산화 물질을 식품을 통해 섭취하게 되면 이들 영양소 외에도 다양한 파이토케미컬(phytochemical)을 함께 섭취할 수 있어 항산화 기능을 상승시킬 것으로 기대되기 때문이다.

요약

- 지용성비타민은 지방이나 유기용매에 용해되는 비타민으로 A, D, E, K가 있으며 과량으로 섭취할 경우 독성효과나 과잉증이 나타날 수 있다.
- 수용성비타민은 물에 용해되는 비타민으로 티아민, 리보플라빈, 니아신, 비타민 B_6, 엽산, 비타민 B_{12}, 비오틴, 판토텐산, 비타민 C 등을 포함하며 부족할 경우 결핍증이 나타나며 과량으로 섭취할 경우에는 대부분 소변으로 배출된다.
- 체내 산화과정으로 인해 발생되는 활성산소는 세포를 공격하여 노화의 원인이 되는데, 이를 방어하는 기능을 가진 영양소를 항산화 영양소라고 하며 비타민 C, 비타민 E, 베타-카로틴 등이 있다.

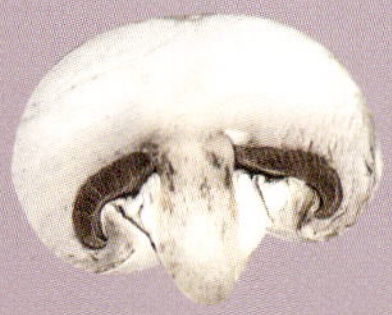

CHAPTER

08

무기질

무기질은 단일 원소로 이루어진 영양소로, 탄소, 수소, 산소 등 여러 원소로 이루어진 다른 영양소들과 구분된다. 무기질은 고온, 강산, 강염기에 의해 파괴되지 않고 식품을 태우면 재로 남는다. 우리 몸 안의 무기질 총 함량은 전체 체중의 약 4%로 필요량이 많지는 않으나 체내에서 합성되지 않으므로 반드시 식품으로 섭취해야 하는 필수 미량영양소이다.

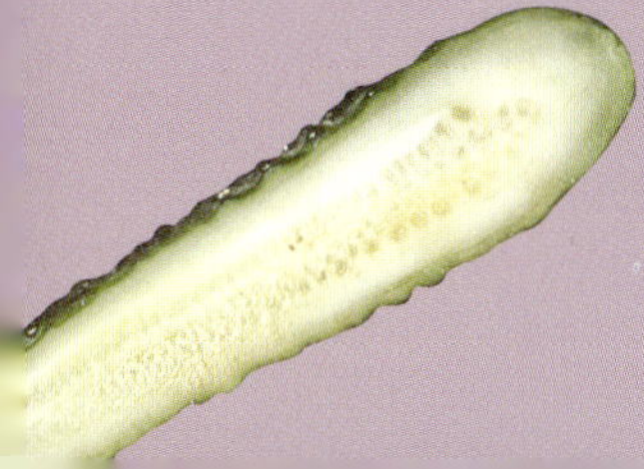

❶ 무기질의 종류

체내에는 수십 가지 종류의 무기질이 있으며, 크게 다량무기질과 미량무기질로 분류한다. 일반적으로 하루 섭취 필요량이 100mg 이상인 경우 다량무기질, 그렇지 않은 경우를 미량무기질이라고 한다그림 8-1. 다량무기질에는 칼슘, 인, 칼륨, 황, 나트륨, 염소, 마그네슘이 있으며, 미량무기질에는 철, 아연, 구리, 요오드, 셀레늄, 망간, 크롬, 몰리브덴, 불소가 있다.

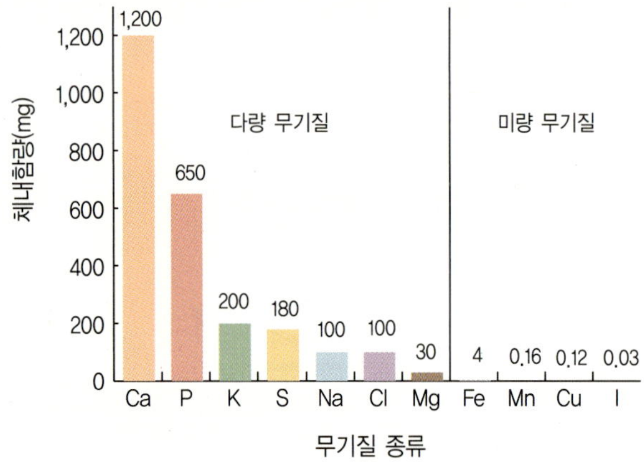

그림 8-1 무기질의 종류와 체내 함량

출처 : Bredbenner et al.(2012).

무기질은 종류가 다양한 만큼 몸 안에서의 역할도 매우 다양하다.

- 뼈 형성에 중요한 무기질 : 칼슘과 인
- 혈압 조절에 중요한 무기질 : 나트륨과 칼륨
- 조혈작용에 중요한 무기질 : 철과 구리
- 기타 미량무기질 : 아연, 구리, 요오드, 셀레늄, 불소 등

❷ 뼈 형성에 중요한 무기질 : 칼슘, 인

1) 기능

(1) 칼슘의 역할

성인의 칼슘 보유량은 약 1kg으로 체내 무기질 중 가장 많은 양을 차지한다. 체내 칼슘의 분포를 살펴보면 99%가 뼈에 있고, 나머지 1%가 혈액과 나머지 조직에 위치한다. 칼슘은 뼈와 치아의 주요 구성성분으로서의 역할뿐만 아니라 뼈 이외 조직에서 혈액응고, 신경세포 자극전달, 근육수축, 세포 대사 조절 등 다양한 조절기능을 한다그림 8-2.

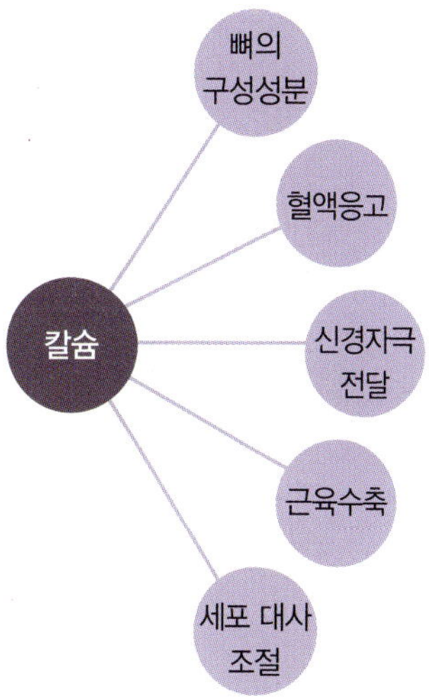

그림 8-2 칼슘의 체내 기능

① 뼈 조직의 구조성분

칼슘은 인과 함께 뼈를 구성하는 주요 무기질로서 하이드록시아파타이트hydroxyapatite, [$Ca_{10}(PO_4)_6(OH)_2$] 결정을 형성해 뼈를 단단하게 하고 외부 충격에 견딜 수 있도록 한다. 뼈의 칼슘은 필요시 뼈 밖으로 용출되어 사용될 수 있어, 체내 칼슘 저장고의 역할을 하기도 한다.

② 뼈 이외 조직에서의 조절기능

칼슘은 뼈 조직 이외에 혈액, 세포 내 · 외액, 연조직 등에 위치하여 여러 가지 조절기능을 한다. 혈액 중의 칼슘이온은 혈액 응고 단백질 형성에 참여하여 혈액 응고를 촉진하고, 세포 내액의 칼슘은 근육 수축에 관여한다. 또한 신경세포는 칼슘 농도의 변화를 통해 자극을 전달하는데, 칼슘 부족 시 신경세포 자극 조절에 이상이 생겨 '테타니tetany'와 같은 근육경련을 유발하기도 한다. 이 밖에 칼슘은 칼슘-결합단백질을 필요로 하는 효소를 활성화하여 글리코겐 분해 등 세포 내 대사를 조절하는 역할을 한다.

(2) 인의 역할

인은 뼈와 치아의 주요 구성성분으로 작용하며, 이외에 모든 세포에서 필수적으로 요구된다. 인은 세포 내 에너지 단위인 아데노신삼인산Adenosine Triphosphate : ATP, 세포막의 인지질, 핵 안의 DNA와 RNA 등의 구성요소이며, 인산의 형태로 체내 pH를 일정하게 유지하는 데 관여한다. 또한 다양한 효소에 대한 인산화/탈인산화를 통해 효소의 활성을 조절한다.

2) 적절한 섭취

(1) 칼슘 급원식품과 섭취 시 유의사항

칼슘 함유식품에는 우유와 치즈, 요거트 등의 유제품, 멸치, 뱅어포 등의 뼈째 먹는 생선, 무청, 케일, 시금치와 같은 녹색잎 채소류와 염화칼슘 간수를 사용하여 조제된 두부가 있다그림 8-3.

칼슘 섭취 시에는 식품의 함유량과 함께 체내 이용률도 고려해야 하는데, 우유 및 유제품의 칼슘은 함유량이 높을 뿐만 아니라 체내 이용률도 높아 우수한 칼슘 급원식품이다. 반대로, 시금치와 같은 녹색잎 채소류의 칼슘은 체내 이용률이 5% 정도로 낮은 편이다그림 8-4. 따라서 채식주의자나 유제품을 먹지 않는 경우 칼슘 섭취가 부족하지 않도록 특히 조심해야 한다. 또한 전곡류와 대두의 피틴산, 차류의 탄

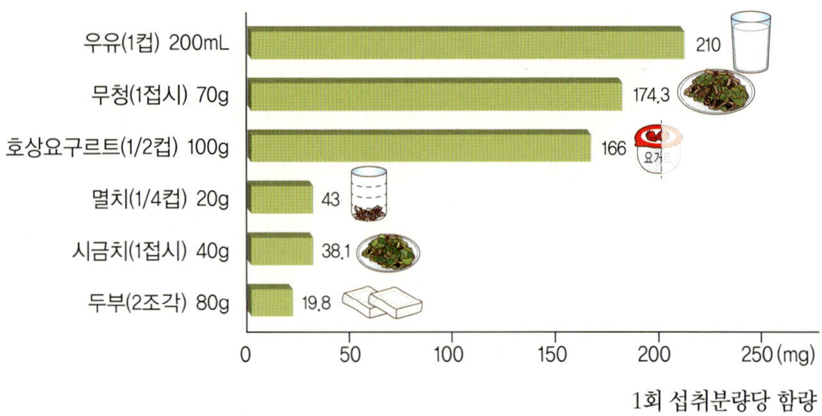

그림 8-3 칼슘 급원식품

그림 8-4 식품 종류에 따른 칼슘의 체내 흡수율

닌과 같은 폴리페놀은 칼슘의 체내 이용률을 낮추므로 이들이 함유된 식품과 동시에 칼슘 함유식품을 섭취하는 것은 좋지 않다. 반대로, 비타민 D는 소장에서의 칼슘 흡수를 높이는 영양소이며, 젖당, 단순당, 단백질도 식품 속 칼슘의 체내 흡수율을 높이는 것으로 알려져 있다.

칼슘은 한국인 식단에서 가장 결핍되기 쉬운 영양소이다. 한국인의 하루 섭취량은 400~600mg인데, 이는 성인19~49세의 하루 권장섭취량인 800mg남, 700mg여에 훨씬 못 미치는 수준이다. 한편, 지나친 칼슘 섭취는 신장 결석을 유발할 수 있으며, 성인에 대한 칼슘 하루 상한섭취량은 2,500mg이다.

(2) 인 급원식품과 섭취 시 유의사항

인은 비교적 많은 종류의 식품에 골고루 분포하고 있고, 특히 우유, 치즈, 육류, 해산물, 견과류, 곡류 등에 많이 함유되어 있다. 또한 식품 속에 자연적으로 존재하는 인 이외에 가공식품이나 일부 탄산음료에 식품첨가물의 형태로 포함되어 있다.

인은 다양한 식품에 들어 있고 체내 흡수율이 높기 때문에 섭취가 부족할 위험이 적은 영양소이다. 성인 19~49세의 하루 권장섭취량은 700mg인데, 한국인의 평균 하루 섭취량은 1,000mg 이상이다. 가공식품, 패스트푸드, 혹은 탄산음료의 섭취가 많은 경우 인의 섭취량이 더욱 높아질 가능성이 있어 주의가 필요하다.

3) 뼈의 건강과 칼슘

(1) 뼈의 성장 및 유지와 골밀도 변화

뼈는 끊임없이 만들어지고 부서지는 과정을 반복하며 리모델링을 하는 활발한 조직이다. 이 과정을 통해 뼈는 정상적으로 성장하고 손상된 부분을 고치거나 대체하게 된다. 뼈의 조골세포는 뼈 주요 단백질인 콜라겐을 만들고 무기질을 침착시키는 등 건강한 뼈를 형성하는 역할을 하며, 파골세포는 뼈의 표면에서 산과 효소를 분비하여 뼈를 파괴뼈 용출하는 역할을 한다.

성장기에는 조골세포의 활성이 파골세포의 활성보다 활발하여 뼈의 성장이 이루어진다. 또한 칼슘 등 무기질의 침착도 증가하여 골밀도가 증가한다. 뼈 성장은 영아기부터 늦은 사춘기까지 이루어지고, 골밀도는 이후로도 계속 증가하여 20~30대 초반에 최대 골밀도에 이르게 된다그림 8-5. 이후 중년기에는 파골세포의 활성이 조골세포에 비해 활발해지면서 뼈의 손실과 골밀도 감소가 일어난다. 최대 골밀도와 골밀도가 감소하는 속도는 개인에 따라 다르게 나타나며, 유전, 칼슘 및 비타민 D 섭취량, 혈중 에스트로겐 농도, 운동량 등이 영향을 미친다.

뼈 용출

파골세포가 뼈를 파괴하고 무기질을 방출시키는 과정으로 뼈의 칼슘이 혈액으로 이동된다.

(2) 골다공증

골다공증은 골밀도의 감소가 현저하고 뼈의 강도가 약해져서 골절이 일어날 가능성이 높은 상태를 말한다. 골다공증은 여러 해에 걸쳐 일어나는 만성질환으로, 특히 손목뼈, 척추, 엉덩이뼈에서 골절이 발생하여 일상생활을 유지하는 데 큰 불편함을 초래한다. 성인의 키가 줄어든 경우 골다공증 초기를 의심해 볼 수 있다. 골다공증의 주요 위험요인은 다음과 같다.

골다공증의 위험요인

- 높은 연령
- 여성
- 낮은 BMI
- 운동 부족
- 칼슘 · 비타민 섭취 부족
- 폐경으로 인한 에스트로겐 부족
- 흡연
- 과도한 음주

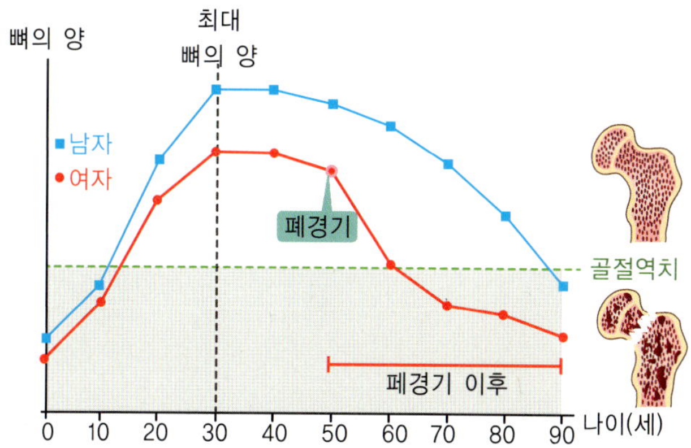

그림 8-5 나이에 따른 뼈의 양

출처 : 국가건강정보포털.

(3) 골다공증 예방을 위한 생활습관

골다공증 예방을 위해서는 뼈의 성장이 일어나고 골밀도가 증가하는 30대 이전에 칼슘과 비타민 D의 충분한 섭취가 필요하다. 이 시기의 충분한 칼슘과 비타민 D 섭취는 뼈 질량을 최대화하고 최대 골밀도를 높이므로, 이후 뼈 손실이 진행되어도 골다공증이 발생하는 수준골절역치에 도달하기까지의 시간을 늦추게 된다.

칼슘과 비타민 D의 충분한 섭취는 뼈 성장이 완료되고 뼈 손실이 진행되는 중년기에도 매우 중요하다. 이 시기의 칼슘 보충은 뼈를 성장시키지는 않지만 체내에 필요한 칼슘을 공급하므로, 뼈의 칼슘이 용출되어 다른 체내 조직에 이용되는 것을 방지한다. 나이가 들수록 칼슘 섭취량과 체내 흡수율이 낮아지고 비타민 D 활성화와 햇빛 노출시간이 줄어들기 때문에, 특히 이들 영양소의 섭취가 부족하지 않도록 주의해야 한다. 이밖에 인, 마그네슘, 단백질, 아연, 불소, 비타민 K, 비타민 C 등이 뼈를 건강하게 유지하는 데 도움이 된다.

규칙적인 운동, 특히 체중부하운동weight-bearing excercise은 골밀도를 증가시키고 골다공증에 대한 위험도를 감소시킨다. 운동은 성장기 어린이뿐만 아니라 성인이나 폐경기 여성에게도 골밀도를 향상시킨다.

이 밖에 금연, 과도한 음주를 삼가고 칼슘 영양보충제 복용, 폐경기 여성의 경우 에스트로겐 등의 호르몬 요법 등이 골다공증 예방에 도움이 될 수 있다.

❸ 혈압 조절에 중요한 무기질 : 나트륨과 칼륨

1) 기능

(1) 나트륨의 역할

나트륨은 소금또는 염화나트륨을 구성하는 주요 무기질이다. 소금은 음식의 맛을 좋게 하고 음식의 보존 기간을 늘리는 데 사용될 수 있어서 아주 오래전부터 인류가 사용해왔으며, 한때는 화폐로 사용될 만큼 귀하게 여겼던 식재료이다.

나트륨은 체내에서 없어서는 안 될 필수 영양소로 다양한 역할을 한다.

① 삼투압 조절과 산 · 염기 평형 유지

나트륨은 세포 외액에 위치하는 주된 양이온으로 삼투압을 통해 세포 외액의 부피를 조절한다. 체내 나트륨의 양이 많아지면 체내 수분 보유량이 많아지고, 반대로 신장에서 나트륨이 배설될 때 수분도 같이 배설된다. 신장에서의 나트륨 재흡수는 수소이온H^+ 배설과 짝지어 일어나므로 나트륨은 체내 산-염기 평형을 유지하는 데도 도움을 준다.

② 근육 수축과 신경자극 전달

나트륨과 칼륨이온이 세포막을 이동할 때 생기는 전기화학적 변화는 세포막 안과 밖의 전압차인 막전위membrane potential를 변화시킨다. 이러한 특성을 이용하여 나트륨과 칼륨은 근육 수축과 신경자극 전달에 관여한다.

③ 포도당과 일부 아미노산 흡수

소장 상피세포에서 포도당 흡수에 관여하는 수송체 단백질은 나트륨과 짝지어 포도당을 세포 내로 수송한다. 일부 아미노산도 이런 방식으로 소장에서 흡수되며, 따라서 나트륨은 포도당과 일부 아미노산의 소장에서의 흡수를 돕는 역할을 한다.

(2) 칼륨의 역할

칼륨은 세포 내의 가장 주된 양이온으로, 체내 수분 평형, 신경자극 전달, 근육 수축 등의 기능을 한다. 특히, 나트륨의 과잉섭취는 혈압을 올리는 반면, 칼륨은 혈압을 낮춘다.

소금 속의 나트륨 함량

소금(염화나트륨) 1g은 대략 나트륨 0.4g과 염소 0.6g으로 이루어져 있다.
따라서 소금 1작은술(5g) 속의 나트륨 함량은 약 2g(2,000mg)이 된다.

2) 적절한 섭취

(1) 나트륨 급원식품과 섭취 시 유의해야 할 사항

일반적으로 가공되지 않은 자연식품은 나트륨 함량이 낮은 편이며, 육류, 달걀, 유제품 등 동물성 식품에 비해 채소, 과일, 곡류 등 식물성 식품의 나트륨 함량이 더욱 낮다. 이에 비해 가공식품의 나트륨 함량은 매우 높은 편인데그림 8-6, 가공과정에서 추가되는 첨가물 때문이다. 예를 들어, 소금, 베이킹소다팽창제, MSG향미증진제, 아질산나트륨발색제, 안식향산나트륨보존제, 사카린나트륨과 아스파탐인공감미료, 인산나트륨품질개량제 등 다수의 식품첨가물이 나트륨을 함유하고 있다.

또한 소금과 함께 한식에서 흔히 사용되는 간장, 된장, 고추장, 젓갈 등의 각종

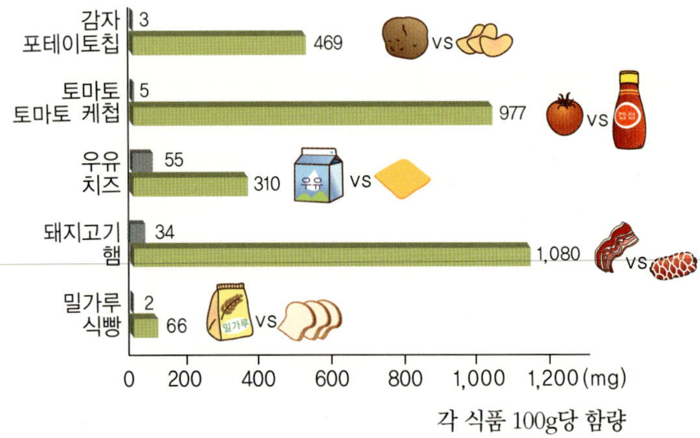

그림 8-6 자연식품과 가공식품의 나트륨 함량 비교

양념류는 나트륨 함량이 매우 높다. 따라서 우리가 하루에 섭취하는 나트륨 중 상당 부분이 조리과정에서 첨가된 나트륨으로부터 기인한다. 특히, 국과 찌개류, 짬뽕 등의 면류, 김치류의 나트륨 함량이 매우 높은 편이다.

나트륨은 식사에서의 섭취량이 높고 체내에도 상당량 보유되어 있어 결핍증이 거의 나타나지 않는다. 성인의 나트륨 충분섭취량은 하루 1,500mg인데, 한국인의 실제 나트륨 섭취량은 하루 4,500mg 이상으로 충분섭취량에 비해 훨씬 높다. 나트륨의 과다섭취는 고혈압과 심혈관계 질환뿐만 아니라 신장질환과 골다공증 등을 유발할 수 있고, 위점막을 악화시켜 위암 발생률과도 밀접하게 관련되어 있다. 과다한 나트륨 섭취로 인해 나타날 수 있는 여러 가지 건강문제를 예방하기 위해 2020 한국인 영양소 섭취기준에서는 새로운 카테고리인 만성질환 위험 감소를 위한 섭취기준Chronic Disease Risk Reduction Intake, CDRR을 나트륨에 대해 설정하였다. 우리나라 성인 19~49세의 만성질환 위험 감소를 위한 나트륨 섭취기준은 하루 2,300mg이다. 이는 나트륨 하루 섭취량이 2,300mg보다 높은 경우, 섭취량을 줄이면 만성질환 위험을 감소시킬 수 있다는 근거를 중심으로 도출되었다. 따라서 나트륨 섭취를 2,300mg 이하로 줄이라는 의미가 아님을 주의해야 하며, 건강을 유지하는 데 충분한 섭취량을 의미하는 나트륨 충분섭취량은 1,500mg성인 기준이다.

(2) 칼륨 급원식품과 섭취 시 유의해야 할 사항

칼륨은 나트륨과는 달리 가공되지 않은 자연식품에 많이 함유되어 있다. 주로 식물성 식품에 널리 분포되어 있으며, 우유, 육류 등에도 함유되어 있다그림 8-7. 특히, 감자, 고구마, 바나나 등 신선한 과일과 채소는 칼륨의 우수한 급원식품인 동시에 나트륨 함량은 매우 낮은 장점을 가진다.

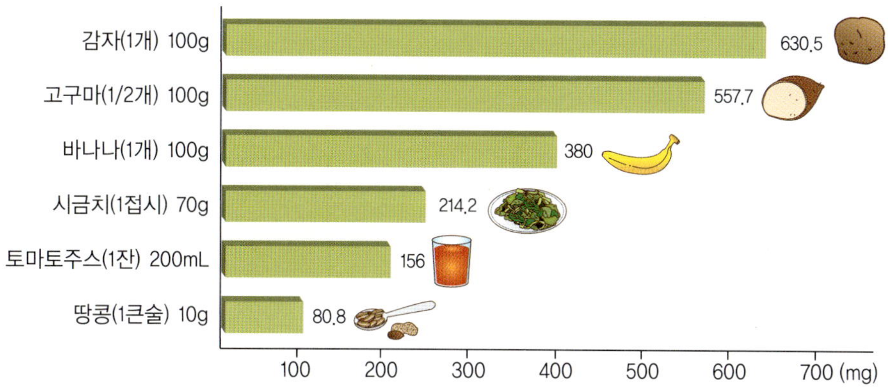

그림 8-7 칼륨 급원식품

3) 고혈압과 나트륨, 칼륨

(1) 고혈압이란

혈압이란 혈액이 혈관 벽에 가하는 힘을 말하는 것으로, 수축기 혈압최대 혈압혹은 이완기 혈압최저 혈압이 정상범위보다 높은 경우 고혈압hypertension이라고 한다. 고혈압은 우리나라 성인30세 이상의 약 30% 이상에서 발견되는 아주 흔한 질환으로, 관상동맥질환과 뇌졸중, 신부전 등 다양한 합병증을 유발한다. 연령의 증가, 비만, 과도한 음주, 운동 부족 등은 고혈압 발생 위험을 높이는 주요 요인이다.

Q&A | 소금민감도란 무엇인가요?

소금민감도(salt sensitivity)는 소금 섭취량에 따른 혈압의 변화 정도를 의미하는 용어로, 소금민감도가 높을수록 소금 섭취의 증가 혹은 감소에 따른 혈압의 상승 혹은 감소 폭이 크게 나타난다. 개인의 소금민감도는 유전적 소인, 연령, 체중, 혈압, 활동량, 당뇨 또는 신장질병 유무 등에 의해 영향을 받는다.

(2) 나트륨과 고혈압

고혈압과 관련된 식습관으로 소금의 과잉섭취가 오래전부터 알려져 왔다. 이는 소금 섭취량과 고혈압 발생률을 비교해본 결과 소금 섭취량이 매우 높은 인종이나 국가에서 고혈압 발생률이 높게 나타났던 연구를 근거로 한 것이다그림 8-8. 실제 소금 섭취 증가에 따른 혈압 상승 정도는 개인에 따라 차이가 있는데, 특히 나이가 많거나, 과체중, 고혈압 또는 유전요인이 있는 경우, 소금 섭취가 증가할수록 혈압 상승폭이 크다.

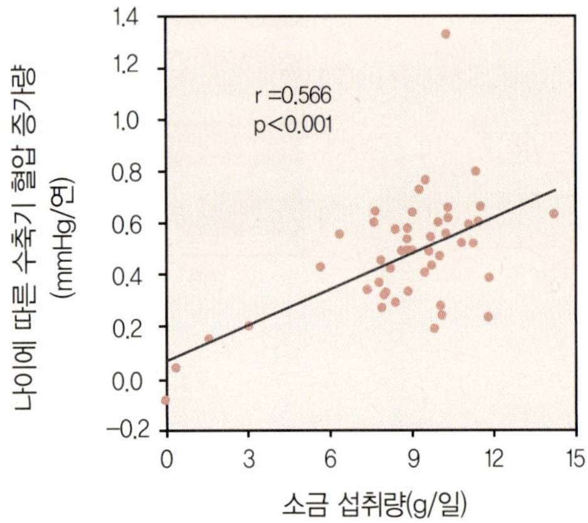

그림 8-8 소금 섭취량과 혈압과의 관계

출처 : Polonia and Martus(2009).

(3) 고혈압 예방을 위한 식습관

① 나트륨 섭취 줄이기

나트륨 섭취를 줄이면 혈압을 낮추는 데 도움을 줄 수 있다. 하루 나트륨섭 취량을 2,400mg 이하또는 소금 6g 이하로 줄이면 혈압이 2~8mmHg 정도 감소한다. 한국인은 국, 찌개, 김치, 장류를 많이 먹는 고유의 식습관 등으로 인해 다른 나라에 비해 소금 섭취량이 훨씬 높은 편이다. 나트륨 섭취를 줄이기 위해 효과적인 동시에 실천하기

나트륨 섭취를 줄이려면

- 조리할 때 '싱겁게' 간하기
- 국과 찌개의 국물은 남기기
- 장아찌, 젓갈 등 짠 음식 덜 먹기
- 가공식품은 가능한 적게 먹기
- 영양성분표시의 나트륨 함량 확인하기
- 신선한 과일과 채소 많이 먹기

쉬운 전략이 필요하다Box 참조.

② 칼륨 섭취 늘리기

칼륨은 혈압을 정상으로 유지하는 데 도움을 준다. 칼륨은 나트륨과 수분이 신장에서 배설되는 것을 촉진하고, 나트륨의 과잉섭취로 인한 혈압 상승을 억제한다. 따라서 식사에서 나트륨 대 칼륨의 섭취비율을 낮게 유지하는 것이 좋다. 신선한 과일과 채소는 칼륨 함량은 높은 반면 나트륨 함량은 낮으므로 나트륨 대 칼륨 섭취비율을 낮추는 데 매우 효과적인 식품이다.

③ 적절한 열량 섭취

과체중 및 비만은 고혈압 유발의 주요 요인이므로, 열량 섭취를 제한하거나 운동량을 늘려 적정 체중을 유지하는 것이 필요하다.

Q&A | 나의 나트륨 섭취수준이 궁금해요

다음 질문을 읽고 해당하는 곳에 체크해보자.

나트륨 섭취 자가진단

문항	예	아니오
생채소보다 김치를 좋아한다.		
별미밥이나 덮밥을 좋아한다.		
양식보다 중식, 일식을 좋아한다.		
말린 생선이나 고등어자반 등을 좋아한다.		
명란젓 같은 젓갈류가 식탁에 없으면 섭섭하다.		
음식이 싱거우면 소금이나 간장을 더 넣는다.		
국, 찌개, 국수 등의 국물을 남김없이 먹는다.		
튀김, 전, 생선회 등에 간장을 듬뿍 (잠길 정도로) 찍어 먹는다.		
외식을 하거나 배달시켜 먹는 일이 잦다.		
샐러드에 마요네즈나 드레싱을 잘 사용한다.		
라면 국물은 다 먹는다.		
젓갈, 장아찌를 잘 먹는다.		

- 계산방법 : 예–1점, 아니오–0점
- 결과가 5점 이상일 경우 나트륨 섭취량은 위험수준

출처 : 식품의약품안전처(2013). 우리 몸이 원하는 삼삼한 밥상.

❹ 조혈작용에 중요한 무기질 : 철

1) 기능

체내 철의 대부분약 75%은 헤모글로빈과 미오글로빈의 구성성분으로 산소의 운반과 대사에 관여한다. 적혈구에 있는 헤모글로빈은 철을 포함한 헴heme 부위를 통해 폐에서 산소와 결합하여 각 조직으로 산소를 운반한다. 근육의 미오글로빈도 내부에 철과 결합하는 헴 부위를 가지고 있으며, 적혈구의 헤모글로빈으로부터 산소를 받아 근육세포에 산소를 전달한다.

또한 철은 효소의 구성성분 혹은 보조인자로 작용하여 다양한 대사반응을 촉진한다. 특히, 세포 내 에너지 단위인 ATP 합성과정에 철을 보조인자로 하는 단백질과 효소들이 다수 참여하므로, 모든 세포는 철을 필요로 한다. 이 외에도 알코올, 아미노산, 콜라겐, 호르몬, 신경전달물질 등 다양한 물질의 체내 합성 및 대사에 철이 이용된다.

2) 적절한 섭취

식품 속의 철은 헴철과 비헴철 두 가지 형태가 있다. 헴철은 헤모글로빈이나 미오글로빈 등의 구성요소로 존재하는 형태로 동물성 식품에만 함유되어 있다. 비헴철은 그 외의 철을 말하는 것으로, 식물성 식품에 주로 함유되어 있고 동물성 식품에도 일부 존재한다. 철 급원식품으로는 육류, 닭, 해산물 등이 대표적이며, 아침식사용 시리얼, 시금치, 무청 등 녹색채소와 콩류에도 철이 함유되어 있다그림 8-9.

철의 체내흡수율은 여러 가지 요인의 영향을 받는다표 8-1. 우선 철의 형태에 따라, 강화식품이나 식물성 식품에 함유되어 있는 비헴철은 동물성 식품의 헴철에 비

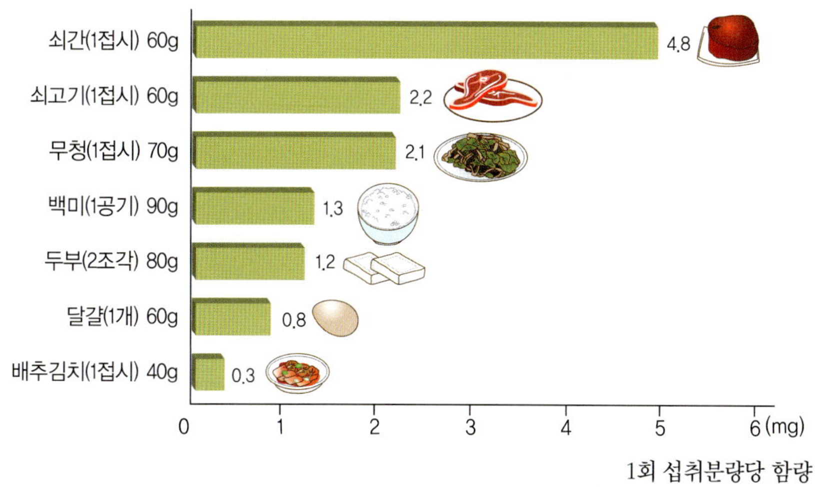

그림 8-9 철 급원식품

• 표 8-1 • • 철 흡수에 영향을 주는 요인

흡수를 증가시키는 요인	흡수를 저해하는 요인
• 낮은 체내 철 저장량 • 적혈구 생성량 증가(임신기, 성장기, 출혈, 고지대, 운동량 증가) • 비타민 C • 육류 단백질 • 위산 분비	• 높은 체내 철 저장량 • 피틴산(전곡류, 콩류) • 옥살산(녹색채소) • 폴리페놀(차, 커피, 적색포도주 등) • 다른 무기질(아연, 망간, 칼슘 등)의 과잉섭취

해 체내 이용률이 낮다. 일반적으로 헴철의 흡수율은 15~35%가량이고 비헴철의 흡수율은 2~20%이다. 또한 비헴철은 다른 식이성분에 따라 흡수율에 영향을 받는다. 비헴철의 흡수를 촉진시키는 요인으로는 비타민 C와 육류의 단백질이 있고, 방해하는 요인으로는 피틴산과 폴리페놀 등이 있다. 이 밖에 체내 철 저장수준, 위의 산성도, 적혈구 생성 요구도 등에 따라 체내 철 흡수율이 달라진다.

철의 하루 권장섭취량은 남성의 경우 14mg12~18세과 10mg19~49세이며, 여성의 경우 16mg12~14세과 14mg15~49세이다. 가임기 여성의 월경혈로 인한 철 손실을 고려하여 여성이 남성보다 필요량이 높다. 한국인 철 섭취량은 하루 평균 13.6mg으로 권장섭취량과 비슷한 수준이다. 다만, 철 섭취에 대한 주요 기여식품을 살펴보면 백미, 무청, 배추김치 등 식물성 식품으로 섭취한 비율이 70%이고 동물성 식품으로 섭취한 비율은 30%에 불과해 체내 이용률이 낮을 가능성이 있다. 한편, 철의 상한 섭취량은 하루 45mg이다.

3) 철결핍성 빈혈

철결핍이 지속되고 체내 저장량이 고갈되면, 정상적인 헤모글로빈 합성이 더 이상 이루어지지 못하여 철 결핍성 빈혈이 발생한다. 헤모글로빈은 적혈구의 주요 성분으로 철결핍성 빈혈인 환자의 적혈구는 적혈구의 크기가 정상보다 작고소구성, 붉은색이 희미한저색소성 특징을 보인다그림 8-10. 철결핍성 빈혈이 되면 각 조직으로의 산소 공급이 충분히 이루어지지 않으므로, 피부가 창백해지고 쉽게 두통과 피로감을 느끼며 운동능력의 저하와 주의력, 집중력 및 기억력의 감소가 나타난다.

철결핍은 저개발국뿐만 아니라 선진국에서도 비교적 흔하게 나타나는 영양결핍이다. 특히, 성장이 활발한 영유아기와 사춘기, 월경혈로 인한 철 손실이 있는 가임기 여성에게서 철결핍의 위험이 높으므로, 이때의 철 섭취량이 부족하지 않도록 특히 주의해야 한다.

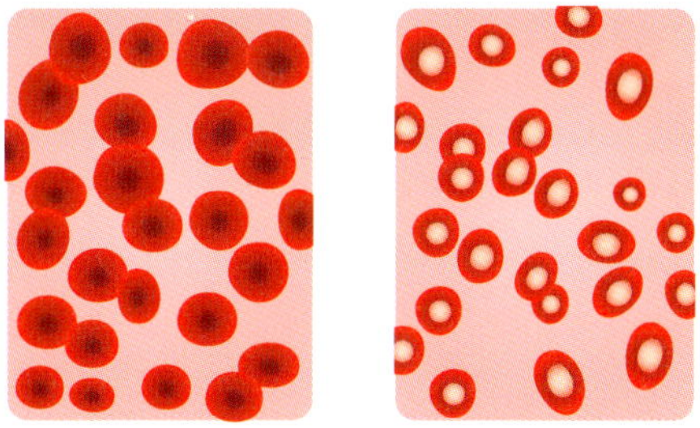

그림 8-10 정상과 철결핍성 빈혈에서의 적혈구 비교
출처 : 국가정보포털.

5 기타 미량무기질

미량무기질은 하루 필요량이 매우 소량이기는 하지만, 인체의 생명 유지에 필수적인 역할을 하고 부족 시 결핍증이 나타나므로 빠짐없이 섭취해야 한다표 8-2.

표 8-2 주요 무기질 요약

무기질	주요 기능	결핍증	급원식품
칼슘	뼈 성장, 혈액 응고, 신경자극 전달, 근육수축, 세포대사 조절	골다공증, 구루병, 테타니	우유, 유제품, 뼈째 먹는 생선, 무청, 시금치
인	뼈 성장, 효소 활성 조절, ATP 및 핵산 구성 성분	구루병, 골연화증	육류, 생선, 달걀, 우유, 견과류, 콩류, 곡류
마그네슘	뼈 형성, 효소 보조인자	근육통, 마비, 심장기능 약화	전곡류, 녹색채소류, 견과류, 콩류, 초콜릿
황	비타민과 아미노산의 구성성분, pH 평형, 해독작용	거의 나타나지 않음	단백질 함유식품
나트륨	수분 평형, pH 평형, 근육 수축, 신경자극 전달	식욕부진, 근육 위축, 성장 부진	소금
칼륨	수분 평형, pH 평형, 신경자극 전달, 근육 수축	근육 약화, 심 부정맥, 마비	감자, 고구마, 바나나, 시금치
철	산소운반, 효소 보조인자	빈혈, 피로, 집중력 저하, 면역 감소	육류, 조개류, 무청, 녹색 채소류
망간	효소의 보조인자, 항산화 활성, 탄수화물 대사 조절	현기증, 구토, 성장부진, 생식기능 저하	전곡류, 견과류, 콩류, 녹색채소류, 차

무기질	주요 기능	결핍증	급원식품
아연	효소의 보조인자 면역기능 성장 및 발달	성장저해, 면역감소, 미각감퇴	굴, 간, 조개류, 육류, 전곡류
구리	철 대사 보조효소의 보조인자	빈혈	간, 코코아, 견과류, 전곡류, 두류
요오드	갑상선호르몬 구성성분	갑상선종, 크레틴종	해조류
셀레늄	항산화효소 구성성분	케산병	육류, 생선류, 견과류, 전곡류
불소	뼈와 치아 조직의 무기질 침착	충치위험 증가	해조류, 불소 첨가된 수돗물

요약

- 무기질은 단일 원소로 이루어진 영양소로서 하루 필요량에 따라 다량무기질(칼슘, 인, 칼륨, 황, 나트륨, 염소, 마그네슘)과 미량무기질(철, 아연, 구리, 요오드, 셀레늄, 망간, 크롬, 몰리브덴, 불소)로 구분한다.
- 무기질의 대표적인 기능에는 뼈 형성(칼슘, 인), 혈압 조절(나트륨, 칼륨), 조혈작용(철, 구리) 등이 있으며, 이 밖에도 다양한 효소의 보조인자로 체내 대사를 조절하는 데 중추적인 역할을 한다.
- 무기질의 체내 이용률은 급원식품의 종류, 함께 섭취하는 식이요인, 체내 저장량 및 요구도 등 다양한 요인에 의해 영향을 받는다.

CHAPTER

09

파이토케미컬

식품에는 탄수화물, 단백질, 지질, 비타민, 무기질 등 필수영양소 이외에 수천 가지 다양한 화합물이 포함되어 있다. 이 식품 속 화합물 중에는 우리 몸에서 여러 가지 이로운 작용을 하는 물질이 다수 있으며, 최근 이들 미량성분의 체내 기능에 대한 관심이 높아지고 있다.

❶ 파이토케미컬이란

파이토케미컬phytochemical은 '식물의'라는 의미의 'phyto'와 '화합물'을 의미하는 'chemical'의 합성어로 식물성 식품에 함유되어 있는 우리 몸에 이로운 생리활성을 가진 성분을 일컫는 용어이다. 이들 성분은 체내에서 합성되지 않으므로 반드시 음식을 통해 섭취해야 하며, 주로 채소, 과일, 곡류, 콩류, 차, 와인 등에 많이 함유되어 있다. 파이토케미컬은 생명유지를 위해 필수적으로 요구되는 영양소는 아니므로 섭취가 부족하여도 특별한 결핍증이 나타나지는 않는다. 하지만 항산화, 항염증, 항균, 항암작용을 포함한 다양한 생리활성을 가지므로 건강을 유지하고 질병을 예방하기 위해서 꼭 필요한 성분이다. 또한 주로 색소성분으로 식품 고유의 색과 독특한 향미를 제공하는 역할도 한다.

1) 종류

파이토케미컬의 종류는 수천 가지 이상으로, 식품 하나에도 여러 종류의 파이토케미컬이 존재한다. 파이토케미컬은 화학적 구조에 따라 우리 몸에 도움을 주는 체내 작용이 달라지는데, 크게 카로티노이드, 플라보노이드, 유기황화합물, 인돌, 유기산 등으로 분류할 수 있다그림 9-1. 특히, 플라보노이드는 가장 다양한 종류의 파이토케미컬을 포함하며, 화학구조 중 산화 정도에 따라 안토시아니딘, 이소플라본, 플라본, 플라보놀, 플라바놀, 플라바논 등으로 분류된다.

2) 급원식품

파이토케미컬은 설탕이나 알코올 등의 정제된 식품을 제외한 대부분의 식물성 식품에 다양하게 포함되어 있다. 특히, 채소, 과일, 콩, 곡류, 씨앗, 허브류는 파이토케미컬의 함량이 매우 높다. 앞에서 얘기한 대로 파이토케미컬은 매우 다양한 화합물을 총칭하는 용어로 한 가지 식품 내에서도 수십~수백 가지의 파이토케미컬이

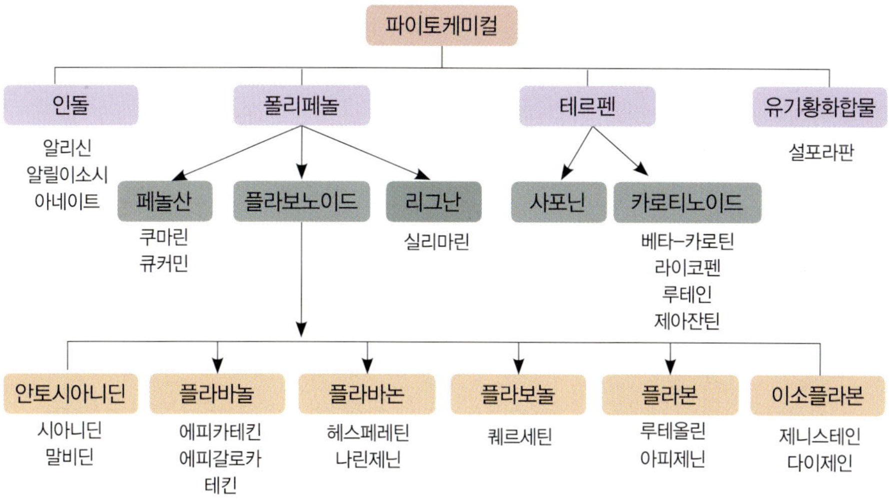

그림 9-1 파이토케미컬의 종류

존재할 수 있다.

파이토케미컬의 종류에 따라 고유의 색을 가지므로, 다양한 색의 식품을 섭취하면 그만큼 다양한 종류의 파이토케미컬을 섭취하게 된다. 또한 식품의 색이 진할수록 파이토케미컬의 함량이 높은 경우가 많다. 식품 색에 따른 함유 파이토케미컬과 해당 급원식품을 표 9-1에 나타내었다.

표 9-1 식품 색에 따른 함유 파이토케미컬의 종류

색깔	식품	파이토케미컬
초록색	녹황색채소, 케일, 키위, 상추, 브로콜리	루테인(lutein)
	옥수수, 호박, 고추, 파프리카	제아잔틴(zeaxanthin)
노란색/주황색	당근, 호박, 오렌지, 감귤, 살구, 망고	알파-카로틴(α-carotene)
		베타-카로틴(β-carotene)
	감, 옥수수, 감귤	크립토잔틴(crytoxanthin)
	은행, 밀감류, 레몬, 배	안토잔틴(anthoxanthin)
빨간색	딸기, 라즈베리, 적포도, 적사과, 적양배추	안토시아닌(anthocyanin)
	토마토, 수박, 체리, 파프리카, 구아바	라이코펜(lycopene)
보라색	블루베리, 블랙베리, 포도, 가지, 오디	안토시아닌(anthocyanin)
흰색	양파, 마늘, 대파, 쪽파, 무	알리신(allicin)

Q&A | 녹차와 홍차 속의 파이토케미컬 성분은 서로 다른가요?

녹차와 홍차는 차나무(학명 : 카멜리아 시넨시스)의 어린 잎으로부터 만들어지는 공통점이 있지만, 만드는 방법에 따라 색과 향에 차이가 나며 함유되어 있는 파이토케미컬의 종류와 양도 다르다.

찻잎에는 폴리페놀옥시데이스라는 산화 효소가 있는데, 이 효소에 의한 산화과정을 차 발효라고 부른다. 흔히 발효 여부에 따라 불발효차를 녹차, 발효차를 홍차로 구분한다.

녹차는 제조의 첫 단계에서 가열함으로써 찻잎에 포함되어 있는 효소의 활성을 중지시켜 차 성분이 산화되지 않고 그대로 남게 되는 반면, 홍차는 가열 전 찻잎을 비비거나 상처를 내는 과정을 통해 찻잎의 세포를 파괴시켜 산화효소에 의한 차 성분의 발효가 촉진된다.

그 결과, 녹차에는 에피카테킨(EC), 에피갈로카테킨 갈레이트(EGCG) 등의 항산화 활성이 우수한 카테킨 함량이 매우 높고, 홍차에는 이들 카테킨이 산화되어 형성된 테아플라빈과 테아루비긴의 함유량이 높다. 이러한 이유로 녹차는 홍차에 비해 항산화 활성이 우수하고, 홍차는 녹차에 비해 독특한 색과 향기성분의 함량이 높다.

❷ 파이토케미컬의 기능

파이토케미컬은 체내에서 매우 다양한 생리활성을 가지며표 9-2, 그중 대표적 기능은 다음과 같다.

1) 항산화 기능

대부분의 파이토케미컬은 항산화력을 가지고 있어 산화적 손상으로부터 체내 세포를 보호한다. 알릴설파이드양파, 파, 마늘, 카로티노이드과일, 토마토, 당근, 플라보노이드과일, 채소, 포도류 등이 대표적이다.

● 표 9-2 ●● 일부 파이토케미컬의 체내 생리활성

파이토케미컬	급원식품	생리활성
이소플라본 (제니스테인, 다이드제인)	대두, 대두유, 두부	에스트로겐 유사 활성, 혈중 콜레스테롤 감소, 암세포 증식 억제
안토시아니딘	딸기, 블루베리, 적포도주	시력 향상, 혈소판 생성 감소, 세포 사멸 유도
레스베라트롤	적포도주, 포도, 코코아	염증반응 억제, 암세포 증식억제, LDL-콜레스테롤 산화 억제
알릴설파이드	마늘, 양파, 파	LDL-콜레스테롤 농도 감소, 항산화 작용
카로티노이드 (라이코펜, 베타카로틴)	당근, 토마토, 다양한 과일과 채소	유리라디칼을 제거하여 세포 손상 억제, 암세포 증식 억제
설포라판	브로콜리, 케일	유리라디칼을 제거하여 세포 손상 억제, 발암물질 제거
퀘르세틴	양파, 마늘, 사과	항산화작용, 항암작용, 혈관 강화
카테킨 (에피갈로카테킨 갈레이트)	녹차, 적포도주, 사과, 포도	항산화작용, 항암, 항염증, 항균

2) 항암기능

암 세포의 증식을 억제하고 세포 사멸을 유도하여 암의 발병이나 전개를 억제한다. 카로티노이드, 이소플라본대두, 인돌과 설포라판브로콜리, 케일 등 십자화과 채소 등이 대표적이다.

또한 콩에서 발견되는 사포닌은 세포의 DNA 복제를 방해하여 암세포 증식을 억제한다. 고추에 존재하는 캡사이신은 발암물질로부터 DNA를 보호한다.

세포사멸(apoptosis)

예정된 시기에 세포가 스스로 죽는 정상적인 과정(programmed cell death)을 말한다. 세포자살이라고도 하며, 조직의 세포 개수가 지나치게 증가하는 것을 막는 역할을 한다.

3) 항염증 및 면역능력 증강

염증성 반응을 감소시켜 염증과 관련된 다양한 질병의 위험도를 감소시킨다. 또한, 면역체계를 강화하여 바이러스, 박테리아 혹은 다른 여러 질병원으로부터 인체를 보호한다. 마늘의 알리신은 항 박테리아 활성을 가진다.

4) 콜레스테롤 대사 조절

콜레스테롤 흡수, 생성 및 대사를 변화시켜 고지혈증과 심혈관계 질환의 위험도를 낮춘다.

5) 호르몬 및 효소 활성 조절

대두에 많이 함유된 이소플라본은 에스트로겐과 유사한 식물성 호르몬으로 폐경기 증상과 골다공증을 완화시킨다. 한편, 양배추 등에서 인돌은 에스트로겐을 감소시키는 효소를 자극하여 유방암의 위험을 감소시킬 수 있다. 이 밖에 효소 활성에 관여하는 파이토케미컬에는 프로테이스 억제인자대두, 콩, 테르펜감귤류이 있다.

❸ 파이토케미컬과 질병 예방

1) 카로티노이드

카로티노이드는 녹황색, 노란색, 주황색, 붉은색을 나타내는 지용성 식물색소로 자연계에 약 500여 종 이상이 존재하며, 대표적인 카로티노이드에는 알파-카로틴, 베타-카로틴, 루테인, 라이코펜, 크립토잔틴, 칸타잔틴, 제아잔틴 등이 있다.

카로티노이드는 항산화력이 우수하여 심혈관계 질환, 암 등 만성질병에 대한 위험도 감소, 노화 지연, 당뇨 합병증 감소, 폐기능 향상과의 관련성이 알려져 있다. 또한 카로티노이드 중 일부약 10%는 비타민 A 전구체로 작용하여 시각기능에 관여한다. 특히, 루테인과 제아잔틴은 눈의 황반을 구성하는 색소로 노인성 황반변성 예방에 도움이 될 수 있다. 한편, 토마토 등에 많이 함유되어 있는 라이코펜은 전립선암, 폐암, 위암 등의 위험 감소와의 관련성이 보고된 바 있다.

2) 플라보노이드

플라보노이드는 황색을 의미하는 'flavus'에서 유래되었으며, 안토시아니딘, 플라보놀, 플라본, 플라바놀, 플라바논, 플라본, 이소플라본 등 매우 다양한 화합물을 포함한다.

플라보노이드는 항산화력이 있어 세포 내 구성성분을 파괴하는 유리라디칼을 제거함으로써 심혈관계 질환, 암 등의 만성질병에 대한 위험도를 감소시킬 수 있다. 또한 플라보노이드 섭취량이 증가할수록 혈중 총 콜레스테롤 및 LDL-콜레스테롤 농도가 감소하여 심혈관계 질환 사망률 감소와 강한 상관관계가 있음이 알려져 있다. 이 밖에 플라보노이드는 혈소판의 부착과 응집 방지, 혈관내피세포 의존성 혈관 이완기능 등을 통해 심혈관계 질환의 예방에 관여한다.

암 예방과 관련하여 세포 및 동물실험을 통해 다양한 항암 활성 작용기전이 밝혀진 파이토케미컬에는 에피갈로카테킨녹차, 커큐민강황, 레스베라트롤포도, 라이코펜토마토, 제니스테인대두, 루테올린브로콜리 등이 있으며, 이들 성분에 대한 실제 임상에서의 효능 연구가 활발히 진행되고 있다.

❹ 파이토케미컬의 섭취

여러 역학 연구에서 채소와 과일 등 파이토케미컬이 많이 함유된 식물성 식품의 주기적인 섭취는 다양한 만성질병에의 위험을 효과적으로 낮추는 것으로 보고되고

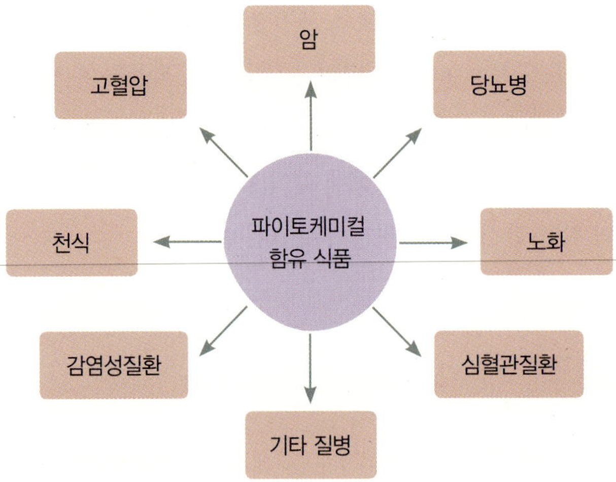

그림 9-2 파이토케미컬 함유 식품섭취와 질병 예방

있다그림 9-2.

일상 식생활에서 파이토케미컬의 섭취를 증가시키기 위해 다음과 같은 방법을 고려해 볼 수 있다.

① 채소류와 과일류를 매일 끼니마다 섭취한다

세계보건기구WHO에서는 모든 연령층에게 채소류와 과일류를 매일 5회 이상 섭취할 것을 권장하고 있으며, 이는 하루 전체 식품섭취량의 약 1/3에 해당하는 양이다1회 섭취분량은 약 80g으로 5회 섭취 시 약 400g임. 우리나라 식사에서 채소는 생채, 쌈, 나물, 김치 등의 다양한 방법으로 섭취할 수 있다. 따라서 채소를 사용한 반찬을 매 끼니마다 2~3가지 이상 섭취하고, 과일도 하루 2회 이상 섭취하는 것이 좋다.

② 여러 가지 다른 색의 과일과 채소를 섭취한다

파이토케미컬은 종류에 따라 각각 고유의 색을 가진다. 따라서 비슷한 색의 과일이나 채소를 섭취하는 것보다는 여러 가지 다른 색의 과일과 채소를 골고루 섭취할 때 다양한 종류의 파이토케미컬을 섭취할 수 있다. 파이토케미컬은 종류에 따라 서로 다른 체내 기능을 가지므로, 다양한 파이토케미컬의 섭취는 건강증진에 더욱 도움이 된다. 표 9-1을 참고하여 초록색, 빨간색, 노랑/주황색, 보라색, 흰색의 식품을 골고루 섭취하도록 한다.

③ 채소의 특성에 맞게 조리하여 섭취한다

지용성 성분인 카로티노이드류베타-카로틴, 라이코펜, 루테인, 제아잔틴 등는 기름과 같이 섭취할 때 흡수율이 높아진다. 따라서 카로티노이드가 많이 들어 있는 토마토, 당근, 호박 등은 기름에 볶거나 튀겨서 섭취하는 것이 좋다. 반면, 수용성 성분인 플라보노이드류는 물에 오래 끓이는 것을 피하고 짧게 데치거나 생으로 먹는 것이 좋다.

④ 제철 과일과 채소를 충분히 섭취한다

신선한 채소와 과일일수록 색이 선명하고, 식품 내 파이토케미컬의 함량도 풍부할 가능성이 높다. 또한 제철식품의 경우 값도 싸고 맛도 좋아 그만큼 섭취하기가 쉬워진다.

⑤ 콩류의 섭취를 늘린다

콩, 특히 대두에는 이소플라본의 함유량이 매우 높다. 이소플라본은 뼈 건강에 도움을 주며, 여성의 폐경기 증상을 완화시키고, 일부 암에 대한 예방효과가 있는 것으로 알려져 있다. 또한 콩은 오메가-3 지방산, 무기질 등 다른 영양소의 함량도 높은 편이다.

Q&A | 파이토케미컬은 하루에 얼마나 섭취해야 하나요?

다른 필수영양소들과는 달리 파이토케미컬의 흡수나 대사에 대한 자료는 매우 부족한 실정이며, 따라서 파이토케미컬에 대한 권장섭취량은 정해져 있지 않다. 현재로서는 일상 식사에서 채소, 과일, 곡류의 섭취비율을 높임으로써 파이토케미컬의 섭취가 부족되지 않도록 권하는 정도이다.

또한 파이토케미컬의 섭취는 보충제 형태보다는 식품의 형태로 섭취하는 것이 권장된다. 식품 속에는 매우 다양한 화합물이 존재하는 데 반하여, 현재까지 기능이 알려지고 성분이 분리된 파이토케미컬은 그중 일부에 불과하다. 그러므로 특정 성분의 파이토케미컬을 단독으로 섭취하는 것보다는 식품의 형태로 섭취했을 때 다양한 조합의 파이토케미컬을 함께 섭취할 수 있는 장점이 있다. 뿐만 아니라 아직까지는 과량의 파이토케미컬을 지속적으로 섭취했을 때 나타날 수 있는 장기적인 영향이나 부작용에 대해 잘 알려져 있지 않으므로 식품의 형태로 파이토케미컬을 섭취하는 편이 더 안전하다고 볼 수 있다.

요약

- 파이토케미컬은 식물성 식품에 포함되어 있는 다양한 생리 활성성분을 총칭하는 용어이다.
- 파이토케미컬의 종류는 수천 가지 이상으로 화학적 구조에 따라 고유의 색과 생리 활성을 나타낸다.
- 파이토케미컬의 대표적 생리 활성에는 항산화, 항암, 항염증, 항균작용 등이 있으며, 이로 인해 파이토케미컬 섭취 시 다양한 만성질병에 대한 예방효과를 기대할 수 있다.
- 여러 가지 다른 색의 과일과 채소를 끼니마다 꾸준히 섭취함으로써 다양한 종류의 파이토케미컬 섭취량을 증가시킬 수 있다.

CHAPTER

10

수분

수분은 인체의 주요 구성성분이며 생명 유지와 대사과정에 꼭 필요한 물질이다. 물 분자는 산소원자 하나와 수소원자 둘로 구성되어 있으며 인체를 구성하는 물질과 섭취한 영양소 등을 용해하여 대사과정에 참여할 수 있게 한다. 수분의 과부족은 질병의 결과이거나 원인일 수 있으며 심하면 사망에 이르기도 하므로 적절한 수분을 섭취하여 체액의 균형을 유지하는 것이 중요하다.

❶ 체내 기능

1) 체내 분포

수분은 체중의 50~70%를 차지하며 어릴수록 체중 대비 수분의 비율이 높다. 신생아의 체수분 비율은 70~80% 정도이며 성인의 경우 체중의 50~60%, 노인은 45~55% 정도가 된다. 인체의 여러 가지 조직에 따라서도 수분의 함량이 다른데, 근육은 무게의 약 70%가 수분이고 지방은 20~25% 정도가 수분으로 구성되어 있으며 적혈구는 60%, 혈장은 90%가 수분이다. 남자보다 근육이 적고 지방이 많은 여자는 수분의 비율이 남자보다 낮다.

인체 내의 수분은 2/3가 세포내액에, 1/3은 세포외액에 존재한다. 만일 체중이 50kg이고 체중의 60%가 수분이라면 체내에 존재하는 수분의 총량은 약 30kg이 될 것이다. 이 중 20kg의 수분은 세포를 구성하고 10kg은 세포 밖에 존재한다. 이 10kg의 수분 중 2.5kg은 혈액을, 7.5kg은 조직액을 구성한다. 체수분의 2%가 손실되면 갈증을 느끼고 20% 이상의 수분이 손실되면 생명을 잃게 된다. 체중이 50kg인 성인이 600mL의 수분을 잃으면 갈증을 느끼고 출혈이나 설사로 6L의 수분을 잃으면 사망할 수 있다.

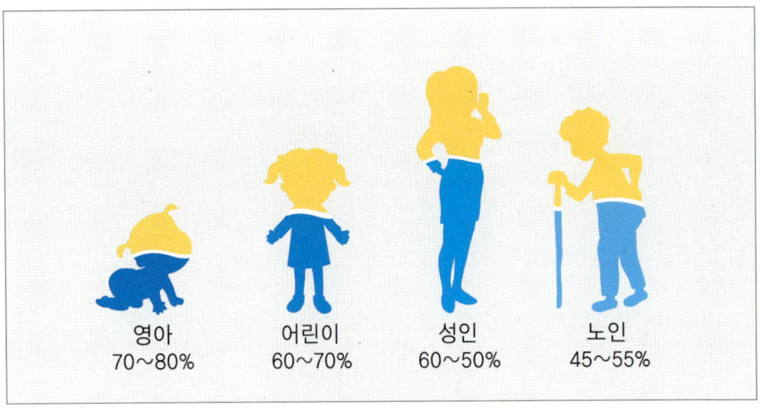

그림 10-1 체내 수분의 비율

2) 수분의 기능

(1) 운반기능

수분은 혈액의 주요 성분이며 영양성분과 노폐물을 운반한다. 혈액과 조직액은 외부로부터 섭취하여 소화, 흡수된 영양소를 조직과 세포로 운반하고, 대사과정에서 생긴 노폐물을 폐와 신장, 그리고 피부로 옮겨 호흡, 소변, 땀을 통해 체외로 배출한다. 우리 몸의 항상성을 유지하고 조절기능을 담당하는 호르몬은 혈액을 타고 표적기관으로 이동한다. 크기가 작거나 물에 잘 녹는 물질은 혈액에 녹아서 운반되고 크기가 크고 물에 녹지 않는 물질은 일반적으로 운반체와 결합하여 이동한다.

Q&A | 소변은 어떻게 만들어지나요?

콩팥이 혈액을 여과하여 만든 것을 원뇨라 한다. 이 원뇨에서 영양소를 재흡수하고 불필요한 노폐물을 혈액에서 원뇨로 분비하여 소변을 만든다. 콩팥은 하루에 약 1,600L의 혈액을 여과하여 약 170L의 원뇨를 만들고, 이 중 약 1%인 1.5~2.0L만 소변으로 배설된다.

(2) 용매

세포 안은 수용액 환경이기 때문에 소화 흡수된 영양물질이 대사되려면 물에 용해된 상태로 존재해야 한다. 수분에 녹지 않는 지용성 성분은 운반체와 결합하거나 유화된 형태로 이동한다. 소화관에서 흡수된 지방이 이동할 때는 단백질과 결합하여 지단백의 형태로 해야 한다. 또한 수분은 대사과정의 화학반응에서도 이용된다.

(3) 체온 조절

수분은 비열이 커서 체온의 급격한 상승을 막아준다. 신체가 체온을 정상적으로 유지하기 위해서는 활동과 대사의 결과로 생성된 열을 체외로 발산시켜야 한다. 수분은 피부를 통해 땀의 형태로 열을 내보내는 역할을 한다. 체온이 올라가면 수분증발을 통한 열 손실을 쉽게 하기 위해 피부 아래 모세혈관이 팽창하고, 체온이 떨어지면 열 손실을 막기 위해 모세혈관과 땀구멍이 수축하여 피부에 소름이 돋는다.

(4) 체내 전해질 농도 유지

세포 내 전해질 농도가 높아지면 삼투압에 의해 조직의 수분이 세포 안으로 이동하고, 혈액의 전해질 농도가 높아지면 세포에서 혈관으로 수분이 이동하여 혈액의 양을 증가시켜 희석시킨다.

(5) 기타

눈에 있는 안방수, 중추신경계에 존재하는 뇌척수액, 임신했을 때의 양수는 조직과 태아를 보호하는 역할을 한다. 침은 구강을 깨끗하게 씻어주고 맛을 느끼게 하며 마찰을 줄여주어 저작과 발음에 도움을 준다. 위액이나 장액도 마찰을 줄여 소화관 운동을 원활하게 하고 소화효소와 음식이 섞이도록 한다.

❷ 수분과 건강

수분은 생명 유지에 중요한 역할을 하므로 수분이 부족하거나 과다할 때는 건강상 문제를 겪게 된다. 수분의 과부족은 질병이나 스트레스의 원인이 될 수도 있지만 때로는 질병이나 스트레스의 결과로 나타나기도 한다.

1) 탈수

운동을 하거나 더운 환경에서 작업을 하는 경우 땀과 호흡을 통해 수분을 잃기 때문에 수분 보충이 필요하다. 또한 발열이나 설사, 구토, 출혈, 화상 등은 체내 수분량을 저하시켜 탈수에 이르게 할 수 있다. 탈수는 혈액의 감소를 유도하므로 근육에 운반되는 산소의 양이 줄어들 수 있으며, 체내의 열발산능력을 저하시켜 체온 조절에 영향을 준다. 체중의 2%에 해당하는 수분이 손실되면 갈증을 일으키고 체중의 5%에 이르면 체온이 상승하며 맥박과 호흡이 빨라지고 혈압이 낮아진다. 체중의 10%에 해당하는 수분을 잃으면 근육경련, 정신착란 증세를 보이며, 20% 이상의 수분이 손실되면 사망에 이를 수 있다.

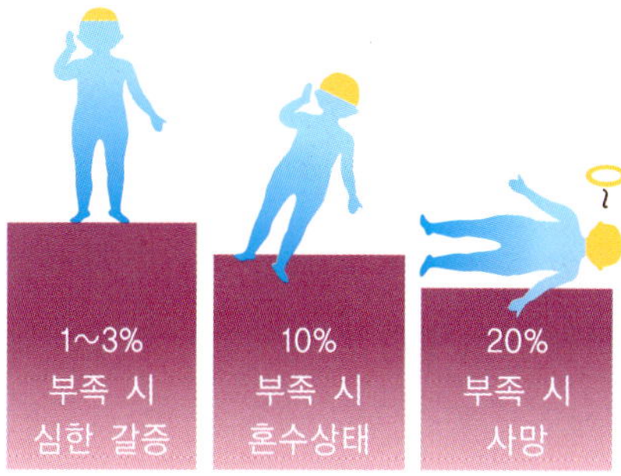

그림 10-2 탈수의 위험

2) 부종

세포 주위의 조직액이 지나치게 많아지는 것을 부종이라 한다. 부종일 때는 정상인 경우 체중의 15%이던 조직액이 20~30%까지 증가하게 된다. 정상적인 수분 섭취 증가만으로는 부종에 이를 수 없고 염분을 과다하게 섭취하였거나 영양결핍일 때 발생할 수 있다. 단백질섭취 부족이 장기간 계속되어 혈장 알부민 농도가 감소하고 삼투질 농도가 낮아지면 항상성을 유지하기 위해 혈장이 조직액으로 빠져나가 부종을 일으킨다. 체내 나트륨이 과다하면 세포외액의 삼투압이 증가하여 항이뇨호르몬이 과다 분비되고 이 때문에 체내 수분의 보유가 증가하여 부종이 발생한다.

3) 수분중독

필요량 이상의 수분을 섭취하게 되는 경우 소변으로 배설되지만, 전해질을 섭취하지 않고 짧은 시간에 과도한 수분을 섭취하면 수분중독을 일으킬 수 있다. 체내 수분이 지나치게 많아지면 세포 안으로 수분이 이동하여 세포를 팽창시킨다. 이로 인해 두통, 메스꺼움, 구토, 발작 등이 나타날 수 있고 심하면 혼수 또는 사망에까지 이를 수 있다.

과하게 땀을 흘리면 수분과 함께 전해질도 다량 배출되는데, 이때 전해질을 보충하지 않고 수분만 과량으로 섭취하면 수분중독이 나타날 수 있다. 따라서 과도한 운동 등으로 땀을 많이 흘렸을 때에는 이온음료 등으로 전해질과 수분을 함께 보충하는 것이 좋다.

❸ 적절한 섭취

1) 수분평형

신체는 체내 수분을 일정하게 유지하기 위하여 수분의 섭취량과 손실량이 균형을 이루고 있다. 수분의 요구량은 체격과 기온, 신체활동, 식사량 등에 따라 달라지는데, 한국인의 수분 충분섭취량은 20대 성인 남자가 2,600mL, 성인 여자가 2,100mL이다.

수분의 하루 공급량이 2,000mL라면 이 중 음식 내의 수분으로 700mL35%, 물 또는 음료수로 1,000mL50%를 섭취하고, 300mL15% 정도의 수분은 체내 대사과정에서

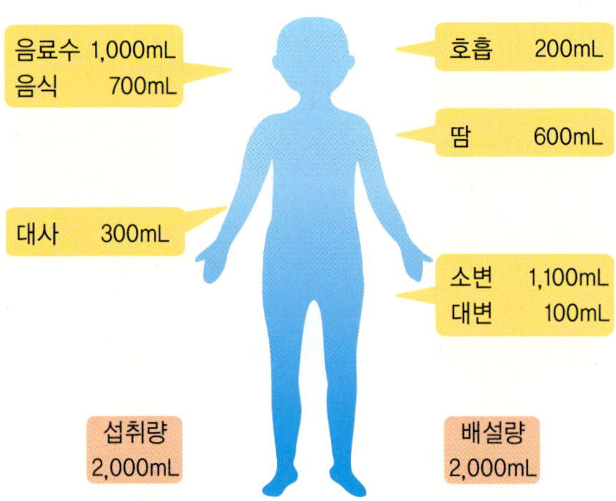

그림 10-3 수분평형

생성된다. 수분은 공급받은 만큼 배출되어 평형을 이루므로 하루 총 2,000mL가 체외로 빠져나가며, 땀으로 600mL30%, 호흡으로 200mL10%, 대변으로 100mL5% 정도가 배출되고 소변으로 1,100mL55% 정도를 배설한다.

수분의 배설은 대부분 소변배출로 일어나며, 나머지는 땀피부과 호흡폐, 대변을 통해 몸 밖으로 나간다. 소변의 배설량은 수분섭취량과 기온, 운동 정도에 따라 달라지는데, 물을 많이 섭취할수록, 기온이 낮을수록 소변 배설량이 증가하며, 기온이 높거나 운동을 많이 하여 땀을 많이 흘릴수록 소변량은 감소한다.

2) 수분필요량에 영향을 주는 요인

수분의 공급이 부족한 경우에는 배설되는 수분을 재흡수하고 소변을 농축하여 소변량을 감소시켜 체내 수분의 균형을 유지한다. 수분의 필요량에 영향을 주는 요인은 나이, 기온, 운동, 음식섭취, 질병상태 등이다.

(1) 나이

유아, 어린이, 노인의 경우 일반 성인에 비해 단위체중당 더 많은 수분을 섭취하여야 한다. 어릴수록 체중에서 수분이 차지하는 비율이 높다. 유아는 성인에 비해 대사가 활발하고 체표면적이 넓어 수분 증발이 빠르며, 신장기능이 발달하지 못하여 농축능력이 떨어지고, 갈증을 스스로 해결하기 어려우므로 충분한 수분공급에 유의해야 한다. 노인은 신장의 재흡수능력이 떨어지고 갈증을 느끼는 중추신경의 기능이 저하되므로 의식적으로 수분을 섭취하여야 한다.

(2) 기온

외부 온도가 높을수록 피부를 통한 수분의 배출량이 늘어 수분의 필요량이 증가하게 된다. 외부 온도가 낮아지면 수분배출량을 줄임으로써 체온을 유지한다.

(3) 운동

운동을 해서 체온이 상승한 경우 체온을 낮추기 위해 땀이 많이 나게 되어 피부를 통한 증발량이 늘어나므로 수분과 전해질을 충분히 공급해 주어야 한다.

(4) 생리적 변화

열이 나거나 설사를 하면 수분 배설이 증가하므로 수분요구량도 증가한다. 임신을 하면 모체의 혈액량이 증가하고 양수가 생성되므로 수분섭취량을 증가시켜야 하며, 수유부의 경우에도 모유생산을 위해 수분섭취를 늘려야 한다.

(5) 식품 및 약물의 섭취

염분이 많이 포함된 음식을 섭취하거나 약물을 복용하면 이들 물질의 농도를 희석하기 위하여 수분필요량이 증가하게 된다. 카페인이나 알코올이 포함된 음료를 마시는 경우에도 이뇨작용이 촉진되어 배설량이 늘어나므로 수분필요량이 증가한다.

3) 수분의 급원

(1) 물

수분의 가장 큰 공급원은 물과 다양한 형태의 음료수이다. 순수한 물은 대부분 약간의 전해질만 함유하고 있어 여러 성분이 함유된 음료보다는 체내 이용이 효율적이다. 다른 음료의 경우 음료 안에 녹아 있는 여러 가지 성분으로 인해 혈장의 농도를 증가시켜 오히려 갈증을 유발할 수도 있다. 생수의 경우 수원지에 따라 전해질 농도가 다르고 정수된 물은 정수방식에 따라 전해질을 제거하기도 한다.

(2) 탄산음료와 과일주스

탄산음료나 과일주스는 수분 이외에도 에너지를 공급한다. 첨가된 당이나 과일주스의 당은 흡수되기 쉬운 형태의 당분이며, 시판 탄산음료나 과일주스 한 컵 200mL을 마실 때 100kcal 내외의 열량을 섭취하게 된다.

(3) 이온음료

운동을 하면서 땀을 많이 흘리는 경우 땀과 함께 체내의 전해질도 함께 배출된다. 따라서 땀을 흘리고 난 후 수분을 보충해줄 때에는 전해질을 함께 보충해주어야 한다. 그러나 일반인들이 취미로 하는 운동의 경우에는 배출되는 전해질의 양이 많지 않은 편이어서 이온음료가 필수적이지 않다. 특히, 이온음료에는 당분도 함께 함유되어 있다는 점을 고려하여야 한다.

(4) 카페인과 알코올

커피와 차는 기호식품으로 많이 선호되는 음료이다. 그러나 과량의 카페인은 신체에 이뇨작용 외의 다른 영향을 미칠 수 있으므로 주의해야 한다. 알코올은 항이뇨호르몬의 작용을 억제하여 소변량을 증가시킨다. 술의 알코올 농도가 높을수록 이뇨작용이 더 심하다.

4) 수분을 섭취하는 바람직한 방법

수분은 음료수와 식품 속의 수분으로 주로 공급받으며, 섭취한 음식물로부터 공급된 영양소가 대사되는 과정에서도 약간의 대사수가 생성된다. 음식의 수분량은 재료에 따라 달라지고 국, 찌개가 많은 우리나라 식사에서는 음식량의 70~80% 정도를 차지한다. 2,600kcal를 섭취한다고 가정할 때 음식으로 1,400mL 정도를 공급받게 되므로 충분하게 수분을 섭취하기 위해서는 액체로 1,200mL 정도를 섭취하는 것을 권장한다. 갈증을 느끼는 경우 이보다 더 많은 수분을 섭취하도록 한다.

근래에는 음료시장이 활성화되면서 다양한 종류의 음료를 접하게 되는데, 수분 섭취를 위한 음료를 선택할 때 주의가 필요하다. 탄산음료나 과일주스 등에는 상당량의 당분이 포함되어 있어 콜라 1컵이나 주스 한 병을 마시는 경우 밥 한 공기의

1/2에 해당하는 에너지를 섭취하게 된다. 운동 등으로 과도하게 땀을 흘린 경우 이온음료로 전해질을 보충하는 것도 좋다. 그러나 일상적으로 흘리는 땀을 통해 신체에 영향을 줄 만큼 전해질을 잃지는 않으므로 이온음료가 필수적이지는 않다. 오히려 이온음료을 통해 전해질이 과도하게 공급될 수 있으며, 이온음료 한 캔에는 우유 반 컵에 상당하는 에너지가 포함되어 있다. 커피와 차도 주요 수분공급원이다. 카페인이 이뇨작용을 촉진하기 때문에 수분을 공급하기에 적절한 공급원이 아니라는 일반적인 생각과 달리, 일상적으로 섭취하는 경우에는 이뇨작용에 영향이 없다는 보고도 있다. 따라서 물이 아닌 방법으로 수분을 섭취할 때는 각 음료에 포함되어 있는 성분들을 고려하여 과다하게 섭취되지 않도록 유의하여야 한다.

Q&A | 운동할 때 수분섭취가 왜 중요한가요?

운동 중에는 땀과 호흡으로 수분을 많이 잃는다. 만일 운동 전에 수분을 충분히 섭취해 두면 운동을 하는 동안 수분평형을 유지하고 기량을 발휘하는 데 도움이 된다. 운동하기 전에 수분을 많이 섭취하면 땀이 빨리 나기 시작하고 땀의 양을 감소시키는 효과가 있다. 따라서 운동 중 체온의 과도한 상승을 막아주고 체온 조절에 도움이 된다.

운동 전에 수분을 공급하는 가장 저렴하고 효과적인 방법은 물을 마시는 것이다. 운동하기 전에 당분이 포함된 음료를 마시면 혈당을 높이기 때문에 인슐린을 분비시켜 운동하는 도중에 저혈당이 될 수 있고, 지방분해가 억제되기도 한다. 한편, 카페인 음료는 신경세포를 자극하여 지방산화를 촉진한다는 보고가 있다. 그러나 지구력 향상에 영향을 주지 못하고 카페인이 이뇨제로 작용하여 수분 손실을 증가시키기도 하므로 주의해야 한다.

운동 중에도 수분을 보충해주어야 한다. 땀을 많이 흘릴 때는 전해질보다 수분을 보충하는 것이 더 중요하다.

운동이 끝난 후에는 의도적으로 수분을 보충해야 하는데, 특히 극심한 운동은 갈증을 둔화시키는 효과가 있어 운동 후 체중이 감소한 만큼 수분을 보충한다. 또 운동이 끝난 직후에는 물 또는 당분이 포함된 음료를 마신다. 당분이 포함된 음료는 갈증이 사라지는 대신 오히려 갈증을 부추기는 효과가 있어 더 많은 양의 수분을 섭취하게 하기 때문이다.

요약

- 수분은 인체를 구성하고 있는 성분 중 가장 많은 물질이다.
- 체내 수분을 일정하게 유지하기 위하여 수분섭취와 배설의 균형이 중요하다.
- 수분의 필요량에 영향을 주는 요인은 나이, 기온, 운동량, 질병상태 등이다.
- 성인 남성의 수분 충분섭취량은 2,600mL이고 성인 여성은 2,100mL이다.
- 체내 수분 함량이 부족하면 탈수현상이 나타난다.
- 전해질 보충 없이 단시간에 너무 많은 물을 섭취하면 수분중독을 일으킬 수 있다.

PART 3

건강한 미래를 위한 식생활 정보

CHAPTER

11

에너지 대사와 체중 조절

체중 조절을 말할 때 체내 지방은 줄이고 근육을 키우라는 내용을 뉴스나 신문을 통해서 접해보았을 것이다. 그것을 보고 모든 사람들이 체중 조절을 위하여 근육을 늘려야 할 것처럼 인식을 가지게 되지만, 실제 체중 조절은 비만판정 또는 저체중에 대한 인식을 가지고 그에 맞는 바람직한 체형에 도달하는 방법을 통해서 이루어져야 할 것이다. 따라서 건강한 미래를 위한 체중 조절은 올바른 비만판정과 그에 맞는 식생활 및 운동을 통하여 유지해야 한다.

❶ 에너지 대사

에너지는 일을 할 수 있는 능력으로 정의하며, 신체는 섭취한 에너지양과 소비한 에너지양의 조절을 통하여 에너지 균형을 이룬다. 에너지섭취량은 식품을 통해 에너지를 공급받으며, 신체 내에서 탄수화물, 단백질, 지방 등으로 분해 또는 산화를 통해서 에너지로 공급받는다. 에너지소비량은 기초 대사량, 식품의 에너지 대사량, 신체활동 대사량 등으로 크게 나누어진다.

에너지란

영양학에서는 식품의 영양가를 에너지(또는 열량)로 환산하여 1kcal 단위를 사용하며, 물 1kg의 1기압하에서 1℃씩 상승시키는 데 필요한 에너지를 말한다.

1) 에너지섭취량

식품의 에너지 함량은 식품에 들어 있는 탄수화물, 단백질, 지방의 함량을 화학적으로 분석한 후 간접적으로 알아낼 수도 있다. 탄수화물과 단백질은 1g당 4kcal, 지방은 9kcal, 알코올은 1g당 7kcal를 내며 이를 이용하여 식품의 에너지 함량을 계산한다. 식품에는 이들 에너지 영양소가 서로 다른 양으로 함유되어 있어 다양한 식품의 소비에 따른 인체 내 에너지섭취량은 달라진다.

2) 에너지소비량

우리가 소비하는 에너지는 기초 대사량, 활동 대사량, 식품의 에너지 대사량 등 크게 셋으로 나누어 볼 수 있다. 일반적으로 총 에너지소비량 중 기초 대사량이 차지하는 비율이 가장 크며, 신체활동에 의한 에너지소비량은 개인에 따라 차이가 많다.

그림 11-1 총 에너지소비량의 구분

(1) 기초 대사량

기초 대사량은 생명현상을 유지하기 위하여 신체 내에서 무의식적으로 일어나는 활동 및 대사작용, 즉 체온 조절, 심장박동, 호흡, 혈액순환 등에 필요한 에너지를 말하며 전체 소비량의 약 60%로 큰 비중을 차지한다.

기초 대사량 공식 : 해리스–베네딕트 공식

남성 66.5 + (13.75 × 체중(kg)) + (5.003 × 키(cm)) − (6.755 × 나이(세))

여성 655.1 + (9.563 × 체중(kg)) + (1.850 × 키(cm)) − (4.676 × 나이(세))

기초 대사량은 체중 변화가 없다면 공식과 같이 나이가 늘어날 때마다 낮아지게 된다. 또한 다음과 같은 여러 가지 요인에 의해 기초 대사량은 영향을 받는다.

- 체표면적에 비례하여 기초 대사가 높다. 따라서 같은 체중이라도 키가 큰 사람의 경우 기초 대사가 높다.
- 근육은 지방조직에 비해 기초 대사를 위한 에너지 소모가 크므로, 근육량이 많은 운동선수는 일반인에 비해 기초 대사량이 더 높다.
- 나이가 어릴수록 기초 대사량이 높다.
- 남자가 여자보다 같은 체중일 경우 기초 대사량이 높다. 이는 남자가 근육량도 많고 성호르몬의 작용으로 기초 대사량이 높은 것으로 보고되어 있다.
- 영양섭취가 부족하거나 기아상태에서는 기초 대사가 저하되는데, 이는 신체가 에너지 소모를 줄여 영양소 섭취가 부족한 상황에 적응하기 위한 현상이다.
- 기온이 낮은 경우 기온이 높은 경우에 비해 기초 대사량이 증가하며, 열대지

그림 11-2 기초 대사량 비교(동일체중의 경우)

방 사람들이 추운 지방 사람들보다 비만이 더 많이 보고되어 있다.

• 감염 등에 의해 몸에 열이 나는 경우 기초 대사량이 증가하며, 활동할 때가 잠자는 것보다 10% 정도 기초 대사량이 높다.

(2) 활동 대사량

앉아 있기, 걸어 다니기, 서 있기, 운동하는 것과 같은 신체활동을 할 때 사용되는 에너지는 총 에너지 소비의 약 30%를 차지한다. 활동 대사량은 개인의 생활습관에 따라 많은 차이가 나며, 집에서 움직이는 것보다 소파에 앉아 있거나 누워 있는

표 11-1 활동에 따른 에너지 소모량 (단위 : kcal/10분)

구분	여자(50kg)	남자(70kg)
계단 오르기	47.0	70.7
세탁, 손빨래	27.5	41.3
마루 닦기	38.0	57.4
목욕	28.0	42.7
앉아 있기	11.0	16.1
수면	8.0	11.9
서 있기	12.0	17.5
세수하기	13.5	20.3
청소	23.0	35.0
책상사무	14.4	21.0

습관을 좋아하면 활동 대사량이 낮아지게 된다. 따라서 활동 대사량은 종류, 강도, 지속시간 및 개인의 체중에 의해 영향을 받는다표 11-1.

(3) 식품의 에너지 대사량

음식을 섭취하면 체내에서 영양소의 소화과정, 흡수, 대사의 과정이 이루어진다. 이때 식품섭취에 따른 에너지를 소비하게 되는데, 총 에너지 소비량의 10% 정도이다. 이러한 체내 소비 에너지는 식사의 내용에 따라 달라지며 단백질 위주의 식사는 25~30%로 높은 대사량을 보인다. 탄수화물 식사는 6%, 지질 식사는 6% 이하로 지질이 가장 낮다. 따라서 단백질 위주의 식사를 할 경우 식품의 에너지 대사량은 증가하며, 지방 위주의 식사를 할 경우에는 에너지 대사량이 감소한다.

3) 에너지 균형

에너지섭취량과 에너지소비량의 균형에 따른 체중의 변화가 이루어진다. 음식으로부터 섭취한 에너지양과 총 소비에너지 대사량이 같다면 에너지 평형상태로 체중이 유지된다. 체내는 수분과 단백질, 무기질, 지방으로 구성되어 있다. 소비된 에너지양이 섭취된 에너지양보다 많으면 음의 에너지 불균형이 이루어져 신체 내 수분, 체지방, 체단백질의 손실을 가져오며, 체중이 감소된다. 또한 소비된 에너지양이 섭취된 에너지보다 적으면 양의 에너지 불균형으로 체지방이 축적되어 고혈압

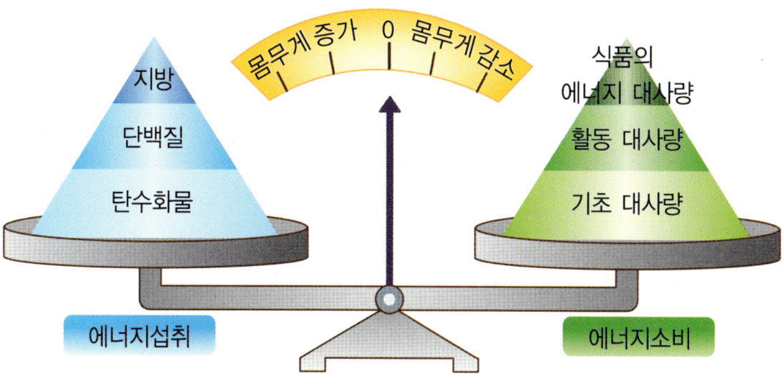

그림 11-3 에너지섭취와 소비에 따른 에너지 균형

등 심혈관질환, 당뇨병 등이 건강에 영향을 미친다. 또한 성장기나 임신기, 환자의 회복기에는 충분한 에너지섭취를 통한 에너지소비량보다 많은 양의 에너지 균형을 이루며, 적정한 체중을 유지하도록 관리한다.

❷ 비만이란

신체의 구성은 크게 지방과 제지방조직으로 구분할 수 있다. 지방조직은 에너지의 주요 저장 형태이며, 제지방조직은 주로 근육, 골격, 연조직으로 지방을 제외한 부분을 포함한다. 체중이 과체중인 경우라도 근육량이 많아서 과체중인 경우 등이 있으니 체지방률을 확인하여 비만의 여부를 판정하도록 한다. 반대로 체지방이 심각하게 낮은 경우는 면역기능이 떨어지고 여성의 경우 무월경증 등 건강 이상이 생길 수 있으므로 적절한 체중과 신체구성을 유지하도록 한다.

1) 비만판정

(1) 체격지수를 이용한 판정

① 표준체중

신장을 이용하여 간단하게 표준체중을 구하는 방법이다. 각 개인의 표준체중은 신장과 체중에 따라 각기 다르기 때문에 정확한 표준체중을 구하기는 어렵지만, 간편한 방법으로 사용한다. 일반적으로 표준체중의 10% 이상을 초과하면 과체중 overweight이라 하고, 20% 이상 초과되면 비만이라 한다.

$$\text{표준체중} = [\text{신장(cm)} - 100] \times 0.9$$

$$\text{비만도(\%)} = \frac{\text{현재체중} - \text{표준체중}}{\text{표준체중}} \times 100$$

② 체질량지수

체질량지수Body Mass Index : BMI는 체중과 신장을 이용하여 체지방량을 비교적 잘 나타내어 성인기 이후의 비만판정에 사용한다. 체질량지수는 간편하고 국제적으로 가장 많이 사용되어 나라 간의 비만도 및 비만유병률을 비교하는 데도 유용한 지표이다.

$$\text{체질량지수} = \frac{\text{체중(kg)}}{[\text{신장(m)}]^2}$$

한국인의 BMI는 23~25 미만이면 과체중, 25 이상이면 비만으로 정의한다. 반면, 서양인의 경우는 25~30 미만을 과체중, 30 이상이면 비만으로 진단한다. 한국인을 포함한 아시아인의 경우는 BMI가 23 이상이면 심혈관질환, 고혈압, 당뇨 등의 발생위험도가 증가하므로 23 이하를 유지하여 비만에 의한 합병증을 예방한다. 또한 너무 마른 경우에도 소화기나 폐질환으로 인하여 사망률이 증가함을 볼 수 있다.

(2) 체지방비율을 이용한 판정

생체전기저항법

체내의 체지방조직이 존재하는 것을 이용하여 비만도를 측정하는 방법 중의 하나로서 지방조직은 체지방조직에 비해 전기의 전도성이 적어 전기저항이 많이 발생한다는 원리를 이용하는 방법이다. 생체전기저항측정기에 인체의 무해한 미세한 전류를 통하게 하여 전기저항을 측정하고, 저항값을 각 나이, 체중, 성별에 따라 체수분량, 체지방, 제지방을 구한다.

체지방비율이 남자는 8~15%, 여자는 13~23%일 경우 정상체중으로 판정한다.

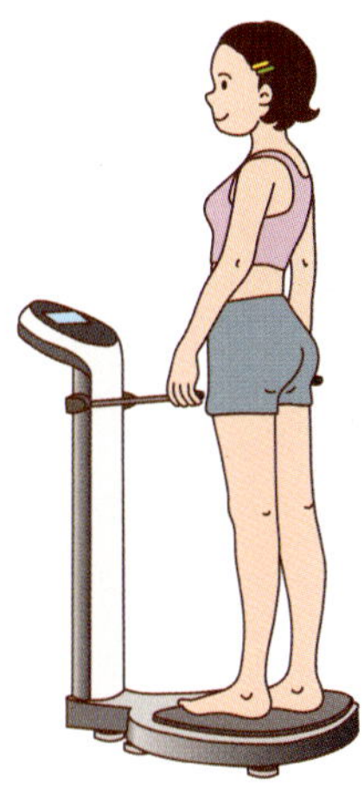

그림 11-4 생체전기저항법을 이용한 측정방법

• 표 11-2 • • 생체전기저항측정법에 의한 비만판정

구분	남자	여자
정상체중	8~15%	13~23%
약간 과체중	16~20%	24~27%
과체중	21~24%	28~32%
비만	25% 이상	33% 이상

(3) 체지방 분포를 이용한 판정

① 허리-엉덩이둘레비율

엉덩이에 비해 허리둘레가 클수록 복부에 지방이 많이 분포되어 있음을 의미하며, 허리와 엉덩이 측정을 통하여 허리둘레(cm)를 엉덩이둘레(cm)로 나눈 값이다. 허리둘레는 허리의 가장 날씬한 부분, 엉덩이둘레는 엉덩이의 가장 큰 부분을 측정하도록 한다.

• 표 11-3 • • 허리-엉덩이둘레비율

구분	남자	여자
복부비만	≥0.90	≥0.80

② 허리둘레 측정

간단히 허리둘레 측정을 통하여 복부비만을 판정하는 지표이다. 대사증후군을 판정하는 지표 중의 하나이며, 남자는 90cm 이상일 경우, 여자는 85cm 이상일 때 복부비만으로 판정한다.

그림 11-5 허리둘레 측정

2) 비만의 체형

(1) 지방세포 수와 크기에 따른 분류

체지방은 지방세포의 수가 늘어나거나 지방의 크기 자체의 증가로 나뉜다. 지방세포 수는 특히 생후 1년과 유아기에 급격히 증가하며, 따라서 지방세포 증식형 비만은 어린이에게 흔히 나타난다. 일단 생성된 지방세포 수는 줄이기가 어렵기 때문에 관심을 가지고 어린이 비만을 예방하도록 한다. 성인기에는 지방의 크기가 증가한 비만 체형을 보인다. 하지만 성인의 체지방이 30% 이상이면 일부 지방세포의 수도 증가한다는 보고가 있으므로 체지방 조절에 관심을 갖도록 한다.

(2) 체지방 분포에 의한 분류

체지방의 분포에 따라서 비만을 남성형 비만과 여성형 비만으로 나눈다. 남성형 비만은 복부비만 형태로, 여성형 비만은 하체비만으로 나타난다. 체지방의 분포는 성호르몬, 음주, 흡연 생활습관 등에 따라 영향을 받으며 여성의 경우 폐경기 이후는 복부비만 형태로 바뀌기 쉽다. 복부비만은 크게 내장형 비만과 피하지방형 비만으로 나뉜다. 내장형 비만은 단층촬영을 통하여 내장 주변에 지방이 저장되어 있는지 판정할 수 있으며 내장지방형 비만의 경우 당뇨병, 고지혈증, 지방간, 고혈압 등 성인병의 증가 위험이 있다.

그림 11-6 사과형 비만과 서양배형 비만

3) 비만의 원인

세계적으로 체지방 증가에 의한 비만 유병률이 급격히 증가하는 추세이며, 비만과 관련된 질병발생으로 건강에 심각한 문제들이 야기되어 개인뿐 아니라 국가적인 차원에서 비만을 감소시키는 노력들이 이루어지고 있다. 적정체중 유지를 위하여 각 개인의 비만을 판정하고 원인을 파악할 필요가 있다.

(1) 유전

어느 한쪽이라도 부모가 비만일 경우 자녀의 비만 가능성이 50% 정도라고 한다. 또한 유전적인 요인으로서 에너지섭취량이 같고 활동량이 비슷한 체중의 사람의 경우에도 비만 관련 유전자에 변형이 있는 경우 식사섭취량, 대사과정에 영향을 미쳐 비만이 발생하기도 한다.

(2) 식사행동

야식이나 늦은 저녁식사의 습관은 이른 저녁을 먹는 사람에 비해 비만이 될 가능성이 높다. 밤에 많이 먹으면 낮에 비해 소화, 흡수가 잘 되어 저장에너지가 증가함으로써 체지방이 증가한다. 또한 두 끼나 한 끼 등 식사 횟수가 적을 경우 인슐린 분비량이 증가하고 지방생성효소의 활성으로 인해 지방합성과 저장이 높아져 비만을 야기한다.

(3) 과다한 에너지섭취와 운동 부족

활동성에 비해 과다한 식욕증가, 스트레스 등에 의한 과다한 에너지섭취는 체내 지방으로 축적된다. 또한 자동화된 사회생활 속에서 운동량의 감소, 피곤, 우울한

그림 11-7 비만의 원인

감정에 의한 활동성 감소에 의해 결국 섭취한 에너지보다 소비에너지가 적으면 체내에 지방으로 저장된다.

심화학습

비만 관련 호르몬

인체 내 비만과 관련된 식욕 호르몬은 시상하부와 자율신경계를 통하여 조절된다. 이 호르몬들은 위장관, 췌장, 지방세포에서 분비된다. 인체 내 에너지 균형과 식사섭취량은 다음의 대표적인 호르몬인 렙틴, 그렐린, 아디포넥틴 등에 의해서 조절된다(표). 특히, 렙틴은 지방세포에서 분비되며 혈액을 통해 시상하부에서 식욕을 억제하는 호르몬(그림)이다. 반대로 그렐린은 위에서 주로 분비되어 음식의 섭취를 자극하는 호르몬이다.

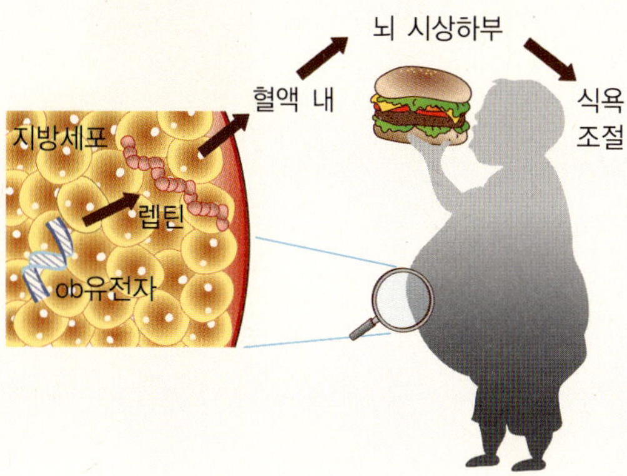

렙틴 호르몬의 인체 내 조절 대사

비만 관련 인체 내 호르몬의 종류와 작용

호르몬	분비 장소	자극	작용	비고
렙틴	흰색 지방 세포	• 과식하거나 지방세포 조직이 증가하면 호르몬 수치 증가 • 기아상태나 지방세포 조직이 감소하면 호르몬 수치 감소	먹는 충동을 감소시키고 (식욕 억제) 음의 에너지 균형을 만들기 위해 신체 활동을 증가시킴	렙틴 저항성은 비만인에게서 보고됨
그렐린	위, 십이지장	식사 사이에 호르몬 수치가 증가하고 식후와 흡수할 때는 호르몬 수치 감소	• 공복 시와 음식섭취 시 자극 • 소화를 촉진하고 성장 호르몬의 분비를 촉진	식욕증진호르몬
아디포넥틴	지방 세포	• 체지방량이 감소하면 호르몬 수치 증가 • 체지방량이 증가하면 호르몬 수치 감소	인슐린 저항성, 포도당 과민증 및 이상지질혈증을 보호	음식섭취에서 역할이 없음

Q&A | 근육이 지방보다 무거운가요?

근육 1kg과 지방 1kg은 무게는 같지만, 부피는 지방이 근육에 비해 1.3배 정도 크다. 따라서 같은 몸무게일 때 체내 지방이 많을 경우 몸집이 더 커보일 수 있다. 따라서 근육량을 증가시켜서 같은 체중이더라도 날씬하게 보일 수 있다.

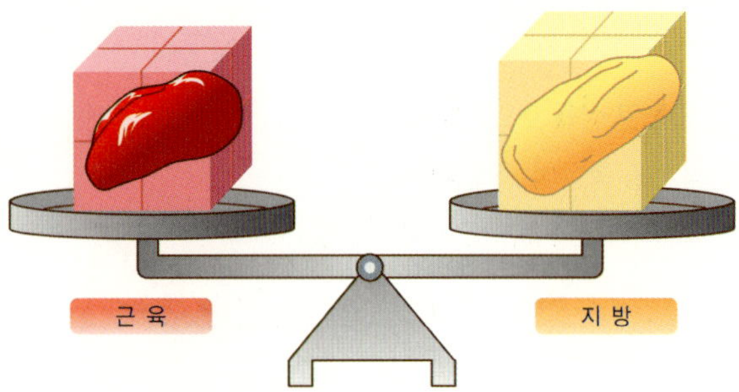

같은 무게의 근육과 지방의 부피 비교

❸ 체중 조절방법

비만 치료의 목적은 체지방 감소를 통해 체중을 감소시키고 이를 유지하는 것이다. 비만의 원인이 개인마다 다르므로 치료방법도 개인에 따라 달라져야 한다. 일반적인 비만 치료방법으로는 식사요법, 운동요법 및 행동수정요법, 약물요법 그리고 외과치료법 등이 있는데, 이 중 기본이 되는 식사요법과 운동요법, 행동수정요법을 동시에 병행하여 비만을 치료하는 것이 효과적이다.

1) 식사요법

비만 예방 또는 체중감량을 위해서는 섭취열량을 줄이는 것이 가장 중요하다. 섭취열량을 줄이는 방법으로는 균형 잡힌 영양을 공급하면서 열량이 상대적으로 낮은 음식을 선택하고 음식을 조리할 때는 열량이 낮은 조리법을 선택하여 조리해야 한다.

짧은 시간 내에 체중을 급격히 줄이기 위해 한 가지 식품 위주로만 섭취하는 원푸드 다이어트one food diet나 단식과 같은 극단적인 체중 조절법은 전체적인 영양소

Q&A | 내가 먹은 음식 칼로리가 얼마나 될까요?

내가 먹은 음식과 식품의 칼로리 정보를 다음 사이트에서 알아보자.

- 식품의약품안전처 식품영양성분데이터베이스: https://www.foodsafetykorea.go.kr/fcdb/simple/search/firstList.do
- 농촌진흥청 농식품정보시스템 : http://koreanfood.rda.go.kr/main

체중 조절에 도움이 되는 식사

- 기름기 적은 음식 위주로 섭취
- 음식은 싱겁게 먹기
- 인스턴트 식품, 가공식품, 패스트푸드 자주 먹지 않기
- 단 음료나 설탕이 첨가된 과일 주스 줄이기
- 식이 섬유소가 많은 음식을 충분히 섭취하기
- 폭식, 야식을 피하기

체중 조절을 위해 좋은 조리법

- 육류는 볶음이나 튀김보다는 구이나 찜으로 하기
- 볶음 시 기름보다는 물을 사용하기
- 채소는 볶음보다는 무치기
- 저지방 우유, 저지방 소스나 드레싱을 선택하기(마요네즈를 첨가한 드레싱보다는 식초나 레몬즙 사용)
- 육류의 기름이나 닭껍질을 제거하고 사용하기
- 어묵, 유부, 라면은 물에 데쳐서 기름 빼기
- 가공식품보다는 생식품을 이용하기
- 삼겹살이나 갈비보다는 살코기가 많은 부위를 선택하기
- 자반이나 젓갈 등 짠 음식은 피하기
- 전이나 부침 시에는 기름 없이도 달라붙지 않는 프라이팬 사용하기

섭취 부족 또는 심각한 합병증을 초래할 수 있으므로 위험한 방법이다.

다이어트 이후 나타나는 일시적인 체중감소는 체지방의 감소 없이 체내 단백질 손실로 인한 수분 손실에 기인한 것으로 시간이 지나면 수분 함량이 정상화되어 체중이 다시 증가한다. 일반적으로 체중감소는 일주일에 0.5kg씩 줄여서 한 달에 2kg 정도 감량하는 것이 가장 바람직하고 안전한 방법이다. 하루 섭취열량을 500kcal씩 줄이면 1주일에 0.5kg 정도의 체지방을 감소할 수 있다.

2) 운동요법

운동은 에너지소비량을 증가시키고 생리적인 식욕 조절 기전을 향상시키며 심리적인 스트레스를 감소시키는 효과가 있다. 또한 운동 중 근육의 양이 증가되어 기초 대사량을 증가시킴으로써 체중, 특히 체지방을 감소시키는 역할을 한다. 체지방 감소는 인슐린작용을 향상시켜 인슐린 저항성을 저하시킨다.

운동의 종류와 강도는 개인의 신체 여건에 맞아야 하고 본인 취미에 맞는 운동을 선택하여 지속적으로 실시해야 한다. 격렬한 운동보다는 중간 정도의 운동을 지속적으로 하는 것이 체중감소에 더 효과적이며 최소 일주일에 3일 이상 운동을 실시하고 하루에 200~300kcal의 열량을 운동으로 소비하는 것이 체지방 감소에 효과적이다. 운동은 무산소운동과 유산소운동으로 나누어지는데, 체중 조절을 위해서는 무산소운동과 유산소운동의 비율을 1 : 2 또는 1 : 3으로 하는 것이 바람직하다. 운동요법은 비만의 예방과 치료에 매우 중요하지만 체중 조절을 위해서는 반드시 식이요법과 함께 병행해서 실시해야 한다.

3) 행동수정요법

행동수정요법은 비만해지기 쉬운 식사행동이나 생활습관을 변화시킴으로써 비만을 치료하는 방법이다. 행동수정요법은 식사요법과 운동요법을 잘 실천하고 감량된 체중을 지속적으로 유지하기 위해서 필요하다. 행동수정요법으로는 음식섭취와 관련된 행동을 변화시키거나 신체활동을 증가시킬 수 있도록 행동을 변화시키는 방법이 있다.

표 11-4 체중 조절을 위한 행동수정방법

원리	방법	내용
자기관찰	식사일기 쓰기	먹는 시간과 장소 기록하기
		먹는 음식의 형태와 양 기록하기
		함께 식사한 사람과 식사 전후 감정상태를 기록하여 과식을 초래하는 문제점 찾기
자극 조절	식품 구매	냉동식품, 인스턴트 식품 사지 않기
		배부른 상태에서 식품 구매하기
		미리 구매목록을 작성하여 충동구매하지 않기
		꼭 필요할 때까지 식품 구매 미루기
	음식섭취 계획	필요한 만큼만 먹도록 계획하기
		군것질하고 싶을 때 운동하기
		식사와 간식은 정해진 시간에만 먹기
충동 조절	실행	음식을 보이지 않는 곳에 보관하기
		먹는 것은 한 장소에서만 하기
		식탁에 간장, 소금 등 놓지 않기
		작은 크기의 식기와 수저 사용하기
	명절, 모임 등	술 줄이기
		모임 전에 저열량 간식 먹기
		음식을 사용하는 태도를 습관화하기
		실수하더라도 포기하지 않기
	식사방법	음식을 약간 남기기
		식사 중에 다른 일 하지 않기
		다음 음식을 먹기 전에 음식을 완전히 씹기
		음식을 씹는 중에는 수저 내려놓기
보상	성공 시 칭찬	자기 관찰 기록을 기준으로 실천 행동에 대한 특정상 주기
		가족이나 친구에게 상을 주도록 협조를 구하기
		점차 스스로에게 보상할 수 있도록 훈련하기

Q&A | 이런 다이어트 뭐가 문제일까요?

다이어트	식사방법	문제점
단식 및 초저열량식	기초 대사량 이하의 에너지를 섭취함 (300~600 kcal)	• 식사섭취 부족으로 근육을 분해시켜 포도당을 합성하므로 근육 손실이 일어남 • 지방의 불완전 연소 형태인 케톤체를 혈액을 통해 뇌에 공급하기 때문에 케톤혈증을 유발하고 심하면 혼수 유발 • 칼슘과 철의 섭취 저하로 골다공증과 빈혈 유발 • 장기적으로 시행할 수 없어서 단식과 섭식을 반복하면 근육 손실로 인한 기초 대사량 감소가 일어남. 요요현상으로 체중의 변화는 적지만 체지방은 상당히 증가함
저탄수화물 다이어트	• 곡류로 만든 식품인 밥, 빵, 과자, 국수 등의 섭취 제한 • 설탕이 함유된 과일, 커피, 음료 섭취 제한 • 주로 고기, 생선, 콩, 채소 위주의 식사	• 탄수화물섭취 부족으로 인한 케톤체 증가로 식욕 저하가 발생하고 식사섭취 감소로 이어짐 • 초기에는 체중 감소가 나타나지만 이는 근육량과 체수분의 감소이며 장기간 실시하면 기초대사량의 감소로 오히려 체지방이 증가함 • 세포의 포도당 사용이 제한되면 지방의 불완전 연소 형태인 케톤체를 혈액을 통해 뇌에 공급하기 때문에 케톤혈증을 유발함
덴마크 다이어트	• 지방과 탄수화물의 섭취를 최대한 줄인 저열량 식단 • 아침, 점심, 저녁 끼니마다 삶은 달걀과 자몽, 채소샐러드, 블랙커피로 구성된 식사를 함 • 하루 섭취열량 700~900kcal	• 다이어트 후 전분이 많은 곡류 등의 섭취 제한과 꾸준한 운동으로 철저한 자기관리가 필요 • 장기간 지속하기 어려움 • 체중 감량 후 정상 식사로 전환 시에 많은 어려움
황제 다이어트	육류 등 고단백질 식사를 위주로 함	• 단백질식품을 과량으로 섭취하여 상대적으로 탄수화물 섭취가 부족함. 이는 케톤체를 과다하게 생성함 • 지나친 단백질섭취는 간과 신장에 부담을 줄 수 있음 • 상대적으로 식이섬유가 부족할 수 있음
원푸드 다이어트	한 가지 식품만 계속해서 섭취함 (포도, 바나나, 해조류, 사과 다이어트 등)	• 한 가지 식품으로는 몸에 필요한 여러 가지 영양소를 모두 섭취하기 어려움 • 대부분의 경우 특정 영양소만 과량으로 섭취하고 다른 다양한 영양소의 섭취 부족으로 영양불균형을 초래함 • 식사의 단조로움으로 인해 장기간 지속하기는 어려움

4) 약물 치료

비만 치료는 식사 조절, 운동 및 생활습관의 변화를 통해 체중감량을 시도하는 것이 기본이 되어야 한다. 그러나 비약물 치료가 효과가 없는 경우에는 의사처방에 의해 약물 치료가 쓰일 수 있다. 약물 치료는 약물의 효과, 안전성 및 투약 중지 후의 체중증가 등의 문제가 발생할 수 있으며 식사 조절, 운동 및 행동수정과 함께 병행하지 않고 단독으로 실시할 경우에는 효과가 적다. 따라서 비만인 사람의 경우 약물 치료는 비만으로 인한 건강상의 문제가 발생하여 체중감량이 필요한 경우에만 적용되어야 하며, 약물 사용에 따른 이점과 문제점을 심도 있게 검토한 후 결정해야 한다.

5) 수술 치료

고도비만의 치료는 식사 조절이나 운동, 행동수정요법 및 약물 치료 등 일반적인 방법을 사용하여 치료효과를 보기가 어렵다. 즉, 표준체중의 200% 이상 또는 BMI가 40 이상이거나 고혈압, 당뇨병, 특히 심장질환으로 조기에 사망할 위험이 있는 경우 수술 치료를 실시한다.

❹ 신경성 섭식장애

최근 우리 사회에서는 체형에 대한 잘못된 인식과 마른 체형에 대한 지나친 집착 때문에 무리하게 다이어트를 하는 여성들이 늘어나고 그 과정에서 섭식장애를 일으키는 사람들이 증가하고 있다. 의식적으로 먹기를 거부하거나 비정상적으로 한꺼번에 많이 먹는 현상을 신경성 섭식장애라고 하는데, 대표적인 섭식장애로는 신경성 식욕부진증거식증과 신경성 폭식증이 있다. 섭식장애의 경우 신체적으로나 정신적으로 뚜렷한 장애가 오며 초기에 치료된다면 문제가 없지만 시간이 지날수록 심각한 문제를 초래할 수 있다.

1) 거식증

(1) 정의

왜곡된 신체 이미지를 가지고 있으며 날씬한 몸매에 대한 집착이 강하여, 실제로는 체중이 적고 수척해보임에도 불구하고 계속 자신이 뚱뚱하다는 생각으로 음식섭취를 거부하는 심리적 장애이다. 체중 증가와 비만에 대하여 극심한 공포를 가지고 있어서 극도로 음식섭취를 제한하고 과도한 운동을 병행한다. 하지만 항상 음식에 대한 생각에 몰두해 있으며 정서적으로 불안정하고, 우울하여 자신을 주위사람들과 격리시키려고 한다. 주로 청소년 여자에게서 많이 나타나며 자신의 행동을 질병으로 인정하지 않기 때문에 치료에 관심이 없거나 치료를 거부한다.

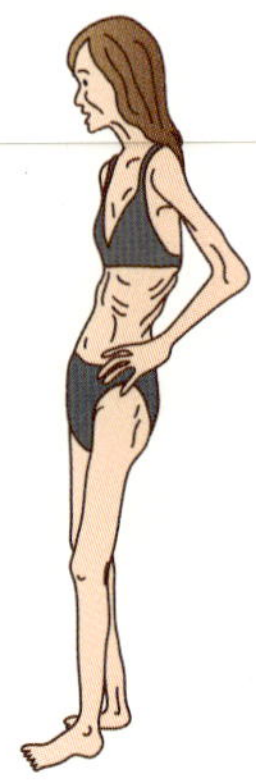

그림 11-8 거식증

(2) 증상

극도의 체중감소, 탈모, 심장박동수 감소, 피로감, 피하지방 상실, 뼈질량 감소, 체온 저하, 멍이 잘들고 신진대사 감소, 무월경, 철결핍성 빈혈, 구토로 인한 치아부식, 하제 복용으로 인한 변비 등이 나타날 수 있다.

(3) 치료

영양상담을 통하여 자신에게 적절한 영양공급이 필요함을 인식하도록 돕는 것이 필요하다. 점진적으로 음식섭취를 증가시킴으로써 정상적인 체중으로 돌아오도록 하는 것을 목표로 하고 심리상담을 통해 체형에 대한 올바른 인식을 가지도록 한다. 거식증의 증세는 단기간에 쉽게 치료되지 않으므로 가족들이 함께 치료에 참여하도록 하는 것도 중요하다. 영양상담뿐 아니라 심리상담, 약물 치료, 가족 치료 등을 병행한다.

2) 폭식증

(1) 정의

폭식증bulimia nervosa은 거식증과 달리 무조건 음식을 거부하는 것이 아니라 보통 사람들이 먹는 양보다 훨씬 많은 양의 음식을 한꺼번에 먹는다. 그리고 지나친 음식섭취로 인해 비롯된 후회와 자책감 때문에 의도적으로 구토를 유도하거나 하제laxative를 이용하여 장을 비운다. 또는 격렬한 운동을 하기도 한다. 비만보다는 식탐에 대한 걱정이 크며 체형이나 체중에 대한 얘기에 민감하게 반응한다. 폭식증은 이처럼 폭식과 장 비우기를 교대로 반복하는 섭식장애의 일종으로, 젊은 여성에게 흔히 나타난다. 이들은 행동이 충동적이고 자신감이 결여되며 우울증에 빠져 있는 경우가 많다. 음주나 약물 등 강박성 행동을 보이기도 한다. 자신의 행동이 정상적이지 않음을 인정하고 고칠 수 없음을 괴로워하며 주위 사람들에게 적극적으로 도움을 요청하기도 한다.

(2) 증상

심한 체중 변화, 심한 복통, 탈수로 인한 전해질 불균형, 구토로 인한 감염, 폐렴, 식도 손상, 위궤양, 출혈, 월경불순, 철결핍성 빈혈, 구토로 인한 치아부식, 하제 복용으로 인한 변비 등이 나타날 수 있다.

(3) 치료

영양상담을 통하여 정상적인 식습관이 이루어지도록 유도하는 것이 중요하며, 하루에 세 번의 식사와 간식을 규칙적으로 섭취하도록 한다. 다이어트와 생활습관에 대한 올바른 생각을 심어줄 필요가 있고 스트레스에 대처하는 방법을 지도한다. 영양적인 치료와 심리적인 치료를 병행한다.

그림 11-9 폭식증

요약

- 에너지는 일을 할 수 있는 능력을 의미하며 인체 내에서 에너지섭취량과 에너지소비량을 통하여 에너지의 균형을 이룬다.
- 인체 내에서 에너지섭취량은 식품의 섭취에 의해 이루어지며, 에너지소비량은 크게 세 가지로 기초 대사량, 신체활동 대사량, 식품의 에너지 대사량으로 나뉜다.
- 체지방 증가에 의한 비만의 원인은 유전, 적절하지 못한 식사행동, 과다한 에너지 섭취와 운동부족에 의해 야기되며, 또한 비만은 ① 지방세포 수 증가와 지방 크기에 의한 비만 형태, ② 남성형 비만인 복부비만과 여성형 비만인 하체비만 형태로 크게 나뉜다.
- 비만의 판정은 단순히 체중과 키의 측정을 통해서 이루어지기보다는 인체 내 체지방을 측정하여 적정한 체중과 체지방을 인지하고 관리하여 성인병 예방을 하도록 한다.
- 비만 치료방법으로는 식사요법, 운동요법 및 행동수정요법, 약물요법 그리고 외과치료법 등이 있는데, 이 중 기본이 되는 식사요법과 운동요법, 행동수정요법을 동시에 병행하여 비만을 치료하는 것이 효과적이다.
- 신경성 섭식장애란 의식적으로 먹기를 거부하거나 비정상적으로 한꺼번에 많이 먹는 현상을 말하며 신경성 식욕부진증(거식증)과 신경성 폭식증이 있다. 이들은 모두 영양적인 치료와 심리적인 치료를 병행해야 한다.

CHAPTER

12

건강 관련 생활습관

술이나 담배는 남녀노소가 다양한 제품의 형태로 접하게 되는 기호품이다. 이들은 건강에 즉각적인 위해를 끼치며 그 영향력 또한 매우 크다는 것이 여러 가지 연구결과에서 보고되고 있다. 또한 현대사회를 살아가는 이들이 피할 수 없는 스트레스는 과도한 경우 질병의 원인이 되는 것으로 알려져 있어 건강한 삶을 위해서는 균형 잡힌 식생활을 추구할 뿐만 아니라 건전한 생활습관을 가지는 것도 매우 중요하다.

❶ 술

술은 알코올ethanol을 포함한 음료의 통칭이다. 과실 등이 적당한 온도와 습도에서 미생물에 의해 발효하여 쉽게 술이 만들어지므로 술의 역사는 매우 깊을 것으로 추측된다.

1) 술의 종류

술의 종류에는 맥주, 막걸리, 와인, 소주, 코냑, 위스키 등이 있다. 술마다 원료와 제조방법에 따라 알코올 함량이 다양하여 맥주에는 4~5% 정도의 알코올이 들어 있으나 10% 이상의 알코올을 함유한 맥주도 있다. 포도주는 12% 내외, 소주는 15~25%, 위스키는 40%의 알코올을 함유하고 있어 섭취하는 알코올의 양을 제대로 알기 위해서는 제공량과 함유량을 알아야 한다. 알코올 함량은 다음의 식으로 계산할 수 있다.

알코올 양(g) = 마신 술의 양(mL) x 술의 알코올 농도(%) x 알코올의 비중(0.79)

2) 술의 대사

(1) 알코올의 흡수

술의 에탄올성분은 소화과정이 없고 단순확산에 의해 구강과 식도점막을 통해 소량 흡수되며, 위장에서 10% 정도, 소장에서 나머지 90%를 흡수한다.

알코올의 흡수는 여러 가지 요인에 의해 결정되는데, 지방이 많은 음식물은 위장관 내 이동 속도가 느려 알코올을 천천히 흡수하게 하며 공복 시에는 음식물과 함께 음주를 하는 경우보다 3~4배 빨리 흡수된다.

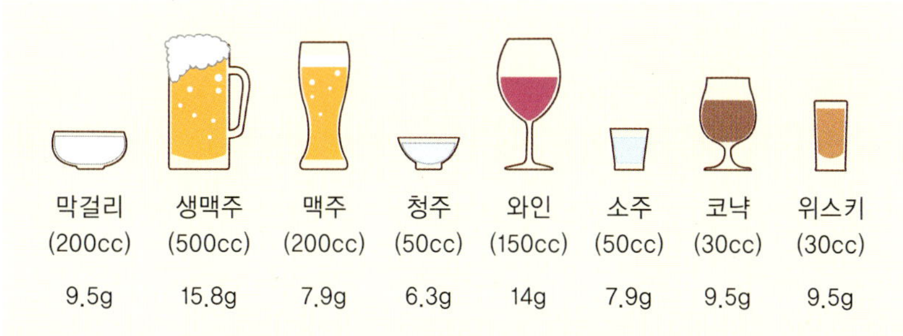

그림 12-1 술의 종류별 제공량과 알코올 함량

(2) 알코올의 대사

흡수된 알코올은 주로 간에서 대사된다. 일반적으로 알코올 탈수소효소ADH에 의해 아세트알데하이드가 되었다가 아세트알데하이드는 알데하이드 탈수소효소ALDH에 의해 다시 한번 탈수소과정을 거쳐 아세테이트로 분해되는 과정을 거친다. 또 다른 경로는 미크로솜 에탄올 산화계로 술을 많이 마시면 이 경로가 더 활성화되어 알코올을 더 많이 처리하게 된다. 이 경로는 약물이나 기타 외부에서 들어온 물

표 12-1 혈중 알코올 농도에 따른 상태

혈중 알코올 농도	심신상태
0.02~0.03%	두드러진 변화는 없고 약간 기분이 좋은 상태
0.05~0.06%	이완감, 푸근함을 느낌, 자극에 대한 반응시간이 조금 늦어짐, 민첩한 근육운동이 안 됨
0.08~0.09%	시각·청각의 저하, 균형감·언어기능의 저하, 다행감이 생기고 자신감이 커짐, 운동 조절능력 저하
0.11~0.12%	신체 균형을 잡기 어렵게 됨, 정신적인 활동능력과 판단이 떨어짐
0.14~0.15%	신체와 정신의 조절기능이 현저히 떨어짐
0.20%	운동 조절능력 상실(움직이기 위해서는 남의 도움이 필요), 정신활동의 혼란
0.30%	거의 인사불성상태에서 심신을 겨우 가눔
0.40%	의식이 없게 됨
0.50%	깊은 혼수상태
0.60%	호흡부전으로 사망할 수도 있음

질들도 대사시키기 때문에 알코올을 많이 섭취하게 되면 약물 대사가 저하되어 약물독성을 일으키기 쉽다.

술을 많이 마실수록 혈중 알코올 농도는 올라가지만, 같은 양의 술을 마셔도 성별, 체격, 체지방비율 그리고 최근에혹은 함께 섭취한 음식에 따라 혈중 알코올 농도가 달라질 수 있다.

혈중 알코올 농도에는 다음과 같은 요인이 영향을 미친다.

- 체격 : 같은 양의 알코올을 섭취해도 체격이 상대적으로 작은 사람의 혈중 알코올 농도가 높다.
- 공복 : 섭취한 음식이 알코올의 혈류 전달 속도를 느리게 하기 때문에 공복인 사람은 식사를 한 사람보다 혈중 알코올 농도가 더 높다.
- 체지방 : 알코올은 지방조직에 흡수되지 않기 때문에 체지방률이 높은 사람은 체지방률이 낮은 사람보다 혈중 알코올 농도가 높다.
- 성별 : 여성의 몸은 일반적으로 남성보다 작고 근육 대비 지방조직의 비율이 더 높기 때문에, 남성보다 더 빨리 알코올을 흡수한다. 따라서 남자와 같은 양의 술을 마셔도 여자의 혈중 알코올 농도는 더 높아진다.
- 경험 : 술을 마신 경험이 적은 사람은 술에 대한 낮은 내성을 가지고 있어 술을 마신 경험이 많은 사람에 비해 혈중 알코올 농도가 높을 가능성이 있다.

3) 술의 섭취실태

OECD에 따르면, 2017년 15세 이상 인구 1인당 알코올 섭취량은 연간 8.7L이며 OECD 평균인 8.9L와 비슷한 수준이다. 우리나라와 비슷한 알코올 섭취량을 보인 나라는 뉴질랜드8.8L, 핀란드8.4L 등이 있다. 알코올의 소비량은 2012년 9.1L에서 2017년 8.7L로 0.4L 감소하였다.

우리나라의 음주율은 한 달에 한 번 이상 음주하는 사람을 음주자로 분류하였을 때 2019년에 남자 73.4%, 여자 48.4%였다.

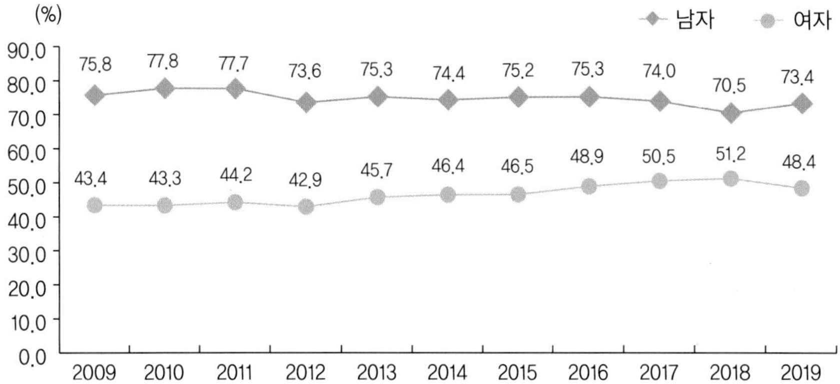

* 월간음주율 : 최근 1년 동안 한 달에 1회 이상 음주한 분율, 만 19세 이상
* 2005년 추계인구로 연령표준화

그림 12-2 우리나라 성인 남녀 음주율 추이(2009~2019)
출처 : 질병관리청(2020).

4) 음주와 건강

알코올은 1g에 7kcal의 에너지를 낸다. 탄수화물이나 단백질1g에 4kcal보다는 높고 지방1g에 9kcal보다는 낮은 에너지를 제공하는 셈이다. 또 술에 따라 알코올 외의 물질들이 포함되어 추가 에너지를 제공하거나 약간의 무기질을 공급하기도 하지만 거의 에너지만을 제공하는 빈열량식품으로 분류된다.

알코올은 췌장의 소화효소 분비량을 감소시켜 음식물이 영양소로 분해되는 것을 방해한다. 또 위장관 점막의 세포를 손상시켜 영양소의 흡수를 방해한다.

(1) 음주에 의한 영양문제

- 영양소 섭취의 부족
- 영양소 흡수의 방해
- 지방산의 불완전 산화 및 지방합성 촉진
- 비타민 B군 소모
- 간과 췌장 손상으로 지용성비타민 흡수 감소

(2) 음주에 의한 건강문제

알코올은 직접적으로 장기 및 조직에 독성효과가 있으며, 신체의 움직임, 의식, 인지, 지각, 행동에 장애를 가져오는 중독 그리고 음주자의 음주 행태에 대한 자기 통제장애가 되는 의존증이 주요 건강문제이다.

또한 알코올이 분해되어 생성되는 아세트알데하이드는 숙취의 원인물질로 강한 반응성을 가지고 있어 세포 내 구성물질과 반응하여 세포기능을 변성시켜 독성을 일으키며 적절히 대사되지 못하고 체내에 축적되면 두통, 오심, 구토, 혈압 저하, 쇼크 등의 증상이 나타난다.

그 밖에 간, 위장, 심혈관계 질환 및 생식기능 저하를 유발할 수 있으며 발암성을 가진다.

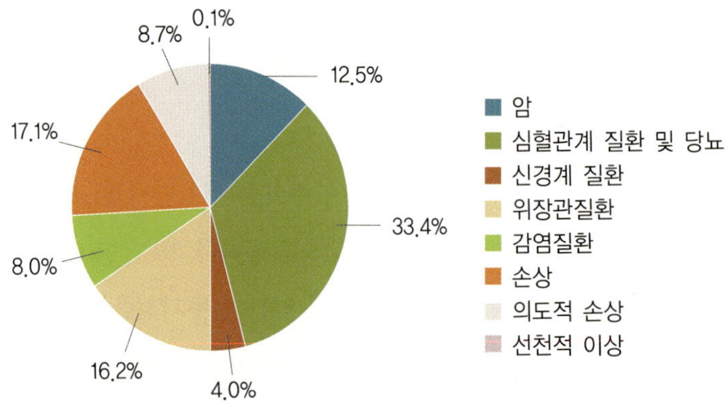

그림 12-3 알코올에 기인한 사망원인

> **Q&A | 필름이 끊길 정도로 마시는 것이 괜찮을까요?**
>
> 폭음(Heavy Episodic Drinking : HED)은 금물이다. 최소 월 1회 이상 한 자리에서 순 알코올로 60g 이상 섭취하는 것(보통 각 나라별로 적정 음주량의 6배 이상)을 폭음으로 정의한다. 한 자리에서 섭취하는 알코올의 양은 알코올중독, 상해, 폭력 등과 같은 갑작스러운 결과를 초래하기도 하며, 개인의 평균 알코올섭취량이 비교적 적더라도 폭음은 심각한 결과를 가져올 수 있다. 폭음은 심한 경우 사망에 이르기도 한다.
>
> 출처 : WHO(2014).

Q&A | 술을 마시면 왜 얼굴이 붉어지나요?

간에는 알코올 분해를 담당하는 효소인 알데하이드탈수소효소가 5종류 존재하는데, 그중 2형 알데하이드탈수소효소는 미량의 알데하이드가 존재해도 활성을 나타낸다. 얼굴이 쉽게 붉어지는 사람은 이 2형 알데하이드탈수소효소가 부족하기 때문이다.

(3) 임신과 음주

임신 중 알코올섭취는 영양소와 산소가 태반을 통과하는 속도를 지연시켜 태아의 성장과 발달에 영향을 준다. 태아의 장기들이 주로 발달하는 임신 12~16주에 장기가 가장 심하게 손상되는데, 이렇게 아기가 알코올과 관련한 정신적 · 신체적 결함이 나타나는 질환을 태아 알코올증후군Fetal Alcohol Syndrome : FAS이라고 한다.

이 질환의 범위와 심각한 정도는 개개인에 따라 다양하게 나타나는데, 주로 아기의 출생 전후의 성장 지연, 얼굴과 두개골의 변형, 비정상적인 뇌 그리고 그 외의 추가적인 신체증상들이 나타날 수 있다.

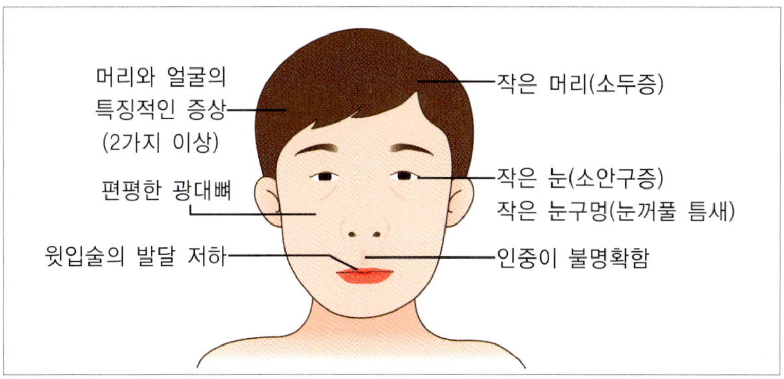

그림 12-4 태아 알코올증후군의 안면 특징

(4) 알코올중독

알코올 남용과 의존을 흔하게 알코올중독이라 하는데, 알코올 남용은 과도한

심화학습

알코올중독성 자가테스트

혹시 나도 알코올중독? 한번 다음의 설문을 이용하여 판정해보자.

알코올중독성 자가테스트

번호	설문항목	0점	1점	2점	3점	4점
1	얼마나 술을 자주 마십니까?	전혀 안 마심	월 1회 미만	월 2~4회	주 2~3회	주 4회 이상
2	술을 마시면 한 번에 몇 잔 정도 마십니까?	소주 1~2잔	소주 3~4잔	소주 5~6잔	소주 7~9잔	소주 10잔 이상
3	한 번에 소주 한 병 또는 맥주 4병 이상 마시는 경우는 얼마나 있습니까?	전혀 안 마심	월 1회 미만	월 1회	주 1회	거의 매일
4	지난 일 년간 한 번 술을 마시기 시작하면 멈출 수 없었던 때가 얼마나 자주 있습니까?	전혀 안 마심	월 1회 미만	월 1회	주 1회	거의 매일
5	지난 일 년간 평소 같으면 할 수 있던 일을 음주 때문에 하지 못한 적이 얼마나 자주 있었습니까?	전혀 안 마심	월 1회 미만	월 1회	주 1회	거의 매일
6	지난 일 년간 술을 마신 다음날 해장술을 마신 적은 얼마나 자주 있습니까?	전혀 안 마심	월 1회 미만	월 1회	주 1회	거의 매일
7	지난 일 년간 음주 후에 죄책감을 느끼거나 후회한 적이 얼마나 자주 있습니까?	전혀 안 마심	월 1회 미만	월 1회	주 1회	거의 매일
8	지난 일 년간 음주 때문에 전날 밤에 있었던 일이 기억나지 않았던 적이 얼마나 자주 있었습니까?	전혀 안 마심	월 1회 미만	월 1회	주 1회	거의 매일
9	음주로 인해 자신이나 다른 사람들을 다치게 한 적이 있습니까?	없음		있었지만 지난 1년간 없었음		지난 1년 내에 있었음
10	친척이나 친구, 의사가 당신이 술마시는 것을 걱정하거나 당신에게 술 끊기를 권유한 적이 있습니까?	없음		있었지만 지난 1년간 없었음		지난 1년 내에 있었음

※ 설문항목에 해당하는 점수를 모두 합산하여 아래의 판정표를 확인한다.

〈판정표〉

점수	판정
7점 이하	큰 문제 없음
8~15점	과음하지 않도록 주의를 요함 : 아직까지는 큰 문제가 발생하지 않았으나, 향후 음주로 인한 문제가 생길 수 있으므로 음주량을 줄이거나 음주 횟수를 줄이는 것이 필요
16~19점	잠재적인 위험이 있으므로 전문의의 진찰을 받을 필요가 있음
20점 이상	알코올 의존상태임. 속히 전문의의 진찰을 받고 치료를 시작할 필요가 있음

출처 : WHO(2001).

음주로 인한 정신적 · 신체적 · 사회적 기능에 장애가 오는 것을 일컫는 말이며, 알코올 남용이 심한 경우 알코올 의존에 이르게 된다. 한 개인이 정상적인 기능을 유지하기 위해서 상당한 양의 음주를 매일 해야만 하는 경우, 주말 등 특정 시간에 집중하여 과음을 하는 패턴을 규칙적으로 보이는 경우, 수주에서 수개월 폭음을 한 후 일정기간 금주를 하는 패턴을 반복하는 경우 등은 알코올 남용이나 의존을 의심해 보아야 한다.

(5) 적정한 알코올섭취

적당한 음주는 개인마다 차이가 있으나 남자는 하루 2잔 이하, 여자나 노인은 하루 한 잔 이하의 음주를 말하며 여기서 한 잔이란 12~14g의 알코올이 함유된 술의 양으로 포도주 1잔150mL, 맥주 1캔355m, 위스키 1잔30mL, 소주로 2잔90mL 정도이다.

그러나 이 양은 일부 건강증상에 좋은 영향을 미칠 수도 있는 음주량이지, 사고나 행동에 아무런 변화도 일으키지 않고 마실 수 있는 술의 양은 아니다. 적정 음주량을 음주운전 등의 사회활동을 허용할 수 있는 기준치로 받아들여서는 안 된다.

(6) 숙취

숙취란 사전적으로 '이튿날까지 깨지 아니하는 취기'를 말한다. 술을 마신 사람들이 경험하는 신체적 · 정신적 증상 및 현상이라 할 수 있는데, 주로 메스꺼움, 구토, 현기증, 갈증, 무력감, 두통 등이다. 숙취증상은 개인마다 다르며, 술의 종류와 양에 따라서도 달라진다. 숙취는 미처 대사되지 못한 알코올과 알코올의 중간 대사산물인 아세트알데하이드에 의한 것이며 술에 들어 있는 알코올 외의 물질들에 의해서도 나타날 수 있다.

술을 빨리 마실수록 흡수되는 속도도 증가한다. 따라서 음주 시에는 알코올의 흡수를 줄일 수 있도록 반드시 안주와 함께 천천히 음주하는 습관을 가져야 한다.

한편, 술의 도수, 즉 술에 포함된 알코올의 농도도 흡수에 영향을 미치는데, 일반적으로 15~30%의 술이 가장 빨리 흡수된다. 흔히 마시는 폭탄주의 경우 알코올 함유량이 낮은 맥주4~5%와 높은 양주30% 이상가 섞여 가장 흡수되기 좋은 상태가 되어 각각의 술을 따로 마시는 경우에 비해 쉽게 취하게 되므로 주의하여야 한다.

알코올이 대사되는 데 걸리는 시간을 고려하여 음주 빈도를 줄여야 한다. 한 번 술을 마시면 알코올이 완전히 대사되고 간이 쉴 수 있도록 3~4일 이상 음주에 간격을 두도록 한다.

❷ 카페인

1) 카페인이란

카페인은 커피와 차, 카카오 열매, 콜라 열매 등 여러 식품에 포함되어 있는 성분으로 각성효과가 있는 것으로 알려져 있다. 우리가 먹는 음식 중에는 커피, 차, 콜라, 초콜릿 등에 포함되어 있으며 진통제 등 의약품에도 광범위하게 사용하고 있다.

2) 카페인의 대사

카페인은 매우 빨리 위장관으로 흡수되며 90% 이상 대사되어 소변으로 배설되므로 체내 축적은 거의 일어나지 않는다. 신생아, 간에 질환이 있는 사람, 약을 복용하는 사람이나 임신한 여성의 경우 카페인 대사율이 떨어진다. 카페인은 뇌혈관장벽이나 태반도 자유롭게 통과하여 임신한 사람이 커피를 마시면 태아도 같은 혈중 농도를 가지게 된다.

3) 카페인의 영향

(1) 각성

카페인은 중추신경계의 신경전달물질 등의 생성과 분비를 촉진시켜 복용량이 1kg당 1~5mg 정도가 되면 각성효과와 긴장감이 나타난다.

또한 글리코겐과 중성지방을 분해하여 에너지를 생산하게 하고 산소소비량을 촉진시키기도 한다.

카페인에 의한 불면은 복용량에 비례하여 나타나므로 수면시간이 짧아질 뿐 아니라 수면의 질도 떨어지게 된다. 카페인에 예민한 사람은 카페인이 중추신경계에 미치는 영향으로 손이나 근육이 떨리기도 한다.

(2) 심장

카페인은 교감신경계를 자극하여 심장의 수축과 심박수를 증가시킨다. 카페인에 예민한 사람은 커피를 마시면 심장의 박동이 빨라져서 호흡에 이상이 오고 몸에 부담이 느껴지는 현상이 나타난다. 운동을 시작할 때 커피를 마시면 급격하게 혈압이 상승할 수도 있다.

(3) 뼈

카페인은 이뇨작용이 있으며 일시적으로 칼슘의 배설량을 증가시키므로 칼슘이 부족하거나 손실이 많은 경우에는 골질량을 감소시킬 수 있다.

(4) 위장관

카페인은 교감신경을 자극하여 소화기관의 운동을 저하시키고 펩신과 염산 분비를 증가시키므로 위염이나 궤양증상이 있는 사람은 카페인을 섭취하면 속쓰림을 유발하고 궤양이 악화된다.

4) 카페인섭취량

카페인의 치사량은 약 10g으로, 이는 커피 100잔에 해당하는 양이다. 식품의약품안전처에서 권장하고 있는 하루 카페인섭취량은 성인의 경우 400mg 이하, 어린이, 청소년은 몸무게 1kg당 2.5mg 이하, 임신부는 300mg 이하이다. 우리나라에서 카페인섭취에 기여한 주요 식품은 성인은 커피, 청소년 및 초등학생 어린이는 탄산음료, 미취학어린이는 가공유류였다.

카페인 최대 일일권고량을 넘지 않도록 각 제품의 섭취 시 카페인 함량을 고려하여야 한다. 그림 12-5는 식품별 기준분량당 카페인 함량이다.

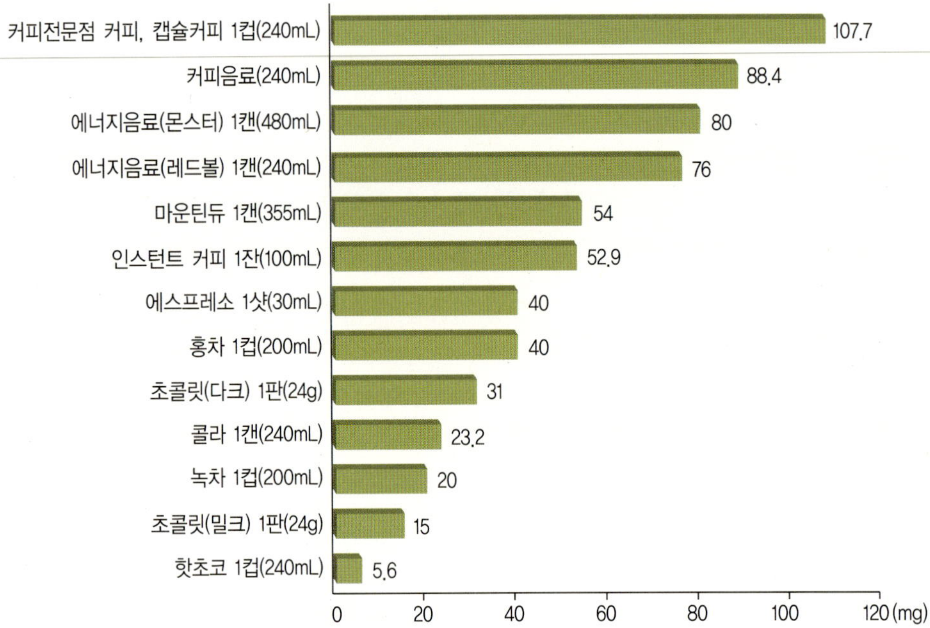

그림 12-5 대표식품의 카페인 함량

Q&A | 에너지음료? 카페인음료!

에너지음료는 '잠을 쫓아주고 집중력을 높여준다'는 이유로 공부하는 청소년, 집중하는 업무를 하는 성인들이 즐겨 마시는 경우가 많다. 에너지 음료에는 카페인 함량이 높아 밤을 새는 데 도움이 될 수도 있지만 카페인 과다섭취 시 불면증, 신경과민 등 부정적인 작용들이 존재하므로 카페인 함량이 높은 커피류와 에너지음료류 섭취 시 주의가 필요하다. 체중 60kg 청소년이 하루 커피음료 1캔과 에너지음료 1캔만 마셔도 카페인 최대 일일섭취권고량인 150mg을 초과하게 된다(커피음료(병 · 캔커피) 1회 제공량당 평균 카페인 함량 : 88.4mg/에너지음료 1회 제공량당 평균 카페인 함량 : 62.1mg).

특히, 어린이의 경우 에너지음료 1캔만 마셔도 어린이의 카페인 최대 일일섭취권고량을 초과할 수 있으니 주의해야 한다.

임신 시 카페인섭취

카페인의 섭취가 태아에 영향을 미치는지는 확실하지 않으나 과량의 카페인섭취는 태아의 성장에 영향을 미칠 수 있는 것으로 보고되고 있다. 우리나라 임신부의 하루 최대 섭취권고량은 300mg으로 하루 1~2잔 이상의 카페인음료섭취는 바람직하지 않다.

❸ 담배

담배는 암을 일으키는 주요 원인 중 하나로 지목받고 있다. 담배 연기 속에는 최소 69가지의 발암물질과 4,000여 종의 화학물질이 포함되어 있다. 그중 벤젠, 벤조피렌, 페놀 등은 1급 발암물질에 해당하며, 청산가스, 비소 등 독극물로 분류되는 성분도 포함되어 있다. 최근에는 간접흡연도 질병을 유발한다는 연구들이 보고되고 있다.

1) 흡연의 실태

우리나라의 흡연율은 남자의 경우 2000년대 이후로 감소하는 추세로 2013년 성인 남자 흡연율은 42.1%로 보고되고 있으나, 여성의 흡연율은 오히려 증가하여 2001년 5.2%이던 것이 2013년에는 6.2%로 상승하였다. 2015년 성인의 흡연율은 19.9%로 OECD 국가 중 7위의 흡연율을 나타냈다.

또한 2014년 청소년건강행태 온라인 조사결과에 의하면 남학생의 현재 흡연율이 2014년 14.0%로 2005년 이후 감소경향을 보이나 여전히 7명 중 1명이 흡연을 하고 있으며, 특히 고등학교 2학년 남학생 4명 중 1명이 흡연을 하고 있고, 여학생은 2014년 4.0%로 2005년 이후 절반으로 낮아졌다.

2) 흡연과 건강

담배가 건강에 미치는 위해성은 50년 넘게 인식되어 왔다. 흡연은 심혈관질환,

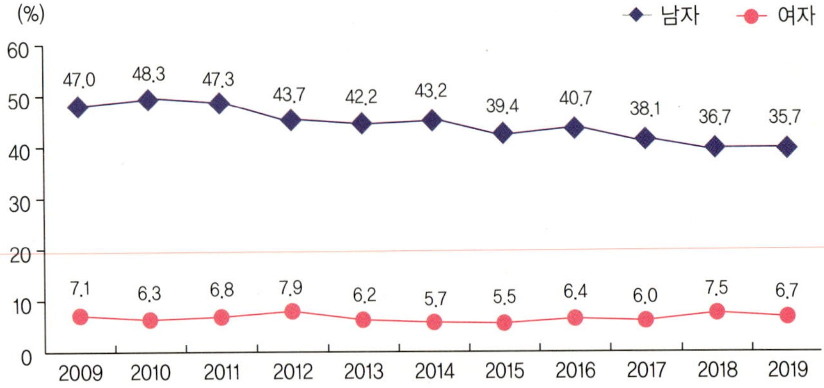

* 현재 흡연율 : 평생 담배 5갑(100개비) 이상 피웠고 현재 담배를 피우는 사람.
2019년부터 일반담배(궐련)로 문항 변경

그림 12-6 우리나라 성인의 흡연율 추이(2009~2019)

출처 : 질병관리청(2020).

폐질환 등의 심각한 질병을 유발하고, 특히 폐암, 구강암, 후두암, 식도암, 방광암, 췌장암, 위암, 간암, 자궁경부암 등의 중요한 원인이 된다.

흡연은 건강 전반에 나쁜 영향을 미친다. 흡연자는 비흡연자에 비해 의료 이용이 많으며, 수술 후 회복이 늦고 합병증의 유발 가능성 또한 높다. 흡연은 앞서 언급

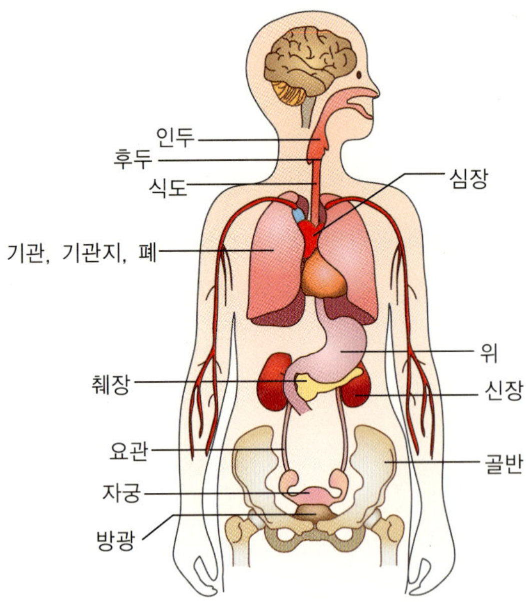

그림 12-7 흡연에 의해 손상받는 신체기관

출처 : USDHHS(2014).

한 질병 외에도 전반적인 면역력을 약화시키고 근골격계 질환의 위험도를 높이는 등 질병 위험을 증가시킨다. 여성 흡연은 폐경 후 골다공증의 원인이 되며, 남성 흡연은 성기능장애의 원인이 되기도 한다.

3) 여성흡연의 문제

우리나라 여성의 흡연율은 과거에는 60대 이상의 흡연율이 높다가 점차 감소하여 40대 이하의 가임기 여성에서의 흡연율이 증가하고 있다.

흡연은 임신과 출산에 해로운 영향을 미친다. 흡연은 난자가 나팔관이나 자궁 외 다른 곳에 착상하는 자궁 외 임신의 위험을 높인다. 자궁 외 임신은 산모의 사망을 초래하거나 태아의 생존율을 낮춘다. 또한 임신 중 흡연은 태아의 폐를 손상시키고 전치태반, 태반 조기박리를 유발하며, 태아에게 산소 공급을 감소시킨다. 임신 초기에 흡연하는 경우 태아에서 구순구개열이 발생하기도 하며, 임신 중 흡연은 저체중아 출산 및 조산의 가능성을 높이거나, 영아돌연사증후군을 유발한다.

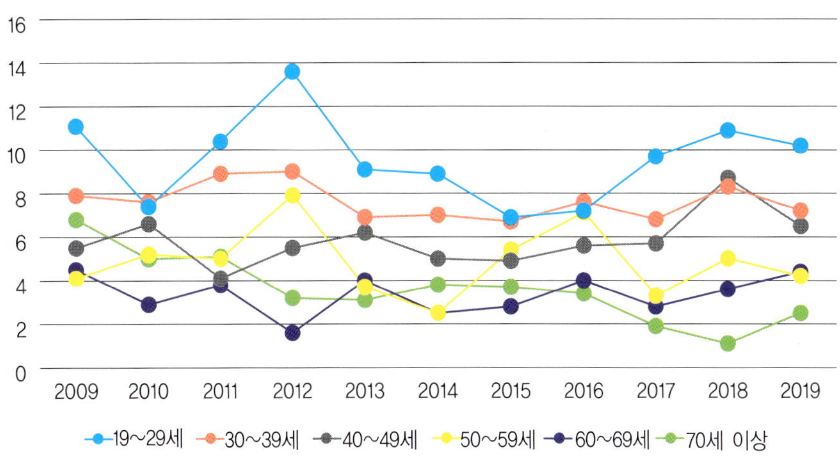

그림 12-8 여성의 연령별 흡연율 추이(2009~2019)
출처 : 질병관리청(2020).

4) 간접흡연

간접흡연은 원하지 않으나 타인의 흡연에 의해 연기로 유해물질을 마시게 되는 것을 말한다. 간접흡연 노출은 뇌졸중 위험이 20~30% 증가하는 것으로 나타났고, 당뇨병의 발생에도 영향을 미치는 것으로 나타났다. 임신부가 간접흡연에 노출되는 경우 태아에까지 영향을 미치며, 어린아이들의 경우 간접흡연의 영향이 더욱 크다.

우리나라에서는 간접흡연의 기회를 줄이기 위해 금연구역 지정을 의무화하고 일부 시설에 대해서는 전면 금연시설로 지정하였으며, 금연구역을 점차 확대하여 버스정류소, 일반음식점 등 공공이 이용하는 장소에서 금연하도록 법제화하였다.

5) 흡연과 영양

흡연은 입맛의 변화를 가져와 식습관이 변하게 되고 이와 함께 담배성분이 체내 영양상태에 영향을 주기도 한다. 담배연기 속에는 지질과산화를 일으키는 자유기가 많이 함유되어 있어서 지속적인 흡연은 인체의 세포막을 손상시키고 면역력을 낮추며 발암 가능성을 높인다. 자유기나 활성산소의 유해작용으로부터 인체를 방어하는 영양소로는 항산화작용을 하는 비타민 A, E, C 등과 셀레늄이 있다.

담배 한 개비를 피울 때 체내의 비타민 C 약 25mg을 소모하게 되므로 정상적인 혈청 비타민 C 농도를 유지하기 위해서는 비타민이 풍부한 채소와 과일의 섭취를 높여야 할 필요가 있다.

❹ 스트레스

1) 스트레스의 요인

스트레스 유발인자에 의해 자극을 받게 되면 신체는 이에 대응하는 여러 호르몬들을 분비하여 신체를 보호하기 위한 반응을 나타내는데, 이를 스트레스라 한다. 스트레스 반응이 오래 지속되면 신체적 · 정신적 · 감정적 증상이 나타나며 해소되지 못하고 장기간 스트레스 상태에 노출되면 무기력감과 함께 여러 가지 질환을 일으킬 위험이 커진다.

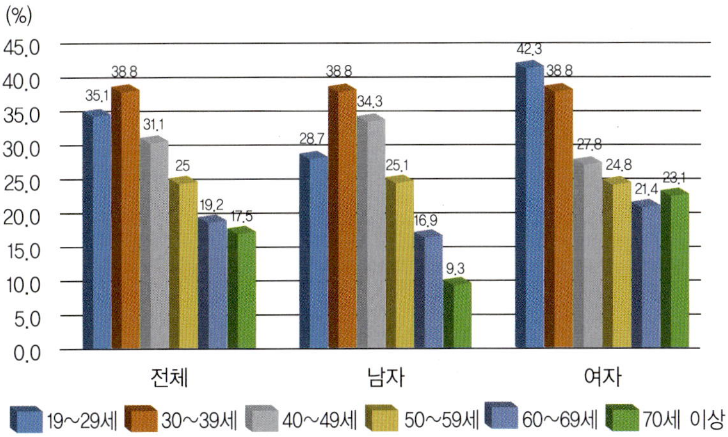

그림 12-9 연령별 · 남녀별 스트레스 인지율(2019)
출처 : 질병관리청(2020).

우리나라 성인의 스트레스 인지율은 2019년 조사에서 28.6%로 보고되었고, 이를 연령으로 표준화하면 30.8%에 달한다. 30대에서 가장 높은 38.8%, 20대가 그 다음으로 평소 일상생활 중에 스트레스를 '대단히 많이' 또는 '많이' 느끼는 것으로 조사되었다. 남녀별로 살펴보면 남자 29.3%, 여자 32.3%로 여자가 남자보다 3.0%p 높았다.

2) 스트레스와 건강

해소되지 않는 스트레스는 항스트레스 호르몬의 지속적인 분비에 의해 체내 대사가 계속 항진된 상태가 되어 각종 질병에 대한 저항력이 감소하며 여러 가지 질병이 나타나기 시작한다. 두통, 피로, 소화불량 등에서 시작하여 궤양이나 심혈관계 질환까지 스트레스가 관여하지 않는 질병은 없다고 볼 수 있다.

스트레스가 모두 나쁜 것은 아니다. 긍정적 생활사건에 대한 반응은 오히려 생활의 활력이 되기도 한다. 그러나 합격, 승진, 휴가, 결혼 등과 같은 즐거움을 주는 긍정적 생활사건도 정신적 부담을 가중시켜 건강상태에 영향을 줄 수도 있다.

또한 스트레스 요인이 전혀 없는 것도 건강에 좋은 것은 아니다. 지속적으로 단순한 생활이 반복되는 경우 지겨움이나 권태가 지속되고 무기력한 상태학습된 무력감를 거쳐 우울증 등 병적 상태에 이를 수 있다. 오히려 적당한 스트레스가 정신건강과 신체적 건강에 도움이 된다.

심화학습

스트레스 자가진단 문항표(Psychosocial Wellbeing Index−Short Form : PWI−SF)

다음 문항에 대해 답하고 자신의 스트레스 정도를 진단해보자.

문항	매우 그렇다	대부분 그렇다	약간 그렇다	전혀 그렇지 않다
1. 현재 매우 편안하며 건강하다고 느낀다.	⓪	①	②	③
2. 잠자고 난 후에도 개운한 감이 없다.	③	②	①	⓪
3. 매우 피곤하고 지쳐 있어 먹는 것조차도 힘들다고 느낀다.	③	②	①	⓪
4. 근심 걱정 때문에 편안하게 잠을 자지 못한다.	③	②	①	⓪
5. 정신이 맑고 깨끗하다고 느낀다.	⓪	①	②	③
6. 기력(원기)이 왕성함을 느낀다.	⓪	①	②	③
7. 밤이면 심란해지거나 불안해진다.	③	②	①	⓪
8. 대다수의 사람들과 마찬가지로 나를 잘 관리해나간다고 생각한다.	⓪	①	②	③
9. 전체적으로 현재 내가 하고 있는 일은 잘 되어가고 있다고 느낀다.	⓪	①	②	③
10. 내가 행한 일의 방법이나 절차에 만족한다.	⓪	①	②	③
11. 어떤 일에 바로 착수(시작)할 수 있다.	⓪	①	②	③
12. 정상적인 일상생활을 즐길 수 있다.	⓪	①	②	③
13. 안절부절 못하거나 성질이 심술궂어졌다.	③	②	①	⓪
14. 나에게 닥친 문제를 해결해 나갈 수 있다.	⓪	①	②	③
15. 불행하고 우울함을 느낀다.	③	②	①	⓪
16. 나 자신에 대한 신뢰감이 없어지고 있다.	③	②	①	⓪
17. 모든 것을 고려해 볼 때 행복감을 느낀다.	⓪	①	②	③
18. 삶을 살아갈 만한 가치가 있다고 느낀다.	⓪	①	②	③

* 각 항목을 더한 점수의 합이 8점 이하면 건강군, 9~26점은 잠재적 스트레스군, 27점은 고위험군이다.

출처 : 장세진(1993).

3) 스트레스 관리

스트레스의 원인과 강도를 알면 스트레스를 피하거나, 해소하기 위한 방법을 강구할 수 있다. 스트레스는 생활 속에서 발생하는 다양한 상황에서 나타나기 때문에 피하기 어렵다. 스트레스로 인한 질병의 근본적인 치료법은 스트레스에 대한 적절한 대처이다. 생각이나 가치관 등을 변화시켜 상황을 보다 객관적으로 받아들이고 대인관계를 원활하게 하는 것이 스트레스를 줄일 수 있는 방법이다.

정신적 · 심리적 관리 외에도 스트레스는 신체적인 영향도 미치기 때문에 스트레스에 의해 피로해진 신체를 돌보아야 한다. 스트레스를 받으면 이를 극복하기 위해 체내 대사율이 높아져 에너지 소모량이 증가한다. 이때 체내 단백질이 분해되어 배설량이 증가하므로 체내 단백질 요구량이 증가한다. 이처럼 에너지와 단백질섭취량이 증가하면 이에 따른 비타민 B군의 섭취량도 늘려주어야 한다. 그러나 스트레스에 의한 과식이나 폭식은 또 다른 신체적 스트레스를 유발하므로 균형 잡힌 식생활을 하도록 노력하는 것이 필요하다.

가벼운 운동은 그 자체로 긴장을 완화시키는 효과가 있다. 정신적 스트레스상태로부터 잠시 벗어나는 기회를 제공하며, 적절한 신체 자극에 의해 몸과 마음에 새로운 활력을 가져오기도 한다. 그 밖에 각자가 좋아하는 일에 몰두하는 등 취미생활을 꾸준히 하는 것도 스트레스 해소에 도움이 되며, 여행을 떠나는 것도 잠시 스트레스 상태를 벗어나 새로운 생각으로 전환하는 데 도움이 된다.

요약

- 과도한 음주는 여러 가지 질환의 원인이 되며, 특히 지방간, 간경변의 주요 원인이다.
- 임신 중에 술을 마시면 태아에 영향을 미쳐 태아 알코올증후군을 초래한다.
- 카페인 최대 일일권고량(성인 400mg/일)을 넘지 않도록 하며, 각 제품 속 카페인 함량을 고려하여야 한다.
- 담배연기는 60가지 이상의 발암물질을 포함하고 있다.
- 간접흡연도 암 등을 유발하는 위험요인이다.
- 자극에 대응하여 신체를 보호하기 위해 나타나는 반응을 스트레스라고 한다.

CHAPTER

13

식품의 안전한 이용

현대사회의 식생활환경은 전통적인 자연식품 외에 각종 가공식품, 유전자변형식품(GMO), 수입식품, 기능성식품 등 수많은 식품이 우리의 선택을 기다리고 있는 한편, 각 식품은 여러 경로로 오염되고 변질되어 우리의 건강을 해치기도 한다. 이 장에서는 각각의 식품에 대해서 바른 지식과 적절한 취급방법을 알아 식품을 올바르게 선택하고 취급할 수 있도록 한다.

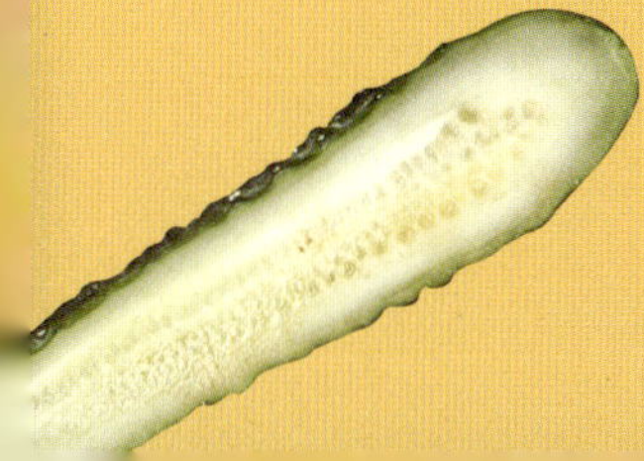

❶ 식품 자체 유해물질

우리는 식물이 광합성을 통해 고분자 형태로 저장한 에너지를 직접 또는 간접적으로 섭취하여 에너지를 얻는다. 따라서 우리가 섭취하는 식품의 거의 대부분이 동·식물이다. 그러나 모든 동·식물을 먹을 수 있는 것은 아니다. 동·식물 중에는 자연적으로 독성분을 가지고 있어 식용할 수 없는 것이 있고 전처리와 조리과정에서 유해물질을 제거한 후 섭취할 수 있는 식품도 있다.

1) 식물성 자연독

식물 중에는 자연독이 존재하기 때문에 먹을 수 없는 것도 있고, 자연적으로 존재하는 독성분을 제거해야 먹을 수 있는 것도 있다. 또 식물을 저장하는 과정에서 독성분이 생겨나는 경우도 있다. 살구는 과일이지만 씨에 독이 있어서 씨는 먹지 않아야 하고, 감자는 저장과정에서 독이 생길 수 있으므로 주의하여야 한다.

(1) 독버섯

독버섯에 의한 식중독은 식물독 중독의 90% 정도를 차지하지만 중독으로 사망한 환자 수는 1% 정도로 사망률은 상당히 낮다. 현재 독버섯으로 알려진 버섯은 30종 정도이다. 그중 대표적인 독버섯에는 동화에도 등장하는 광대버섯과 알광대버섯, 화경버섯, 화경솔밭버섯, 독깔대기버섯 등이 있다. 독버섯에 중독되면 위장장애나 신경장애, 환각, 혼수, 마비 등 뇌증상이 나타날 수 있고 심하면 사망할 수 있다.

광대버섯의 무스카린 중독은 식후 15~30분 이내에 침과 땀이 많아지고 구토, 설사, 동공 수축, 혈압저하가 나타나나 곧 사라진다. 이러한 증상은 콜린작동성 신경에 무스카린이 작용하여 나타나는 것이다. 화경버섯은 너도밤나무에서 자라며 느타리버섯이나 표고버섯으로 잘못 보고 먹을 수 있어서 중독이 흔하지만, 독성분인 람테롤이 구토, 설사 등을 유발해 고생하여도 죽음에 이르지는 않는다. 알광대버섯의 아마톡신은 맹독성이고 식후 10~20시간 후에 콜레라 같은 구토, 설사, 탈수증상을 나타내다 간에 손상을 주어 사망한다. 알광대버섯은 버섯 중독사의 90%를 차지한다.

(2) 감자 싹

감자는 독성물질이 존재하지 않는 식품이지만 발아할 때 싹 부위와 저장 중 녹색으로 변한 부분에 솔라닌이라는 독성물질이 생기므로 섭취할 때 주의가 필요하다. 감자의 솔라닌을 다량 섭취하면 콜린에스터레이스의 작용을 억제하여 구토, 설사, 복통, 두통, 발열, 수족 저림, 언어장애 등 중독증상을 일으킬 수 있다.

(3) 콩류

콩류에는 트립신의 효소활성을 저해하는 물질과 용혈작용을 하는 사포닌이 들어 있기 때문에 날로 섭취하지 않는다. 트립신저해제는 가열하면 활성을 잃기 때문에 가열조리한 콩은 안전하다. 사포닌은 수분을 넣고 가열하면 용출되어 거품을 일으킨다. 인삼에도 들어 있는 사포닌은 특히 팥의 껍질 부분에 많이 들어 있고 소변을 원활하게 배출하게 하는 이뇨효과가 있어서 팥을 삶은 물을 섭취하면 부기를 제거하는 데 도움을 줄 수 있으며 강심작용, 이뇨작용 등이 있기 때문에 예로부터 생약으로 사용되었다. 사포닌에 용혈작용이 있는 것은 적혈구 막 속의 콜레스테롤이 사포닌과 결합하여 막구조가 파괴되기 때문이다.

(4) 종자

목화씨에는 고시폴이라는 독성성분이 들어 있다. 피마자 종자에는 리신, 리시닌, 알러겐이 들어 있으며 이 중 리신은 콩과 식물의 종자에 널리 분포되어 있고 열에 의하여 파괴된다. 한편, 풋매실, 살구, 복숭아의 씨에는 시안 배당체인 아미그달린이 많이 들어 있고 효소에 의해 가수분해되어 치명적인 시안산HCN을 생성한다. 따라서 매실청을 담글 때는 약 3개월이 지난 후에 반드시 씨앗을 걸러내야 한다.

(5) 기타

미치광이풀광대작약의 뿌리줄기에 알칼로이드인 스코폴라민이 들어 있어 독성이 강하지만 한방에서는 동낭탕이라는 약재로 부르며 진통제와 진정제의 원료로 쓰인다. 미치광이풀의 어린 싹은 산나물로 오해할 수 있고 뿌리는 마로 오인하여 섭취할 수 있어 중독될 수 있다. 그 외 미나리처럼 생긴 독미나리, 오디처럼 보이지만 독이 있는 독공목 열매, 대회향처럼 보이는 붓순나무, 검은깨나 우엉으로 오해할 수 있는 흰독말풀가시독말풀은 야생에서 채취하여 잘못 섭취하는 경우 식중독을 일으킬 수 있으므로 각별히 주의해야 한다.

• 표 13-1 • • 식물성 자연독

식물		독성성분	증상
독버섯	광대버섯, 파리버섯, 땀버섯	무스카린	구토, 설사, 현기증, 시력장애, 의식불명
	알광대버섯, 흰알광대버섯, 독우산광대버섯	아마톡신	구토, 설사, 간장장애, 신경장애, 경련, 혼수 치사율 70%
	독깔대기버섯	시트리딘, 아크로멜린	손 · 발 끝 통증
	화경버섯	람테롤	위장증세
감자	감자 싹	솔라닌	두통, 복통, 현기증, 마비, 용혈성 중추신경독
	썩은 감자	셉신	중독
종자	콩류	트립신저해제	단백질 소화장애
		사포닌	용혈
	목화씨	고시폴	출혈, 부종, 간 손상
	피마자씨	리신	리보솜의 변형 또는 절단, 무기력, 고열, 구토, 사망
	매실 · 살구 · 복숭아씨	아미그달린	중추신경독, 어지러움, 산화환원 저해로 인한 사망
기타	미치광이풀	아트로핀	중추신경독, 산동, 구강건조, 심박수 증가
		스코폴라민	부교감신경억제, 산동, 혼돈, 기억장애 멀미약으로 쓰임

2) 동물성 자연독

동물의 자연독은 일반적으로 어패류에 존재한다. 종류에 따라 항상 존재하여 식용이 어렵거나 반드시 제거하고 섭취하여야 하는 식품이 있고, 산란기와 같은 특정 시기에만 독성분이 발견되어 이 시기를 제외하고 채취하여 섭취하는 식품도 있다.

(1) 복어

동물성 자연독에 의한 식중독 중 사망률이 가장 높은 것은 복어독이다. 복어독의 독성물질인 테트로도톡신은 물에 녹지 않으며 열에 안정하기 때문에 조리과정에서 제거되지 않는다. 따라서 반드시 전처리 과정에서 독성물질을 완전히 제거한 후 조리하여야 한다. 테트로도톡신은 복어의 알과 난소, 고환, 간, 내장, 피부 등에 들어 있으므로 반드시 자격증이 있는 전문가가 손질한 것을 먹어야 한다. 과거에는 손질하고 내다버린 복어의 내장을 먹고 사망하는 경우가 종종 있었으나 위험성이 많이 알려져서 요즘에는 가정에서 복어를 손질하여 먹는 경우는 드물다. 복어를 전문점에서 섭취하면 문제가 되지 않는다.

(2) 조개류

조개류에 들어 있는 독은 5~9월인 한여름에 독성이 가장 강하므로 이 시기에 섭취할 때는 주의가 필요하다. 조개독은 소화기계에 문제를 일으키는 설사성과 신경 증상을 일으키는 신경성이 있다. 모시조개, 바지락, 굴에 들어 있는 베네루핀은 소화기계 증상을 나타내고 심하면 뇌증상이 나타나는데, 치사율이 50% 정도이다. 홍합이나 대합조개에 들어 있는 삭시톡신은 신경마비를 일으키며 열에 안정하다. 검은조개, 큰가리비, 모시조개 등에는 설사성 조개독이 존재하고 권패소라고둥과 조각매물고둥에는 테트라민이라는 식중독균이 들어 있다. 바닷말을 섭취한 홍합에 들어 있는 도모산 망각성 조개독은 위장증상 이후에 신경증상이 나타난다.

• 표 13-2 •• 동물성 자연독

동물		독성성분
어류	복어	테트로도톡신
패류	모시조개, 바지락, 굴	베네루핀
	홍합, 대합조개	삭시톡신
	검은 조개, 큰가리비, 모시조개	설사성패류독
	권패소라고둥, 조각매물고둥	테트라민
	홍합	도모산

R이 없는 달에는 굴을 먹지 않는다

굴은 보통 11월에서 2월까지 잡히는 것이 가장 싱싱하고 맛이 있다. 그러나 5~8월까지는 산란기이기 때문에 아린 맛이 강하고 베네루핀이라는 독성물질이 들어 있어서 식중독을 일으킬 수 있으므로 먹지 않는다. 서양에서는 달 이름에 R이 없으면 굴을 먹지 않는다는 말이 있는데 5월, 6월, 7월, 8월의 영어 표현에는 알파벳 R이 들어 있지 않다. R이 들어 있지 않은 5~8월까지는 대부분의 패류가 산란기이기 때문에 굴뿐 아니라 독성물질이 발생하는 조개류를 먹을 때는 조심해야 한다. 시중에서 일 년 내내 굴을 취급하는 식당은 겨울에 제철의 굴을 구입하여 냉동하였다가 여름에 사용하므로 안심하고 먹어도 된다.

3) 곰팡이독

곡류에 생긴 곰팡이가 생산하는 2차 대사산물이 인체에서 장애를 일으키기도 한다. 곰팡이는 수분 활성도가 낮으면 독소를 생성하지 않으므로 곡류를 건조한 상태로 보관하면 문제가 되지 않는다. 곡류는 수분 12% 이하의 조건에서 보관하여야 한다.

쌀, 보리, 옥수수 등 곡류와 땅콩 등 콩류에 번식하는 곰팡이는 아플라톡신을 생성한다. 수분 함량 16% 이상, 상대습도 80% 이상, 온도 25~30℃일 때 독소가 잘 생기므로 건조하고 서늘한 환경에서 보관하면 곰팡이독 생성을 막을 수 있다. 아플라톡신은 열에 안정한 강력한 간독성물질로서 간암을 유발한다. 저장 시 습도 조절이 되지 않아 곰팡이에 오염되어 누렇게 변질된 쌀에서는 페니실리움속 푸른곰팡이가 번식하여 신장독성물질과 간장독성물질을 생성한다.

맥각균은 보리, 밀, 호밀 등의 개화기에 씨방에서 맥각이라는 균핵을 발생시킨다. 맥각이 혼입된 곡물을 섭취하면 맥각균이 생성한 유독성 알칼로이드가 간장독을 일으킨다. 맥각독은 초기에 소화기계 증상을 일으키다가 심해지면 의식을 잃고 사망하기도 하며 임산부에서는 조산이나 유산을 일으킬 수 있다.

❷ 조리 · 가공 시 생성되는 유해물질

우리가 매일 섭취하는 음식을 생산, 운반, 조리하는 과정에서도 바람직하지 않은 유해물질이 생성될 수 있다. 유해물질은 비의도적으로 생산될 수 있고 가공 후 잔류되어 남을 수도 있다. 가공식품이나 패스트푸드는 신선식품에 비하여 이러한 유해물질이 들어 있을 가능성이 높다.

1) 아크릴아마이드

아크릴아마이드는 자연에 존재하지 않지만 감자, 곡류 등 전분식품을 120℃ 이상의 고온에서 튀기거나 구우면 아스파라긴과 당의 마이야 반응에 의해 아크릴아마이드가 생성된다. 감자칩과 프렌치프라이, 건빵, 누룽지, 비스킷 등에서 아크릴아마이드가 발견되었고, 물과 함께 가열한 경우에는 생성되지 않았다. 아크릴아마이드는 동물에게서 위암을 유발하는 것이 확인되었고 사람에게는 발암유력물질로 알려져 있다.

2) 아크롤레인

식용유를 발연점 이상으로 가열하면 푸른 연기와 함께 자극적인 냄새가 나는데, 이때 아크롤레인이 생성된다. 아크롤레인은 종양억제유전자를 불활성화시키기 때문에 발암성이 강하다. 따라서 음식을 튀길 때는 신선한 기름을 사용하고 오래된 기름은 폐기하는 것이 좋다.

감자인 듯 감자 아닌 감자 같은 프렌치프라이

감자는 칼륨과 비타민 C가 풍부한 식품이지만 감자를 고온에서 튀긴 프렌치프라이에는 건강에 유해한 물질들이 생성되어 문제가 된다. 감자에는 전분과 함께 소량의 단백질이 들어 있어서 수분 없이 가열하면 아크릴아마이드를 형성하고, 감자를 기름에 튀길 때 고온으로 장시간 가열하면 아크롤레인이 생긴다. 또 식물성 기름을 고온에서 가열하면 기름 중 불포화지방산의 일부가 트랜스지방산으로 변한다. 패스트푸드 전문점에서 판매하는 프렌치프라이는 발암물질인 아크롤레인과 심혈관계 질환을 일으키는 트랜스지방산, 발암유력물질인 아크릴아마이드를 모두 가지고 있어 건강에 매우 해롭다. 특히, 기름을 자주 교체하지 않는 경우의 문제는 더욱 심각하다. 감자를 튀길 때는 신선하고 발연점이 높은 기름을 사용하고 단시간에 조리하는 것이 좋다.

3) 벤조피렌

생선이나 육류를 300℃ 이상의 고온에서 굽거나 튀길 때, 혹은 연료를 태워 훈제할 때 다환방향족 탄화수소가 생성되며 이 중 벤조피렌은 강력한 발암성물질로 알려져 있다. 육류나 생선의 근육을 고온에서 조리하면 아미노산과 크레아틴이 반응하여 발암성이 있는 헤테로고리아민류를 생성한하며 조리시간이 고온일수록 더 많이 생성된다.

소시지는 발암물질

WHO 산하 국제암연구소(IARC)가 소시지를 포함하는 육가공식품을 1군 발암물질로, 붉은 고기를 발암가능물질인 2A급으로 규정했다. 가공육을 매일 50g씩 섭취한다면 대장암 또는 직장암의 발병 위험이 약 18% 높아진다는 것이다. 이에 대하여 육가공협회는 "단백질의 보고인 붉은 고기와 가공육의 순기능을 무시하고 1군 발암물질과 동급으로 거론하는 것은 옳지 못하다."고 반박했다. 붉은 고기와 육가공식품을 선택하는 소비자에게 정확한 정보가 제공되어야 할 것이다.

4) 메탄올

알코올 발효에서 펙틴이 존재하면 메탄올이 생성될 수 있다. 정제가 불충분한 과실주나 증류주에 메탄올이 미량 함유되면 두통, 현기증, 구토 등을 일으킨다. 메탄올이 알코올 분해요소에 의하여 대사되면 포름알데하이드를 거쳐 이산화탄소로 분해되나 중간 대사산물인 포름알데하이드는 망막에 손상을 주어 시력을 잃게 할 수 있다.

5) n-니트로소화합물

햄, 소시지를 제조할 때 발색제로 사용되는 아질산염이 육류에 들어 있는 아민류와 반응하여 만들어진 n-니트로소화합물니트로자민, 니트로자미드은 발암성이 있다. 니트로자민은 간암, 식도암, 방광암을, 니트로자미드는 위암, 신장암, 폐암, 백혈병을 유발할 수 있다. 육가공과정에서 아스코르브산을 첨가하면 니트로자민 생성이 억제된다.

6) n-헥산

기름을 추출하는 방식에는 압착방식과 추출방식이 있다. 압착방식은 콩, 깨, 옥수수 등을 볶아서 기름을 짜내는 방식이다. 반면, 추출방식은 지용성 용매제인 n-

헥산n-hexane을 이용하여 기름을 추출하고 추출된 기름에서 n-헥산을 휘발시킨 후 가성소다를 이용하여 지방산을 굳혀 순수한 기름을 걸러내는 과정으로 만들어진다. 콩기름 한 병 900mL를 추출방식으로 만들려면 5kg 정도의 콩이 필요하지만 압착방식으로 만들기 위해서는 167kg의 콩이 필요하다.

시판 식용유인 콩기름, 옥수수기름, 카놀라유, 포도씨유 등의 대부분은 이러한 용매추출방식으로 생산된다. n-헥산을 들이마시게 되면 현기증, 졸린 증상, 피로감, 식욕부진, 메스꺼움, 황달, 말초신경독성, 근육 소진, 손발 마비, 팔다리의 근육 약화가 유발될 수 있다. n-헥산의 잔류기준치는 5ppm이며 시중에 판매되는 식용유의 헥산 잔류량은 기준치를 초과하지 않는다. 일반적으로 올리브유, 참기름, 들기름 등은 압착방식으로 생산하지만, 생산량을 늘리기 위해 추출방식으로 생산된 것이 있으니 식품 표시를 확인하는 것이 바람직하다.

❸ 식품첨가물

1) 식품첨가물이란

식품첨가물이란 식품의 제조, 가공, 보존, 조리과정에서 식품의 품질을 향상시키거나 오래 보존하기 위하여 첨가하는 물질이다. 영양을 향상시키기 위해 첨가하는 물질도 식품첨가물이다. 식품첨가물은 식품의약품안전처장이 지정한 것만 사용할 수 있으며 그 기준과 규격은 식품의약품안전처장이 고시한다. 현재 우리나라에는 화학적합성품 441품목, 천연첨가물 213품목, 혼합제제 7종 등 667품목2015년 기준이 식품첨가물로 지정되어 있다. 식품첨가물에는 보존성을 향상시키기 위한 것, 맛과 향을 좋게 하기 위한 것, 색을 보기 좋게 하기 위한 것, 품질을 향상시키기 위한 것 등이 있다.

가공식품을 생산하는 과정에서 다양한 식품첨가물이 사용된다. 예를 들어, 시중에서 판매되는 바나나 맛 우유에는 감미료와 착향료, 착색료, 유화제 등이 들어가며 우유 함량은 40~90% 정도에 불과하다.

2) 식품첨가물의 종류와 용도

(1) 보존성을 향상시키는 식품첨가물

식품의 보존성을 향상시키기 위한 식품첨가물에는 보존제, 살균제, 산화방지제 등이 있다. 보존제로 사용되는 안식향산은 식품이나 음료에 널리 사용되고 있으나 두드러기나 혈관 부종, 소아에서 아토피피부염과 천식을 유발할 수 있다. 살균제는 부패의 원인이 되는 미생물을 사멸시키기 위해 첨가되며 완성된 최종 식품에서는 완전히 제거되어야 한다. 산화방지제로 사용되는 토코페롤은 비타민 E의 일종으로 항산화력은 낮지만 사용에 제한이 없다.

(2) 맛과 향을 좋게 하는 식품첨가물

식품의 맛을 좋게 하는 조미료로 아미노산계인 글루타민산나트륨MSG이 주로 사용된다. MSG는 사용 제한이 없지만 유해성 논란은 계속 제기되고 있다. MSG를 다량 섭취한 후 나타나는 중국식당증후군은 식사 후 20분 내에 마비, 빈맥, 두통 등을 호소하며 아세틸콜린의 증가와 연관이 있다고 한다. 아토피 피부염이 있는 소아에게 MSG를 투여하여 두드러기가 나타나기도 하였다. 단맛을 내기 위한 감미료 중 사카린, 아스파탐, 소르비톨과 같은 인공감미료는 저렴하면서 에너지를 내지 않아 체중 조절용으로 사용된다. 사카린은 1970년대에 과도한 양을 섭취한 쥐에서 방광암을 일으킨다는 이유로 한때 잠재적인 발암물질로 구분되어 사용이 제한되었으나 현재는 암을 유발하는 물질이 아니라고 확인되었다. 산미료는 식품에 신맛을 내어 식욕을 촉진할 뿐 아니라 pH 조절, 식품보존, 산화 방지, 갈변 방지, 점도 조절 등의 목적으로도 사용된다. 착향료에는 천연향료, 합성향료, 조합향료가 있고, 천연향료로는 에센셜 오일이 가장 널리 쓰인다. 식품에 사용되는 대부분의 향료는 천연향료와 합성향료를 적절히 혼합한 조합향료이다.

(3) 색을 좋게 하는 식품첨가물

식품의 색을 좋게 하는 첨가물에는 착색료와 발색제가 있다. 식품에 색을 입히

• 표 13-3 •• 식품첨가물의 종류와 용도

<table>
<tr><th>범주</th><th colspan="3">종류</th><th>용도</th><th>식품 예</th></tr>
<tr><td>보존제</td><td colspan="3">안식향산나트륨, 소르빈산칼륨,
파라옥시안식향산메틸, 프로피온산</td><td>식품의 부패방지</td><td>버터, 간장, 식초, 젓갈</td></tr>
<tr><td>살균제</td><td colspan="3">과산화수소, 차아염소산나트륨,
고도표백분</td><td>미생물의 사멸</td><td>기계 · 기구 · 용기의 소독</td></tr>
<tr><td rowspan="2">산화방지제</td><td>지용성</td><td colspan="2">디부틸하이드록시톨루엔,
몰식자산프로필,
아르코빌팔미테이트,
토코페롤</td><td rowspan="2">산소에 의한 산화 변질을 억제</td><td>버터, 마요네즈, 드레싱, 기름</td></tr>
<tr><td>수용성</td><td colspan="2">에리소르빈산,
아스코르빈산</td><td>과일주스, 음료, 빙과류</td></tr>
<tr><td>조미료</td><td colspan="3">글루타민산나트륨(MSG)</td><td>식품의 맛 향상</td><td>라면, 과자, 소스류</td></tr>
<tr><td rowspan="2">감미료</td><td>천연감미료</td><td colspan="2">설탕, 과당, 스테비아</td><td rowspan="2">식품에 단맛을 더함</td><td rowspan="2">음료, 과자, 빙과류</td></tr>
<tr><td>인공감미료</td><td colspan="2">사카린나트륨, 아스파탐,
소르비톨</td></tr>
<tr><td>산미료</td><td colspan="3">구연산, 빙초산, 주석산, 사과산</td><td>pH 조절, 산화방지</td><td>음료, 빙과류, 소스류</td></tr>
<tr><td>착향료</td><td colspan="3">천연향료, 합성향료, 조합향료</td><td>식품에 향을 더함</td><td>음료, 사탕, 빙과류</td></tr>
<tr><td rowspan="3">착색료</td><td>천연착색료</td><td colspan="2">아나토, 치자, 홍화, 코치닐,
감초, 파프리카, 홍국,
클로로필, 캐러멜</td><td rowspan="3">식품에 색을 더함</td><td rowspan="3">어묵, 단무지, 음료, 과자, 빙과류</td></tr>
<tr><td rowspan="2">합성착색료</td><td>아조계열</td><td>황색 5호,
황색 6호,
적색 4호,
적색 5호</td></tr>
<tr><td>비아조계열</td><td>청색 1호,
적색 3호</td></tr>
<tr><td>발색제</td><td colspan="3">아질산나트륨, 질산나트륨, 질산칼륨</td><td>식품의 색을 고정</td><td>어묵, 햄, 소시지, 젓갈</td></tr>
<tr><td>유화제</td><td colspan="3">레시틴, 모노글리세라이드</td><td>지방의 유화</td><td>마요네즈, 드레싱, 빵</td></tr>
</table>

는 착색료에는 천연착색료와 합성착색료가 있으며, 이 중 합성착색료의 위험성이 제기되고 있다. 황색 4호는 전두엽을 상하게 하여 의욕을 상실하게 하는 것으로 알려져 있고 황색 5호는 아토피피부염과 관계가 있다고 한다. 적색 5호는 1975년 미국에서 발암 위험성 논란으로 사용이 금지되었다. 발색제에는 육제품의 붉은색을 내게 하는 아질산나트륨과 질산나트륨, 질산칼륨이 허용되어 있다.

(4) 기타

그 외에도 제과제빵에 쓰이는 팽창제, 빵 모양을 유지하고 빵 틀에서 쉽게 분리되게 하는 이형제, 밀가루의 표백과 숙성시간을 단축시키는 밀가루개량제, 식품가공에서 사용되는 유화제, 식육 연제품의 탄력성과 보수성을 증가시키는 품질개량제, 과일과 채소의 호흡을 억제하여 신선도 유지에 도움을 주는 피막제, 거품을 없애는 소포제 등이 식품의 품질을 향상시키기 위한 식품첨가물로 사용되고 있다.

4 유전자변형식품

유전자변형식품Genetically Modified Organisms : GMO이란 생물체의 유전자 중 유용한 유전자를 취하여 그 유전자를 가지고 있지 않은 생물체에 삽입하여 유용한 성질을 나타나게 한 것이다. 이와 같은 유전자변형기술 활용하여 재배, 육성된 개체를 유전자변형작물GM작물이라 하며 이를 식품으로 사용할 때 GMO라 한다. GM작물을 원료로 제조가공한 식품 중 정부가 안전성을 평가하여 입증된 경우만 식품으로 사용할 수 있다. 전 세계적으로 100여 종의 GMO가 안전성 심사를 통과하였고 주로 옥수수, 콩, 면화, 유채 등이 재배되고 있다.

콩, 옥수수, 면화, 유채, 감자, 알팔파, 사탕무 147가지가 안전성 심사를 거쳐 식품용으로 유통되고 있다2016년 기준. 현재 국내에서는 GM작물을 시험육성하고 있으나 재배가 승인된 것은 없기에 원칙적으로 국내에서 GM작물이 자라서는 안 된다. 국립환경과학원의 모니터링에 따르면 GM콩, GM유채, GM옥수수, GM면화가 국내에서 자생하고 있다. 이는 식용·사료용·가공용으로 수입된 GM작물이 생태계를 오염시켰음을 의미한다. 만일 한 지역에서 GM작물을 재배하면 꽃가루를 통해 전파되어 인근의 비GM작물과 교배될 수 있다. 이러한 환경 방출은 특허권과 종자 오염이라는 복잡한 법적인 문제를 불러올 수 있다.

우리나라의 GM식품은 식품의약품안전처와 환경부, 농식품부, 해수부에서 관리하고 있으며, '유전자변형식품 안전성심사위원회'의 안전성 평가를 거쳐 승인하고 있다.

캐나다 슈마이저 사건(환경방출의 예)

몬산토는 미국 미주리에 본사를 둔 다국적 생화학 제조업체다. 전 세계 GM작물 90%에 대한 특허를 가지고 있으며 제초제 라운드업과 이에 대하여 내성을 가진 라운드업레디작물을 세트로 개발하여 판매하고 있다.

캐나다에서 50년 이상 유채를 재배해 온 농부 슈마이저는 몬산토에서 종자를 구입한 적이 없지만 주변의 많은 농부들이 몬산토의 제초제 라운드업에 내성이 있는 라운드업레디유채(GM유채)를 재배하고 있었다. 1997년 슈마이저의 밭에 우연히 GM유채가 자라났다. 제초제에 내성이 있는 이 유채를 슈마이저는 1998년에 다시 심었고, 이를 알게 된 몬산토는 슈마이저에 대하여 특허침해 소송을 제기하였다. 몬산토가 주장한 손해배상 금액은 수백만 달러에 달하였다. 긴 법정분쟁 끝에 2004년 몬산토가 승소하였으나, 캐나다 법원은 슈마이저가 손해배상금액을 낼 필요는 없다고 판결하였다.

그러나 여기서 끝나지 않았다. 이듬해인 2005년, 슈마이저는 몬산토의 GM유채가 또 다시 자신의 밭에서 자라나는 것을 발견하였다. 슈마이저는 몬산토에게 GM유채를 제거해 줄 것을 요구하였으나 몬산토가 제거비용 660달러를 지불하지 않자 몬산토를 상대로 GM유채 제거비용을 청구하는 소송을 제기하였다. 몬산토는 거액을 지불하는 조건으로 이 사실을 함구할 것을 슈마이저에게 요구하였으나 슈마이저가 거절하였다. 두 번째 소송은 몬산토가 GM유채 제거비용을 지불하고 슈마이저는 이 사실을 외부에 알릴 수 있다는 조건의 합의로 마무리되었다.

농부는 수확을 할 때 이듬해 파종할 종자를 보관할 권리(농부권)를 가지고 있다. 농부권과 종자업체의 특허권이 충돌한 이 사건은 GM작물이 꽃가루를 통하여 인근에 자연적으로 전파되는 환경방출의 가능성을 일깨워 주었다. 우리나라에는 공식적으로 GM작물이 재배되지 않고 있지만 식용, 사료용 등으로 수입된 GMO가 발아하여 GM작물이 자생하고 있다.

'유전자변형식품 안전성심사위원회'는 GMO와 기존 농산물의 유전자 특성, 독성, 알레르기성, 영양성을 비교하여 실질적 동등성을 확인한 후 유통을 승인하고 있다. GMO를 원재료로 사용하여 유전자변형 DNA단백질가 남아 있는 제조·가공 식품은 GM식품 표시제에 따라 '유전자변형식품'이라고 표시하여야 한다2017년 2월 4일 이후. 그러나 유전자변형 DNA단백질가 남아 있지 않은 콩기름 등의 식품에는 표시를 하지 않는다.

그림 13-1 유전자변형식품 검사 완료 표시

요약

- 독버섯, 감자 싹, 콩류, 종자, 미치광이풀 등 식물에는 독성성분이 있으므로 섭취하지 않거나 이를 제거한 후 섭취하여야 한다. 복어에는 자연독이 있으므로 독을 제거한 후 섭취하고 조개류는 산란기에 독성이 강하므로 이 시기를 피하여 섭취한다. 곡류를 저장할 때는 곰팡이가 번식하지 않도록 습도를 조절하여야 한다.
- 조리 가공 시 비의도적으로 생산되거나 잔류할 수 있는 물질인 아크릴아마이드, 아크롤레인, 벤조피렌, 메탄올, n-니트로소화합물, n-헥산 등은 유해물질이므로 섭취하지 않거나 잔류기준치를 확인하고 섭취한다.
- 식품첨가물은 식품의 품질을 향상시키지만, 인체에 대한 유해성이 있을 수 있으므로 성분과 함량에 주의하여 식품을 선택하도록 한다.
- 유전자변형식품의 안전기준은 식품의약품안전처에서 공지하고 있으니 확인하여 올바른 식품을 선택하도록 한다.

CHAPTER

14

표시제를 이용한 식품 선택

우리는 매일 새롭게 쏟아져 나오는 수많은 가공식품들 중에서 조금 더 건강에 좋은 제품을 선택하고 싶다. 그런데 막상 제품을 선택할 때에는 어느 제품이 좋은 것인지를 구별하기가 어렵다.

식품의 포장에는 우리가 흔히 알고 있는 유통기한이나 원재료 함량 이외에도 중요한 정보가 많이 있다. 정부는 식품 생산자나 판매자에게 가격, 성분, 제조일자, 유통기한, 영양성분 등에 관한 각종 정보를 제품의 포장이나 용기에 표기하는 표시제도를 실시하고 있다. 이 장에서는 식품 선택 시 이용 가능한 표시제를 식품표시와 영양성분표시로 나누어 살펴보고자 한다.

❶ 식품표시

우리가 흔히 접하게 되는 식품표시는 정부가 제품 특성을 일정한 기준과 방법에 따라 표현하도록 관리하는 제도로 원재료명, 제조일자, 유통기한 등이 있으며, 최근 소비자들의 건강에 대한 관심과 식품안전에 대한 우려가 맞물려 그 중요성은 더욱 커져가고 있는 실정이다.

그림 14-1 식품표시 및 영양성분표시

식품표시의 목적은 기본적으로 생산자가 식품에 관한 여러 정보를 소비자에게 알리는 것이며, 보통 제품의 포장이나 용기에 표기하게 된다. 이러한 식품표시를 활용하면, 생산자는 정확한 구매 정보를 제공할 수 있고, 소비자는 자신의 요구에 부합하는 식품을 선택할 수 있기 때문에 소비자의 건전한 식생활을 도모할 수 있다. 즉, 식품표시제도는 허위, 과대표시나 광고로부터 소비자를 보호하고 식품안전이나 위생 측면에서 올바른 정보를 제공하여 식품 선택에 도움을 주고자 하는 의도에서 마련되었다.

1) 원재료명 및 함량

식품 선택 시 제품에 들어 있는 원재료들을 살펴보는 것이 중요하다.

원재료란 식품 등의 제조 가공 또는 조리에 사용되는 물질로서 최종 제품 내에 들어가는 것을 말한다.

원재료명 표시는 식품의 제조나 가공 시 사용한 모든 원재료명을 많이 사용한 순서에 따라 표시하지만, 주원료의 원료명은 우선 표시할 수 있고 중량비율 2% 미만의 경우에는 함량 순서에 따르지 않을 수 있으므로 주의해서 살펴봐야 한다.

또한 식품첨가물의 경우 감미료, 착색료, 발색제, 향미증진제 등의 용도로 사용되고 첨가물명과 주 용도가 함께 표시되어 있다. 예를 들어, 아질산나트륨착색료, 아스파탐감미료 등이다.

이것 외에도, 한국인에게 알레르기를 유발하는 것으로 알려져 있는 물질은 함유된 양과 관계없이 원재료명에 표시되어 있다. 알레르기를 표기해야 하는 대상 원재료는 난류, 우유, 메밀, 땅콩, 대두, 밀, 고등어, 게, 새우, 돼지고기, 복숭아, 토마토, 아황산류, 호두, 닭고기, 쇠고기, 오징어, 조개류 등이고, 이들을 사용한 경우에 원재료명 표시란 근처에 반드시 표시하므로 이들 물질에 알레르기가 있는 경우 확인하여 식품을 선택하면 된다.

2) 제조일자

식품 선택 시 안전한 식품 선택을 위해서 제조일자를 확인해야 한다.

제조 연월일이란 제품이 최종공정을 마친 시점이다. 즉, 포장을 제외한 더 이상의 제조나 가공이 필요하지 않은 시점을 말하는데, 일부 포장 후 멸균 및 살균 등과 같이 별도의 제조공정을 거치는 제품은 최종공정을 마친 시점을 뜻하기도 한다.

대부분의 가공식품은 제조일자가 표시되어 있는데, 그중에서 즉석섭취식품, 특히 도시락, 김밥, 햄버거, 샌드위치의 경우에는 제조일과 함께 제조시간까지 표시되어 있고, 빙과류는 제조 연월만 표시되어 있는 특징이 있다. 또한 주류 중 맥주, 탁주 및 약주도 제조일자 대신 유통기한만 표시되어 있다.

3) 유통기한

식품 선택 시 제조일자와 함께 유통기한을 확인하게 되는데, 유통기한이란 제품의 제조일로부터 소비자에게 판매가 허용되는 기한을 말한다.

유통기한을 표시하여야 하는 대상 식품은 설탕, 아이스크림류, 빙과류, 식용 얼음, 껌류, 식염, 주류탁주, 약주, 맥주 제외를 제외한 여타의 식품이며, 즉 제조, 가공, 소분, 수입한 모든 식품으로 자연상태의 농산물, 수산물, 임산물은 제외된다.

일부 식품은 품질유지기한을 표시하면 유통기한 표시를 생략할 수 있다. 품질유지기한이란 식품의 특성에 맞는 적절한 보존방법이나 기준에 따라 보관할 경우 해당식품 고유의 품질이 유지될 수 있는 기한을 말한다.

아이스크림류, 빙과류, 식용 얼음처럼 냉동 또는 냉장 보관하여야 하는 제품은 '냉동 보관' 또는 '냉장 보관'으로 표시하여야 한다.

한편, 도시락은 위해 발생의 우려가 크기 때문에 유통기한과 제조 연월일을 모두 표시하도록 하고 있으므로 반드시 확인하고 구매하는 것이 좋다.

Q&A | 유통기한과 소비기한의 차이는 무엇인가요?

유통기한(sell by date)이란 제품의 제조일로부터 소비자에게 판매가 허용되는 법적인 기한을 말하므로 섭취가 아니라 유통에 대한 기한이다. 이에 반해 소비기한(use by date)은 식품을 소비자가 소비해도 건강이나 안전에 이상이 없을 것으로 인정되는 소비 최종기한을 말한다. 소비기한은 제품의 종류와 보관상태에 따라 다르지만, 짧게는 수일에서 수개월에 이르기까지 다양하다. 그러나 소비기한이나 유통기한이나 제대로 올바르게 보관했을 때를 전제로 한다. 그러므로 이를 제대로 지키지 않았다면 소비기한은 물론 유통기한 내에도 식품이 변질될 수 있다.

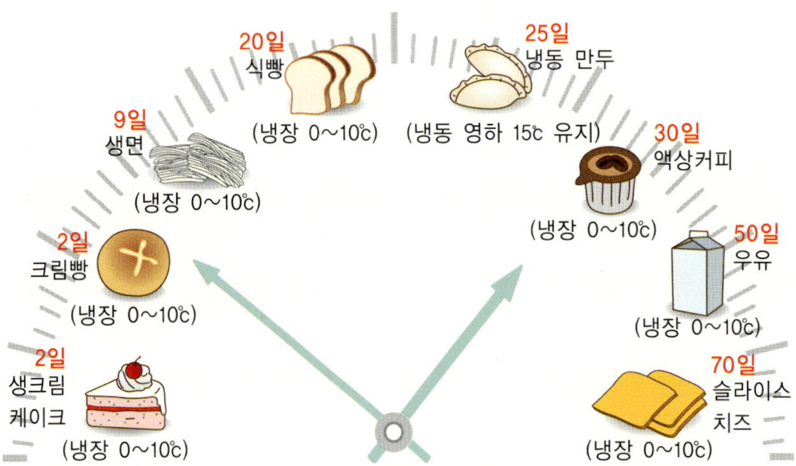

유통기한이 지난 후 섭취해도 문제 없는 기한

4) 기타 표시

식품 표시 중에는 소비자의 안전을 위해 주의해야 할 사항들이 있는 항목들을 사용할 경우 그 내용을 함께 표시하게 한다. 표 14-1에 제시되어 있는 항목의 식품을 선택 시 그에 해당하는 주의사항들을 꼼꼼히 읽어볼 필요가 있다.

표 14-1 식품 항목별 주의사항

항목	주의사항
육류 등 냉동식품	이미 냉동된 바 있으니 해동 후 재 냉동시키지 마시길 바랍니다.
과채음료, 우유류	개봉 후 냉장보관하거나 빨리 드시기 바랍니다.
원터치캔 통조림	캔 절단 부분이 날카로우므로 개봉, 보관 및 폐기 시 주의하십시오.
숙취해소 제품	과다한 음주는 건강을 해칩니다.
아스파탐 첨가	페닐알라닌 함유
당알코올 사용	과량 섭취시 설사를 일으킬 수 있습니다.
한 입 크기 젤리제품	잘못 섭취에 따른 질식을 방지하기 위한 경고문구 표시
알레르기 유발성분	제조과정에서 불가피하게 혼입 가능성이 있다는 내용 표시
카페인 0.15mg/mL 이상 함유 식품	어린이, 임산부, 카페인 민감자는 섭취에 주의하여 주시기 바랍니다.

❷ 영양표시

영양표시제도는 가공식품에 어떠한 영양성분이 들어있는지를 식품의 겉면식품 포장에 표시하는 제도로 '식품 등의 표시 · 광고에 대한 법률'에 근거한다.

기존의 식품 표시 기준은 주로 식품 위생 차원에서 운영되었으나, 생활 수준의 향상과 함께 건강에 대한 관심이 증대되면서 식품에 포함된 영양성

그림 14-2 영양표시의 예

출처 : 식품의약품안전처.

분과 함량을 제공함으로써 소비자가 자신의 건강에 적합한 제품을 선택할 수 있게 한다. 그러므로 제품의 영양표시를 잘 활용한다면 건강하고 올바른 식품 선택이 가능하다.

1) 영양표시 활용법

(1) 총 내용량및 열량 확인하기

제품 표시면에서 제품의 총 내용량과 열량을 확인한다.

영양성분의 표시단위는 포장의 '총 내용량당 함량'으로 표시하는 것을 우선으로 한다. 그러나 총 내용량이 100gmL를 초과하고 1회 섭취 참고량의 3배를 초과하는 식품은 총 내용량 대신 '100 gmL당 함량'으로 표시할 수 있다. 예를 들어, 우유 1통이 1,800mL인 경우, 총 내용량은 1,800mL이나 영양성분 함량은 100mL당으로 표시한다.

제품이 일정 중량 또는 그 이상 중 봉지, 조각, 개 등으로 명확하게 구분되는 단위 제품의 경우, '단위 내용 당'으로 영양성분 함량을 표시한다. 예를 들어, 과자의 총 내용량이 80g8g×10봉으로 구성된 경우, 1봉8g당 영양성분 함량을 표시한다. 그

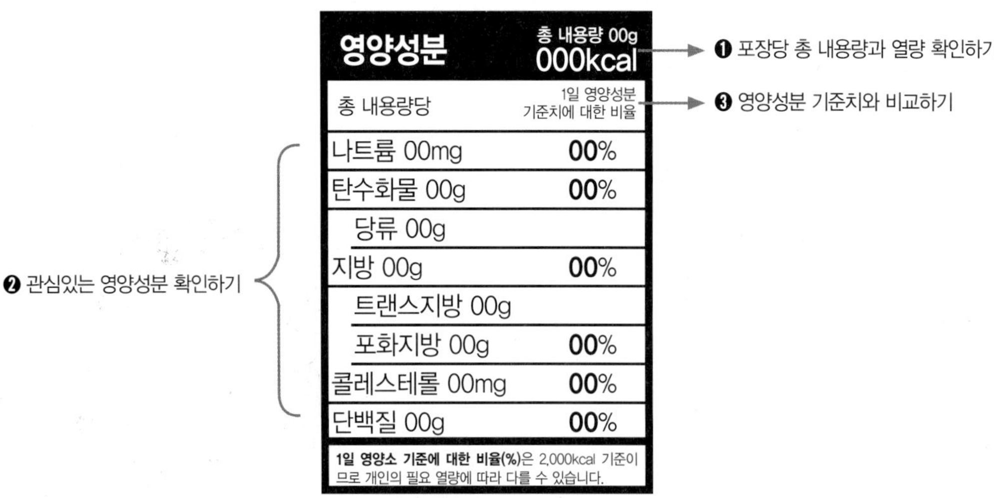

그림 14-3 영양표시 활용단계

외산업체가 자율적으로 설정하는 '1회 섭취참고량당' 영양성분 함량으로 표시할 수 있다.

열량은 총 내용량 아래 제시되어 있는데, 제공되는 표시 단위에 따라 얻게 되는 열량이다. 총 내용량만 제시되어 있으면 1포장 안에 제공된 총 내용량을 모두 섭취한 경우 얻게 되는 열량이지만, 총 내용량과 함께 100g이나 1조각당으로 영양정보가 제시되어 있으면 100g 또는 1조각 섭취 시 얻게 되는 열량이다. 그러므로 제품의 표시 단위에 따른 열량을 주의 깊게 확인해야 한다.

또한 그림 14-4처럼 단위내용량당 표기 시 총 내용량 또는 100g당 영양성분을 병행표기하는 경우가 있다.

그림 14-4 영양성분 표시단위의 종류

(2) 영양성분 확인하기

두 번째로는 영양표시에서 관심 있는 영양성분의 정보를 확인한다. 제품에는 열량뿐 아니라 영양성분이 제시되어 있는데 모든 영양소가 다 표시되어 있는 것은 아니다.

「식품 등의 표시 · 광고에 관한 법률」에 따라 의무표시 대상 영양성분은 9가지인데, 만성질환 등 국민보건상 중요성과 소비자에게 익숙한 일반적 순서를 감안하여 나트륨, 탄수화물, 당류, 지방, 트랜스지방, 포화지방, 콜레스테롤, 단백질의 순서로 영양성분을 표시한다. 최근 영양성분표시 대상식품이 건강기능식품까지 확대되었는데, 건강기능식품의 경우는 트랜스지방, 포화지방, 콜레스테롤의 의무영양성분은 표시하지 않을 수 있으며, 캡슐 · 정제 · 환 · 분말 형태의 건강기능식품의 경우 당류 표시는 제외된다.

의무표시 대상 이외의 영양성분표도 표시할 수 있는데, 이렇게 임의로 표시하고자 하는 영양성분을 제시하고자 할 때에도 의무영양성분은 모두 표시해야 한다.

표 14-2 영양표시에 사용되는 영양소 기준치

영양성분(단위)	기준치	영양성분(단위)	기준치	영양성분(단위)	기준치
탄수화물(g)	324	크롬((μg)	30	몰리브덴(μg)	25
당류(g)	100	칼슘(mg)	700	비타민 B_{12}(μg)	2.4
식이섬유(g)	25	철분(mg)	12	비오틴(μg)	30
단백질(g)	55	비타민 D(μg)	10	판토텐산(mg)	5
지방(g)	54	비타민 E(mg α-TE)	11	인(mg)	700
포화지방(g)	15	비타민 K(μg)	70	요오드(μg)	150
콜레스테롤(mg)	300	비타민 B_1(mg)	1.2	마그네슘(mg)	315
나트륨(mg)	2,000	비타민 B_2(mg)	1.4	아연(mg)	8.5
칼륨(mg)	3,500	니아신(mg NE)	15	셀렌(μg)	55
비타민 A(μg RAE)	700	비타민 B_6(mg)	1.5	구리(μg)	0.8
비타민 C(mg)	100	엽산(μg DFE)	400	망간(mg)	3.0

1) 영아 또는 유아를 섭취대상으로 하는 식품 등은 한국인 영양소 섭취기준의 영양 또는 유아 권장섭취량 또는 충분섭취량 기준을 각각 따른다. 다만 만 1세 이상 만 2세 이하의 유아가 섭취하는 식품 등은 탄수화물 150g, 당류 50g, 단백질 35g, 지방 30g을 적용한다.
2) 비타민 A, 비타민 D, 비타민 E는 기준치표에 따른 단위로 표시하되 괄호를 하여 IU단위로 표시할 수 있다.

출처 : 「식품 등의 표시 · 광고에 관한 법률 시행규칙」(개정 2020.09.09)

임의로 표시할 수 있는 영양성분은 9가지 영양성분 이외에 1일 성분 기준치가 설정되어 있는 비타민과 무기질이다. 1일 영양성분 기준치에 있는 영양성분은 표 14-2에 제시된 33개의 영양소이다.

1일 영양성분 기준치가 설정되지 아니한 지방산류 및 아미노산류 등을 표시하고자 할 때에는 그 영양성분의 명칭 및 함량을 '성분명및 함량' 란에 표시해야 한다. 예를 들어, 영유아를 위한 제품으로 마그네슘, 철분, DHA불포화지방산의 함량을 표기하고자 한다면, 마그네슘과 철분은 1일 영양성분 기준치가 포함되어 있으므로 영양성분표에 효시할 수 있으나, DHA는 영양성분 표시 서식안에는 표시할 수 없고, 식품표시의 '성분명및 함량'란에 그 명칭과 실제 제품에 함유된 함량을 중량 또는 용량으로 표시할 수 있다.

또한 각자의 건강상태에 따라 관심 있는 영양소를 살펴보는 것이 필요하다. 체중에 관심이 있는 경우는 열량, 당류, 포화지방섭취를 가능한 적게 하는 것이 중요하므로 이들 영양소에 대한 함량을 살펴보는 것이 좋고, 혈압이 높은 경우는 나트륨섭취를 가능한 적게 하는 것이 중요하므로 제품의 나트륨 함량을 살펴보고 제품을 선택하는 것이 바람직하다. 보통 일반적인 한국인 식사에서는 열량, 총 지방, 포화지방, 콜레스테롤, 나트륨 등은 섭취를 제한하고 있고 그와 반대로 단백질, 식이섬유, 비타민 및 무기질은 섭취를 권장하고 있으므로 이러한 영양성분을 확인해 보는 것도 좋다.

(3) 영양성분 기준치와 비교하기

영양성분 기준치는 소비자가 하루의 식사 중 해당 식품이 차지하는 영양적 가치를 보다 잘 이해하고, 식품 간의 영양성분을 쉽게 비교할 수 있도록 하기 위해 설정한 수치이다.

1일 영양성분 기준치란 식품표시에서 사용하는 영양성분의 평균적인 1일 섭취 기준량을 말한다표 14-2. 이는 일반인의 평균적인 1일 영양소 섭취에 대한 기준값으로, 연령과 성별에 따라 각기 설정되어 있는 '한국인 영양소 섭취기준'과는 다른 값이다.

1일 영양성분 기준치에 대한 비율은 1회 영양성분 기준치에 대한 해당 식품의 총 내용량 또는 기준 중량이 제공하는 영양성분의 비율을 말한다. 1일 영양성분 기준치에 대한 비율을 계산할 때는 비율을 산출한 후 이를 반올림하여 정수로 표시한다. 따라서 1일 영양성분 기준치에 대한 비율을 보면 해당 식품이 하루에 섭취해야 할 영양성분에 기여하는 정도를 쉽게 가늠할 수 있다. 예를 들어, 우유 100mL에 들어 있는 칼슘 함량이 100mg이면, 칼슘의 1일 영양성분 기준치가 700mg이므로 1일 영양성분 기준치에 대한 비율은 14%가 된다.

1일 영양소 기준치에 대한 비율은 일반인들을 위한 수치이고 한 끼가 아닌 하루에 대한 기준치이므로 식품 선택 시 참고치로 사용하고 다양한 식품을 통해 섭취하면 된다. 건강관리를 위해서는 나트륨, 당류, 포화지방은 하루 섭취를 다 합쳤을 때 100%가 넘지 않도록 관리하는 것이 좋다.

2) 영양성분표시 대상식품

영양성분은 모든 식품에 표시되어 있는 것은 아니다. 1995년 처음 도입 당시 특수영양식품, 건강보조식품, 영양성분 함량을 강조 표시하는 식품을 의무 대상 식품으로 정하였다가 그 후 점차 확대되었다. 2015년에는 장류, 커피의 영양표시 의무화를 실시하여, 현재 총 17종의 가공식품이 영양표시 대상 식품이다. 그러나, 즉석판매제조 · 가공업자가제조 · 가공하는식품은 영양표시 대상식품이 아니다.

영양표시 대상 식품

1. 장기보존식품(레토프트식품만 해당)
2. 과자류 중 과자, 캔디류 및 빙과류
3. 빵류 및 만두류
4. 초콜릿류
5. 잼류
6. 식용유지류(油脂類)
7. 면류
8. 음료류
9. 특수용도식품
10. 어육가공품 중 어육소시지
11. 즉석섭취식품 중 김밥, 햄버거, 샌드위치
12. 커피(볶은커피 및 인스턴트커피 제외)
13. 장류(한식메주, 재래한식간장, 한식된장, 청국장은 제외)
14. 시리얼류
15. 유가공품 중 우유류, 가공유류, 발효유류, 분유류, 치즈류
16. 식육가공품 중 햄류, 소시지류
17. 건강기능식품

가공식품 이외에 외식의 일부 메뉴에 대해 영양표시 정보를 표시한다. 주로 어린이를 대상으로 하는 일부 외식 메뉴에 대해 「어린이식생활안전특별법」은 영양성분 함량을 표시할 것을 규정하고 있다. 표시 영양성분은 열량, 당류, 단백질, 포화지방, 나트륨과 그 밖에 강조 표시를 하고자 하는 영양성분이다.

또한 영양표시의 중요성을 인식하거나 소비자의 요청에 따라 일부 업체를 중심으로 자율적으로 영양표시를 하는 사례도 늘고 있다.

3) 영양강조표시

판매되는 식품 중에는 필수로 정해진 영양성분 표시 이외에 제품에서 강조하고자 하는 영양소가 있을 수 있다. 예를 들어, 그림 14-4와 같이 저지방·고칼슘 우유, 고단백·저지방 우유 등이 그 예이다. 이러한 경우, 제품의 특성을 영양성분표시를 보지 않고도 쉽게 파악할 수 있는 장점이 있다.

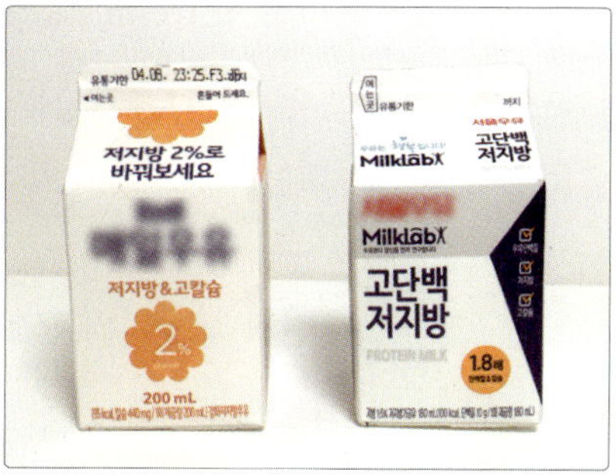

그림 14-5 영양강조표시를 사용한 식품의 예

그러나 식품 제조자가 영양강조표시를 임의로 하게 되면 소비자가 혼란스러우므로 이러한 영양강조표시를 하고자 할 경우에도 표 14-3과 같은 객관적인 기준이 존재하여 그에 준하여 하게 되며, 강조표시 이외에 일반적인 영양성분도 반드시 같이 제시하게 되어 있다.

영양강조표시는 영양성분 함량을 강조하는 표시와 비교하는 표시, 두 가지가 있다. 영양성분 함량강조는 '무○○', '저○○', '고○○', '○○ 함유' 등으로 표시되어 있고, 영양성분 비교강조는 '덜', '더', '강화', '첨가' 등으로 표시되어 있다.

또한 영양강조표시 중 '무○○'는 각 영양성분마다 표시 조건이 다르다. 예를 들어, 열량의 경우는 식품 100mL당 4kcal 미만이면 무열량이라고 제품에 표시할 수 있으므로, 식품을 선택할 때 무열량이라고 표시되어 있어도 열량이 전혀 없는 것은 아니다.

• 표 14-3 •• 영양성분 강조표시의 세부기준표

영양성분	강조표시	표시조건
열량	저	식품 100g당 40kcal 미만 또는 식품 100mL당 20kcal 미만일 때
	무	식품 100mL당 4kcal 미만일 때
나트륨	저	식품 100g당 120mg 미만일 때
	무	식품 100g당 5mg 미만일 때
당류	무	식품 100g당 또는 식품 100mL당 0.5g 미만일 때
지방	저	식품 100g당 3g 미만 또는 식품 100mL당 1.5g 미만일 때
	무	식품 100g당 또는 식품 100mL당 0.5g 미만일 때
트랜스지방	저	식품 100g당 0.5g 미만일 때
포화지방	저	식품 100g당 1.5g 미만 또는 식품 100mL당 0.75g 미만이고, 열량의 10% 미만일 때
	무	식품 100g당 0.1g 미만 또는 식품 100mL당 0.1g 미만일 때
콜레스테롤	저	식품 100g당 20mg 미만 또는 식품 100mL당 10mg 미만이고, 포화지방이 식품 100g당 1.5g 미만 또는 식품 100mL당 0.75g 미만이며, 포화지방이 열량의 10% 미만일 때
	무	식품 100g당 5mg 미만 또는 식품 100mL당 5mg 미만이고, 포화지방이 식품 100g당 1.5g 또는 식품 100mL당 0.75g 미만이며, 포화지방이 열량의 10% 미만일 때
식이섬유	함유 또는 급원	식품 100g당 3g 이상, 식품 100kcal당 1.5g 이상일 때 또는 1회 섭취 참고량당 1일 영양성분 기준치의 10% 이상일 때
	고 또는 풍부	함유 또는 급원 기준의 2배
단백질	함유 또는 급원	식품 100g당 1일 영양성분 기준치의 10% 이상, 식품 100mL당 1일 영양성분 기준치의 5% 이상, 식품 100kcal당 1일 영양성분 기준치의 5% 이상일 때 또는 1회 섭취 참고량당 1일 영양성분 기준치의 10% 이상일 때
	고 또는 풍부	함유 또는 급원 기준의 2배
비타민 또는 무기질	함유 또는 급원	식품 100g당 1일 영양성분 기준치의 15% 이상, 식품 100mL당 1일 영양성분 기준치의 7.5% 이상, 식품 100kcal당 1일 영양성분 기준치의 5% 이상일 때 또는 1회 섭취 참고량당 1일 영양성분 기준치의 15% 이상일 때
	고 또는 풍부	함유 또는 급원 기준의 2배

❸ 국가인증 농식품인증마크

안전한 식품을 섭취하기 위해서는 식품 자체의 관리도 중요하지만, 식품의 원재료인 농축수산물에 대한 관리도 중요하다.

우리나라는 식품과 농축수산물에 대해 일정한 기준에 적합한지를 검사하여 정부가 그 안정성을 인증해주는 제도를 운영하고 있다. 이를 통해 소비자에게 식품의 안전성이나 신뢰성 등을 알리는 기능을 한다.

1) 식품 관련 인증마크

식품 관련 인증마크는 주로 식품의약품안전처에서 담당하고 있다. 식품의약품안전처에서 인증하는 마크는 건강기능식품 인증, 건강기능식품 GMP 인증, 어린이

Q&A | 트랜스지방 제로의 진실은 무엇인가요?

심혈관질환에 안좋은 것으로 알려진 트랜스지방의 경우는 가능한 적게 섭취하는 것이 좋다. 그러나 트랜스지방 함량이 '0'으로 표기되어 있다고 해서 꼭 함량이 '0'인 것은 아니다. 1회 제공량에 트랜스지방 함량이 0.2g 미만인 경우 '0'으로 표시할 수 있기 때문에 여러 가지 가공식품을 섭취하게 되면 상당량을 섭취할 수 있다.

국가별 트랜스지방 '0' 표기 기준

국가		규제량	시기
미국		1회 섭취량(오일 14g당) 0.5g 미만 *총량기준 환산 100g당 36g 미만	2006년 1월
덴마크		100g 기준 2g 이하	2004년 1월
한국	일반식품 (1회 제공량)	0.5g 이상은 그 값을 표시 0.5g 미만은 0.5g 미만 또는 그 값을 표시 0.2g 미만은 '0'으로 표시	2007년 12월
	강조표시	저트랜스지방 : 100당 0.5g 미만	

제품의 영양성분표시는 표시의 수월성을 위해 수치를 반올림하여 정수로 표시하거나 정해진 단위로 표시하게 되는데, 미량 들어 있을 경우 '0'으로 표시할 수 있는 기준을 세워두고 있다. 또한 트랜스지방 '0'에 대한 기준은 국가마다도 다르게 설정되어 있다. 최근 국제교역이 활발해짐에 따라 다양한 수입식품들을 선택할 수 있는 환경이므로 이러한 사항을 알아둘 필요가 있다.

건강기능식품 인증마크 GMP 인증마크 어린이 기호식품 품질인증마크

식품이력추적관리 인증마크 식품안전관리 인증마크

그림 14-6 식품 관련 인증마크

출처 : 식품의약품안전처.

기호식품 품질인증, 식품이력추적인증, 식품안전관리인증HACCP 등이 있다.

건강기능식품의 경우 식품의약품안전처에 인정 및 신고된 건강기능식품에 한해 인증마크가 부착되어 있고, 그중 제조 및 품질관리가 우수한 경우 우수건강기능식품제조기준 마크인 GMP 인증마크까지 사용할 수 있다. 우수건강기능식품제조기준Good Manufacturing Practice : GMP은 제품 생산 시 각 공정별로 검사를 실시해 품질관리를 한 경우 인증해주며 이렇게 공정별로 관리를 하므로 불량제품이 나올 가능성이 낮다.

어린이 기호식품 품질인증 마크는 「어린이 식생활안전관리 특별법」에 의해 안전, 영양, 식품첨가물의 사용에 관한 기준을 모두 만족한 제품만 부착되어 있다. 안전의 측면에서는 식품안전관리인증기준HACCP 등에 적합한 식품이고, 영양적인 측면에서는 고열량/저영양 식품이 아니어야 하며, 식품첨가물 측면에서는 어린이에게 사용하지 말아야 할 식용 타르색소나 합성보존료 등에 관한 기준을 모두 충족한 경우 이 인증마크를 부착하게 되므로 어린이를 위한 식품을 구매할 때에는 이 인증마크를 활용하는 것이 바람직하다.

식품이력추적관리 인증마크는 식품을 제조, 가공단계부터 판매단계까지 각 단계별로 정보를 기록 및 관리하여 해당 식품의 안전성 등에 문제가 발생할 경우 해당

식품을 추적하여 원인규명 및 필요한 조치를 할 수 있는 시스템에 등록되어 있는 식품에 부착되어 있다.

또한 식품이력추적관리 사이트www.tfood.go.kr에 접속 후 식품이력정보 조회 서비스를 이용하여 제품명 또는 식품이력추적관리번호를 입력하면 식품 또는 건강식품식품의 정보를 확인할 수 있다.

식품안전관리인증은 과거 식품위해요소중점관리기준HACCP으로 알려져 있던 것으로 최근 들어 그 용어가 개정되었다. 식품안전관리 인증마크가 부착된 식품은 식품의 원재료부터 제조, 가공, 보존, 유통, 조리단계를 거쳐 최종 소비자가 섭취하기 전까지의 각 단계에서 발생할 우려가 있는 위해요소를 규명하고 이를 중점적으로 관리하기 위한 중요관리점을 결정함으로써 식품의 안전성을 확보하기 위한 과학적인 위생관리체계를 거친 제품이라고 볼 수 있다.

2) 농축산물 관련 인증마크

농림축산식품부에서는 2014년 다양한 인증마크를 하나의 공통 마크로 단일화하는 작업을 시행하였으며, 이를 통해 소비자가 쉽게 알아볼 수 있도록 보완하였다.

이러한 인증제도는 국가가 품질 좋고 안전한 농식품을 엄격한 기준으로 선별 검사한 후 그 안정성을 인증하여 소비자가 믿고 선택할 수 있도록 하는 것이 목적이다.

인증제도는 크게 농축산물의 재료 생산을 친환경적으로 안전하게 했는지를 검증하는 친환경 인증제도와 국내 농수산물을 원료로 제조, 가공 시의 품질이나 특성을 보증하는 품질 인증제도가 있다.

(1) 친환경 관련 인증마크

친환경 관련 인증마크는 정부에서 허가된 시설, 환경, 재료로 제조된 농식품에 부여하는 인증마크이다. 관련 인증마크로는 친환경 농축산물, 농산물 우수관리, 친환경 축산물, 동물복지 축산농장 등이 있다.

• 표 14-4 • • 친환경 관련 인증마크

종류	마크	내용
친환경농축산물 (유기농)	유기농 (ORGANIC) 농림축산식품부	합성농약과 화학비료를 사용하지 않고 재배한 농산물과 항생제와 항균제를 첨가하지 않은 유기사료를 먹여 사육한 축산물임을 보증하는 제도
친환경농산물 (무농약)	무농약 (NON PESTICIDE) 농림축산식품부	합성농약은 사용하지 않고 화학비료는 최소화하여 생산한 농산물임을 보증하는 제도
농산물우수관리 (GAP : Good Agricultural Practices)	GAP (우수관리인증) 농림축산식품부	농산물의 안전성을 확보하고 농업환경을 보전하기 위하여 농산물과 농업환경에 잔류할 수 있는 각종 위해요소(농약, 중금속, 미생물 등)를 사전예방적으로 안전하게 관리하는 과학적인 위생안전관리 체계
친환경축산물 (무항생제)	무항생제 (NON ANTIBIOTIC) 농림축산식품부	항생제, 항균제 등이 첨가되지 않은 사료를 먹이고, 생산성 촉진을 위한 성장촉진제나 호르몬제를 사용하지 않으며, 축사와 사육 조건, 질병관리 등의 엄격한 인증기준을 지켜 생산한 축산물임을 보증하는 제도
동물복지 축산농장	동물복지 (ANIMAL WELFARE) 농림축산식품부	쾌적한 환경에서 동물의 고통과 스트레스를 최소화하는 등 높은 수준의 동물복지 기준에 따라 인도적으로 동물을 사육하는 농장에 대해 인증하는 제도

출처 : 농림축산식품부.

(2) 품질특성 인증마크

품질특성 인증에는 전통식품품질인증, 지리적 표시제 등이 존재한다.

전통식품 품질인증제도는 우리의 우수한 전통식품에 대하여 정부가 품질을 보증하는 제도로, 생산자에게는 고품질의 제품생산을 유도하고, 소비자에게는 우수한 품질의 우리 전통식품을 공급하는 데 목적이 있다.

인증품목은 한과류, 약식, 청국장, 된장, 고추장, 간장, 김치류, 누룽지, 식혜, 수정과, 대추차, 삼계탕 등 99개이다.

지리적 표시제는 명성, 품질 등이 특정지역의 지리적 특성에 기인하였음을 등록하고 표시하는 제도이다. 이 제도를 통해 우수한 지리적 특성을 가진 식품을 등록하

표 14-5 품질특성 인증마크

종류	마크	내용
지리적표시제도	지리적표시 (PGI) 농림축산식품부	명성, 품질 등이 특정 지역의 지리적 특성에 기인하였음을 등록하고 표시하는 제도로써 국내외적으로 농산물(축산물, 임산물 포함)과 수산물 및 그 가공품의 지적재산으로 인정되어 보호받음
전통식품 품질 인증제도	전통식품 (TRADITIONAL FOOD) 농림축산식품부	국내산 농수산물을 주원(재)료로 하여 제조, 가공, 조리되어 우리 고유의 맛, 향, 색을 내는 우수한 전통식품에 대하여 정부가 품질을 보증하는 제도
한국식품명인제도	식품명인 (GRAND MASTER) 농림축산식품부	전통식품의 계승, 발전과 가공기능인의 명예를 인정하고 보호, 육성하기 위해 만들어진 제도로써 지정된 전통식품과 명인의 가치를 향상시키는 제도
저탄소 농축산물 인증제도	저탄소 (LOW CARBON) 농림축산식품부	농축산물 생산 전 과정에서 온실가스 배출량을 줄이는 '저탄소 농업기술' 을 적용하여 생산한 농산물임을 인증하는 제도
술 품질인증제도		우리 술의 품질 고급화를 위해 막걸리(탁주), 약주, 청주, 과실주, 증류식 소주, 일반증류주, 리큐르에 대하여 정부가 품질을 보증하는 제도

출처 : 농림축산식품부(2015).

여 보호할 수 있고, 지리적 특산품 생산자를 보호하여 우리 농산물 및 가공품의 경쟁력을 강화할 수 있다.

지리적 표시제는 농수산물의 명성 및 특징이 본질적으로 특정 지역의 지리적 특성에 기인하는 경우에 인증된다. 우리나라의 경우 2002년 보성녹차를 제1호로 최초 등록한 후 매년 등록이 증가되고 있으며, 그 이외에 우리에게 친숙한 고창복분자주, 순창전통고추장, 의성마늘, 횡성 한우고기 등이 등록되었다.

그 외에도 전통식품의 계승과 발전을 위한 한국식품명인제도와 우리 술의 품질 고급화를 위해 막걸리, 청주 등에 대해 품질을 보증하는 술 품질인증제도가 있으며, 소비활동에서 온실가스 배출량을 줄이고자 할 때 활용할 수 있는 저탄소 농축산물 인증마크가 있다.

Q&A | 지리적 표시제의 대표적 예는 무엇인가요?

우리가 흔히 알고 있는 샴페인은 프랑스 샹파뉴(Champagne) 지방의 스파클링 와인을 말한다. 샴페인과 스파클링 와인은 같은 것이나, 샴페인을 지리적 표시제에 등록함으로써 프랑스 샹파뉴 지방에서 생산된 발포성 백포도주만 샴페인이라고 표시할 수 있다. 이 지역 이외 지역에서 생산된 것은 샴페인, 샹파뉴 등 비슷한 표현을 사용할 수 없으며, 발포성와인으로 표시해야 한다.

요약

- 식품표시제도는 소비자가 합리적인 식품구매를 할 수 있도록 여러 식품 정보를 제품의 포장이나 용기에 일정한 기준과 방법에 따라 표시하도록 하는 제도이다. 제공되는 식품에 관한 정보로는 제품명, 식품의 유형, 업소명 및 소재지, 제조 연월일, 유통기한 또는 품질유지기한, 내용량, 원재료명, 성분명 및 함량, 영양성분 등이 있다.
- 영양표시제도는 식품표시제도의 일종으로 허위, 과대표시나 광고로부터 소비자를 보호하고 올바른 영양 정보를 제공하여 소비자가 바른 식생활을 실천하도록 하는 제도이다. 영양표시에는 식품의 1회 제공량당 들어 있는 영양소의 함량과 % 영양소 기준치가 제시되어 있으며, 열량, 탄수화물, 당류, 단백질, 지방, 포화지방, 트랜스지방, 콜레스테롤, 나트륨의 9개 의무표시영양소가 존재한다.
- 국가식품인증마크는 식품을 일정한 표준이나 규정 등에 적합한지 여부를 평가하여 정부가 증명하는 것으로 안전한 식품 선택 시 활용할 수 있다. 우리나라의 경우 식품의약품안전처, 농림축산식품부 등에서 여러 인증마크를 부여하고 사후 관리하고 있다.

CHAPTER

15

건강기능식품

전통적으로 우리는 사람의 입을 통해 소화기관을 거쳐 흡수되는 것을 크게 약품과 식품으로 구분해 왔다. 하지만 최근 들어 생명과학의 발달에 따라 식품과 약품의 경계에 위치한 '건강기능식품'도 주목받고 있다. 건강기능식품은 그 명칭에서도 알 수 있듯이 '기능성 원료'를 사용하여 제조 · 가공한 식품을 통칭하게 되는데, 새로운 기능성 원료가 발견될 가능성이 무궁무진하다는 점에 비추어 보면 미래의 고부가가치산업으로 전도유망한 분야라고 할 수 있을 것이다. 식품과 약품 그리고 건강기능식품을 명확하게 구분할 수 있는 방법이나 기준은 없기 때문에 국가별로도 서로 다른 명칭을 갖거나 서로 다른 규정하에서 관리되고 있는 추세이다. 이 장에서는 우리나라의 건강기능식품을 중심으로 광범위한 의미에서의 식이보충제까지 살펴보기로 한다.

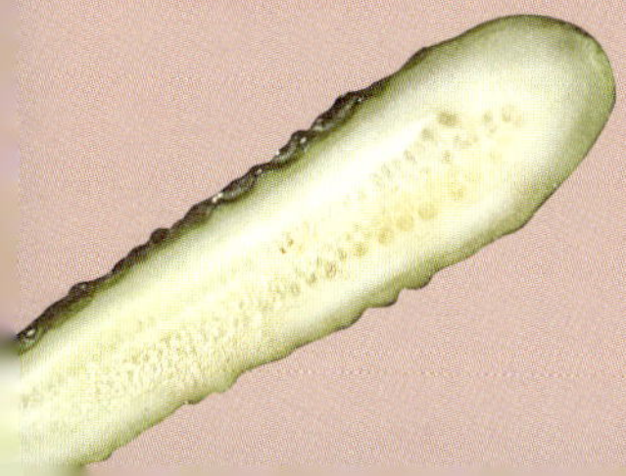

❶ 건강기능식품의 이해

1) 식품의 기능성

모든 식품은 기능을 가지고 있으며, 이는 보통 1차, 2차, 3차의 세 가지 기능으로 분류된다그림 15-1. 1차 기능은 생명 및 건강 유지와 관련된 '영양기능'이고, 2차 기능은 색깔, 냄새, 맛 등의 '감각적 기능'이며, 3차 기능은 건강 유지 및 증진에 도움이 되는 '생체 조절기능'이다. 본 교재에서 이미 학습한 여러 영양소들이 1차 기능인 영양기능을 가지고 있는 성분이라고 한다면, 테아닌, 유리 아미노산 등의 맛 성분, 알코올, 카보닐 등의 향기성분 그리고 엽록소, 플라보놀 등의 색소성분 등은 식품의 2차 기능인 감각 및 기호를 충족시켜 주는 성분이라 할 수 있을 것이다. 마찬가지로 클로렐라, 스피루리나, 구아검, 이눌린, 루테인 등은 식품의 3차 기능인 생체 조절기능을 갖는 성분으로 면역기능, 항산화, 장 건강, 눈 건강 등의 기능성을 가지고 있다.

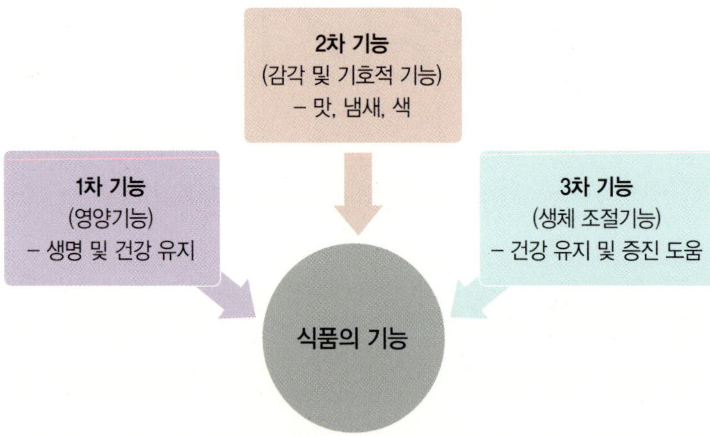

그림 15-1 식품의 3가지 기능

이와 같이 식품이 함유한 여러 성분에 의해 결정되는 식품의 기능은 1차적으로 생명 유지의 역할을 하고, 2차적으로는 1차 기능을 만족한 사람의 기호를 충족시키며, 3차적으로는 1차, 2차를 만족한 사람의 욕구인 건강 유지 및 수명연장을 가능하게 하므로 이에 대한 단계적인 이해가 필요하다.

건강기능식품의 유사개념

1. 식이보충제

미국과 호주에서는 식이보충제(dietary supplements)로, 유럽연합에서는 식품보충제(food supplements)로 일컬어진다. 미국과 유럽에서는 식품으로, 호주와 뉴질랜드에서는 각 성분에 따라 식품 또는 의약품으로 분류되기도 한다. 미국에서 사용되는 정의는 '식품성분 중 한 가지 이상을 함유하면서 식사를 보충하는 식품'으로 이 정의에서 식품성분의 의미는 '비타민, 미네랄, 허브 또는 그 외의 식품성분, 아미노산, 식사의 섭취량을 증가시키기 위해 사용되는 음식물 또는 이들 성분의 농축 대사물, 대사산물, 구성물질, 추출물 혹은 혼합물'을 뜻한다.

2. 기능성식품

캐나다 보건성에 따르면 기능성식품(functional food)은 '일반적인 식품과 외관이 유사하고 보통 식사의 한 부분으로서 섭취되는 식품으로 영양적인 역할 외에 생리학적으로 유익하고 만성질환의 위해를 감소시키는 효과가 입증된 식품'으로 정의하기도 한다. 즉, 전통적인 식품과 유사해 보이지만 생리학적으로 유용한 것이 증명이 된 식품 또는 식품성분을 뜻하며, 많은 나라에서 법적으로는 명확히 정의되지 않은 용어이다.

3. 약효식품

약효식품(nutraceuticals)은 1989년 미국에서 제안된 것으로 'nutrient'와 'pharmaceutical'의 합성어로, '의약품의 효과를 기대할 수 있는 식품성분'이라는 뜻을 가지고 있다. 일반적으로 약품은 타깃이 하나이며 순수한 화합물로 고농도로 작용하는 데 반해, 약효식품은 타깃이 여러 가지인 혼합물의 형태로 낮은 농도로 존재하게 되며 이를 주된 차이점으로 삼게 된다.

2) 기능성원료

본 장 서두에서 식품의 3차 기능은 건강 유지 및 증진에 도움이 되는 생체 조절 기능이라는 점을 언급하였는데, 식품의 일종인 건강기능식품은 3차 기능인 생체 조절기능에 주안점을 둔 제품이라고 할 수 있다. 즉, 건강기능식품은 인체에 유용한 기능생체 조절기능을 가진 원료나 성분기능성원료을 사용하여 제조한 식품을 의미하며, 식품의약품안전처에서 인정한 기능성원료로 제조된다. 따라서 어떤 식품이 건강에 좋다고 알려져 있다고 해서 당연히 건강기능식품이 되는 것은 아니며, '건강식품', '자연식품', '천연식품' 등과 같은 이름과도 엄격히 구분된다.

뿐만 아니라 의약품에서 언급되는 효능 또는 효과와도 구분해야 하는데, 건강기능식품의 기능성은 의약품과 같이 직접적으로 질병을 치료하는 것이 아니고 인체의 정상적인 기능을 유지하거나 생리기능 활성화를 통하여 건강을 유지하고 개선하는 것을 말하기 때문이다.

기능성원료는 크게 두 가지 종류로 나뉘게 되는데, 하나는 '고시된 원료'이고 다른 하나는 '개별인정 원료'로 이는 〈건강기능식품 공전〉에 등재되어 있는지의 여부를 통해 구분된다그림 15-2. 식품의약품안전처에서는 〈건강기능식품 공전〉에 기준 및 규격을 고시하는데, 이 방법에는 매번 규정을 개정해야 하는 절차가 추가되기 때문에 새로운 기능성원료가 개발되는 경우 빠른 속도로 품목이 확대되기 어렵다는 단점이 존재한다고시된 원료. 하지만 고시에 등재된 이후에는 누구나 인정절차 없이 신고만으로 제품을 제조하거나 수입할 수 있다는 장점이 있다.

반면, 고시에 등재되어 있지 않은 원료를 영업자가 식품의약품안전처에 인정을

Q&A | 홍삼제품이 '기타 가공품'?

홍삼은 식품의약품안전처로부터 '면역력 증진 · 피로개선 · 혈소판 응집억제를 통한 혈액흐름 · 기억력 개선 · 항산화에 도움을 줄 수 있음'의 기능성을 인정받은 기능성 원료이다.

그렇다면 이러한 홍삼을 원료로 제조된 홍삼캔디, 홍삼음료 등은 모두 건강기능식품일까? 답은 그렇지 않다이다. 건강기능식품에는 기능을 나타내는 성분이 인체에서 유용한 가능성을 나타낼 수 있는 정도로 들어 있다. 홍삼의 경우 진세노사이드 Rg_1, Rb_1 및 Rg_3을 합하여 2.5~34mg/g 함유하고 있어야 한다.

따라서 해당 조건을 만족하지 못한다면 기능성 원료로 제조되어도 건강기능식품이 될 수 없는 것이다. 이 경우 '기타 가공품'과 같은 일반식품의 범주에 포함되게 되며 식품의약품안전처에서 인정한 기능성을 표시하지 못한다. 만약, 소비자가 면역력을 증진하거나 피로회복 개선 등에 도움을 주는 식품을 찾는다면, '건강기능식품'이라고 표시되어 있는 홍삼 제품을 선택해야 한다.

요청하는 방법이 있다개별인정 원료. 이 경우 식품의약품안전처에서는 규정개정의 절차 없이 해당 영업자에게 즉시 인정 여부를 통보할 수 있다. 따라서 고시형과는 다르게 빠르게 품목을 확대할 수 있다는 점이 개별 인정형의 가장 큰 장점이라고 볼 수 있다. 다만, 이 방법은 인정서를 발급받은 영업자에게만 해당 원료를 제조 또는 수입하도록 하는 시장 선점 권한을 부여하기 때문에 제품 간의 경쟁을 통한 품질 향상 등을 기대하기 힘들다는 면이 단점으로 지적되곤 한다.

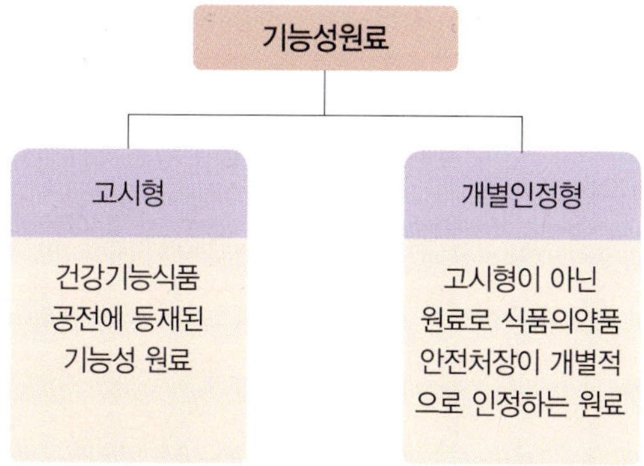

그림 15-2 건강기능식품 기능성원료의 종류

건강기능식품의 기능성은 크게 세 가지로 분류된다. 첫 번째로 '영양소기능'은 인체의 성장, 증진 및 정상적인 기능에 대한 영양소의 생리학적 작용을 말하며, 두 번째 '생리활성기능'은 인체의 정상기능이나 생물학적 활동에 특별한 효과가 있어 건강상의 기여나 기능향상 또는 건강 유지, 개선기능을 뜻한다. 마지막 세 번째로 '질병발생 위험 감소기능'은 식품의 섭취가 질병의 발생 또는 건강상태의 위험을 감소시키는 기능을 의미한다표 15-1.

이러한 기능성을 인정받기 위해서는 근거자료가 필수적이며, 상당한 수준의 과학적 합의에 이를 정도로 높은 경우 '질병발생 위험감소기능'이 인정된다. 현재 우리나라에서는 골다공증 발생 위험 감소에 도움이 되는 원료로 칼슘, 비타민 D가 인정되었으며, 자일리톨의 경우에는 충치발생 위험 감소에 도움을 주는 것으로 그 기능성을 인정받고 있다.

상당한 수준의 과학적 합의

성분 또는 원료와 건강효과 간의 상관성이 새로운 과학에 의해 뒤집어지지 않을 정도의 수준으로 관련 분야의 전문가들에 의한 만장일치에 가까운 합의수준을 말한다.

• 표 15-1 •• 건강기능식품 기능성의 3가지 종류

기능성 구분	기능성 내용	기능성을 가진 원료 또는 성분
영양소 기능	인체의 정상적인 기능이나 생물학적 활동에 대한 영양소의 생리학적 작용	영양소
생리활성 기능	인체의 정상기능이나 생물학적 활동에 특별한 효과가 있어 건강상의 기여나 기능 향상 또는 건강 유지, 개선을 나타내는 기능	기능성 원료
질병 발생 위험감소 기능	질병의 발생 또는 건강 상태의 위험 감소와 관련한 기능	

또한 인체의 정상기능이나 생물학적 활동에 특별한 효과가 있어 건강상의 기여나 기능향상 또는 건강 유지, 개선을 나타낸 경우에는 '생리활성기능'이 인정된다. 생리활성기능으로 인정받기 위해서는 기반연구 자료를 통해 가능성 있는 생리학적인 효과 또는 기전을 추측할 수 있어야 하고 일관성 있는 바이오마커의 개선효과가 최소 1건 이상의 인체적용시험RCT에서 확보되어야 한다. 현재 우리나라에서는 총 47개의 기능성이 인정되고 있다.

표 15-2는 기능성원료의 기능성 인정등급에 관한 2가지 기준을 정리하고 있다.

현재 식품의약품안전처에서 인정하고 있는 건강기능식품의 기능성 내용은 표 15-3과 같다. 이는 타국에 비추어보았을 때 약간 부족한 수준으로, 유럽의 경우 기억력 개선에 관한 부분에서도 정상적인 인지기능의 유지, 인지기능의 향상, 신경계 기능 향상, 주의력 향상, 정신에너지 향상 등 매우 구체적인 기능성을 구체적으로 제시하고 있다. 향후 원료의 기능성의 내용을 더욱 구체적으로 분류하여 정확한 정보를 제공할 수 있도록 할 필요가 있다.

• 표 15-2 •• 기능성원료의 기능성 인정등급

구분	기능성 내용	인정기준
질병발생 위험감소 기능	○○발생위험 감소에 도움을 줌	기반연구 자료를 통해 생리학적인 효과 또는 기전이 명확하게 입증되어야 하고 일관성 있는 바이오마커의 개선효과가 다수의 인체적용시험(RCT)에서 확보되어야 함
생리활성 기능	○○에 도움을 줄 수 있음	기반연구 자료를 통해 가능성 있는 생리학적인 효과 또는 기전을 추측할 수 있어야 하고 일관성 있는 바이오마커의 개선효과가 최소 1건 이상의 인체적용시험(RCT)에서 확보되어야 함

• 표 15-3 •• 건강기능식품의 기능성 내용(2019.11. 기준)

분류[1]		기능성 내용[2]
1. 신경계	① 기억력	❶ 기억력 개선에 도움을 줄 수 있음
	② 긴장완화	❷ 스트레스로 인한 긴장 완화에 도움을 줄 수 있음
	③ 수면	❸ 수면(의 질 개선)에 도움을 줄 수 있음
	④ 인지기능	❹ 노화로 인해 저하된 인지기능 개선에 도움을 줄 수 있음
	⑤ 피로	❺ 스트레스로 인한 피로 개선에 도움을 줄 수 있음
2. 감각계	⑥ 구강(치아)	❻ 충치 발생 위험 감소에 도움을 줌
		❼ 충치발생위험감소에도움을줌
	⑦ 눈	❽ 노화로 인해 감소될 수 있는 황반색소 밀도를 유지하여 눈 건강에 도움을 줄 수 있음
		❾ 눈의 피로도 개선에 도움을 줄 수 있음
		❿ 건조한 눈을 개선하여 눈 건강에 도움을 줄 수 있음
	⑧ 피부	⓫ 자외선에 의한 피부손상으로부터 피부 건강 유지에 도움을 줄 수 있음
		⓬ 피부 보습에 도움을 줄 수 있음
3. 소화 · 대사계	⑨ 간	⓭ 간 건강에 도움을 줄 수 있음
		⓮ 알코올성 손상으로부터 간을 보호하는 데 도움을 줄 수 있음
	⑩ 위	⓯ 위 점막을 보호하여 위 건강에 도움을 줄 수 있음
		⓰ 담즙 분비를 촉진하여 지방 소화에 도움을 줄 수 있음
	⑪ 장	⓱ 장내 유익균 증식 및 유해균 억제에 도움을 줄 수 있음
		⓲ 배변활동 원활에 도움을 줄 수 있음
		⓳ 장 면역을 조절하여 장 건강에 도움을 줄 수 있음
	⑫ 체지방	⓴ 체지방 감소에 도움을 줄 수 있음
	⑬ 흡수	㉑ 체내 칼슘 흡수 촉진에 도움을 줄 수 있음
4. 내분비계	⑭ 혈당	㉒ (당의 흡수를 억제하여) 식후 혈당 상승 억제에 도움을 줄 수 있음
		㉓ 혈당조절에 도움을 줄 수 있음
	⑮ 호르몬	㉔ 갱년기 여성의 건강에 도움을 줄 수 있음
		㉕ 갱년기 남성의 건강에 도움을 줄 수 있음
		㉖ 월경전 변화에 의한 불편한 상태 개선에 도움을 줄 수 있음
5. 심혈관계	⑯ 중성지방	㉗ 혈중 중성지방 개선에 도움을 줄 수 있음
	⑰ 콜레스테롤	㉘ 혈중 콜레스테롤 개선(감소)에 도움을 줄 수 있음
	⑱ 혈압	㉙ 높은 혈압 감소(혈압 조절)에 도움을 줄 수 있음
	⑲ 혈행	㉚ 혈관이완을 통한 혈행 개선에 도움을 줄 수 있음
		㉛ 혈소판 응집을 억제하여 혈행 개선에 도움을 줄 수 있음

분류[1]		기능성 내용[2]
6. 신체방어 및 면역계	⑳ 과민면역	㉜ 면역과민반응 개선에 도움을 줄 수 있음
		㉝ 면역과민반응에 의한 코 상태 개선에 도움을 줄 수 있음
		㉞ 면역과민반응에 의한 피부 상태 개선에 도움을 줄 수 있음
	㉑ 면역	㉟ 면역기능 증진(개선)에 도움을 줄 수 있음
	㉒ 항산화	㊱ 항산화에 도움을 줄 수 있음
7. 근육계	㉓ 관절/뼈	㊲ 관절(및 연골) 건강에 도움을 줄 수 있음
		㊳ 뼈 건강에 도움을 줄 수 있음
	㉔ 근육	㊴ 근력 개선에 도움을 줄 수 있음
		㊵ (근력 운동시) 운동수행능력 향상에 도움을 줄 수 있음
		㊶ 지구력 증진에 도움을 줄 수 있음
8. 생식계	㉕ 남성생식기	㊷ 전립선 건강의 유지에 도움을 줄 수 있음
	㉖ 여성생식기	㊸ 질내 유익균 증식 및 유해균 억제에 도움을 줄 수 있음
9. 비뇨계	㉗ 신장 및 요로	㊹ 방광의 배뇨기능 개선에 도움을 줄 수 있음
		㊺ 요로의 유해균 흡착 억제로 요로건강에 도움을 줄 수 있음
10. 기타	㉘ 기타	㊻ 어린이 키 성장에 도움을 줄 수 있음
		㊼ 정자 운동성 개선에 도움을 줄 수 있음

1) 분류 : 현재까지 인정된 기능성 내용들을 편의상 분류한 것임
2) 「건강기능식품의 기준 및 규격」, 기능성원료 인정서상의 기능성 내용을 바탕으로 작성된 것으로, 실제 인정된 문구와는 차이가 있을 수 있음
출처 : 식품의약품안전처(2019).

3) 건강기능식품 용어 정리

미국 FDA에서는 인체 건강에 영향을 끼칠 수 있는 모든 물질들을 식품과 약품의 두 범주로 구분하며, 식품은 다시 전통적인 식품과 식이보충제로, 약품은 일반의약품과 전문의약품으로 나누고 있다. 또한 최근 들어 기능성식품 또는 약효식품 등이 그 경계에 위치하고 있다그림 15-3.

우리나라의 경우 식이보충제라는 용어는 일상 식사에서 부족한 영양소를 보충하거나 건강증진을 위해 복용하는 제품을 뜻하며, 일반적으로 건강기능식품과 다수의 일반의약품 그리고 일부 전문의약품 또는 가공식품 등을 포괄하는 용어이다. 미

국의 경우 1994년 DSHEADietary Supplement Health and Education Act를 제정하여 FDA의 관리하에 식이보충제가 효율적으로 관리되고 있다. 하지만 우리나라의 경우 식이보충제가 법적으로 정의가 되지 않은 상태이며, 건강기능식품만이 「건강기능식품에 관한 법률」법률 제12669호에서 관리되고 있는 실정이다. 따라서 식이보충제의 또 다른 부분인 비타민 및 무기질제를 포함하는 제품은 우리나라에서는 일반의약품으로 분류되어 관리되고 있으며, 이는 「약사법」의 적용을 받게 된다. 이와 같이 이원화된 체계는 건강기능식품과 일반의약품으로부터 우리 국민의 영양소 섭취량을 산출하는 데 있어서 어려움을 겪게 한다. 이는 국민의 영양소 섭취량을 바로 아는 데 장애물로 작용하게 되므로, 장기적으로는 이러한 체계를 통합적으로 관리할 필요가 있을 것이다.

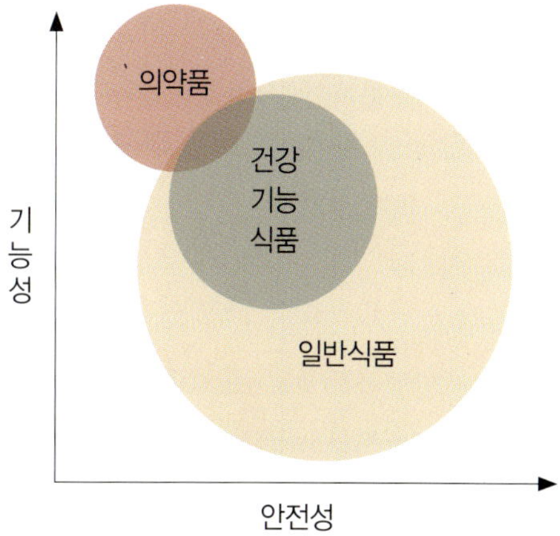

그림 15-3 식품과 약품의 구분

❷ 건강기능식품 시장 현황 및 섭취 시 주의점

1) 국내 건강기능식품 시장 현황

2019년의 건강기능식품 생산액은 1조 9천여억 원가량으로 전년 대비 12.6% 증가하였으며, 매출액은 2조 9천여억 원가량으로 전년 대비 17.0% 상승하였다. 2011년과 2016년에 20% 이상의 증가율을 보인 데 반해, 2012년부터 2014년까지는 10% 미만의 증가율을 보였으나 2018년부터 다시 10% 이상의 성장세를 보이고 있다. 2011년과 비교해서 약 10년 만에 생산액과 매출액이 2배 이상 증가하였으며, 해외 수출액도 꾸준히 증가 추세에 있다.

원료별로 보면 홍삼이 총 매출액의 45.7%를 차지하여 가장 높은 점유율을 보였으며, 그 다음으로는 13.3%의 개별인정제품, 12.3%의 프로바이오틱스, 10.2%의 비타민

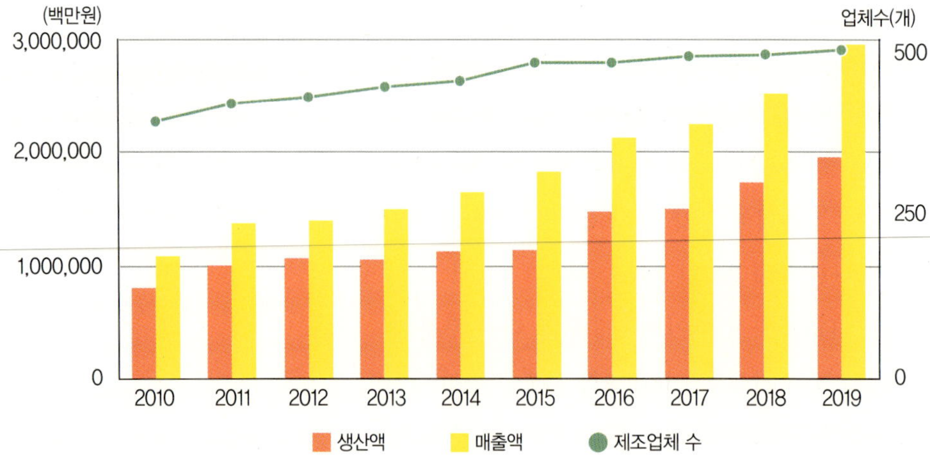

그림 15-4 국내 건강기능식품 생산현황

출처: 식품의약품안전처(2020).

및 무기질의 순서였다. 이 네 제품이 전체 매출액의 81.4%를 차지하여 절대적으로 많은 매출액을 차지하고 있다. 특히 홍삼제품의 경우 지속적으로 40% 이상의 점유율을 보여 1위를 유지하는 것과, 최근 들어 프로바이오틱스가 3위까지 올라온 것 등은 눈여겨 지켜볼 만한 사항으로 보인다.

밀크씨슬의 생산량 급증의 비밀

생산액 상위 10개 품목 중 2012년 대비 생산액이 급증한 제품으로는 밀크씨슬 추출물 제품이 약 128% 성장(135억 원 → 308억 원)하여 가장 급등세를 보였다.

밀크씨슬 꽃

밀크씨슬 추출물은 실리마린성분을 포함하여 활성산소로부터 간세포를 보호하는 항산화작용을 통해 간 건강에 도움을 주는 기능성을 인정받은 원료이다. 하지만 그 독점적 사용권으로 인해 그간 타 제조사에서 생산하지 못했던 원료인데, 2012년에 그 사용권이 소멸되어(3년) 생산액이 급증한 것으로 판단할 수 있다.

이러한 사례는 시장 현황에 있어서 고시형 원료와 개별인정형 원료 간의 차이가 생산액에 큰 영향을 미치는 것을 확인하는 사례라고 할 수 있을 것이다.

각각의 개별원료들을 기능별로 묶어서 비교해 본 결과 기억력 개선 제품이 1조 2천여억 원으로 가장 높은 매출 비중을 차지하였으며14.3%, 이어서 혈행 개선13.5%, 피로 개선13.3%, 면역기능 개선12.8%, 항산화12.7%, 갱년기 여성 건강12.2% 등의 순으로 나타났다.

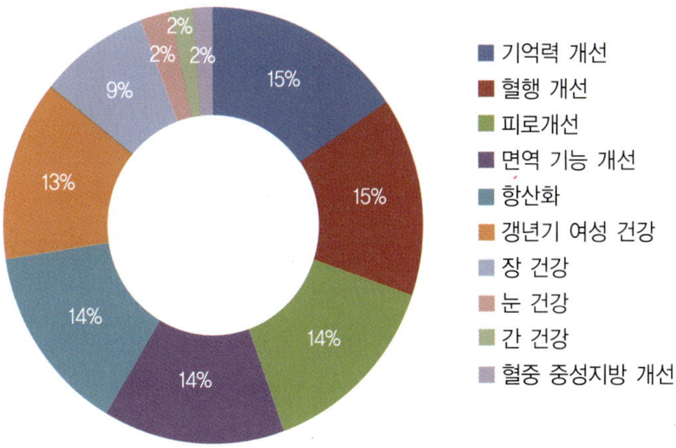

그림 15-5 기능성별 건강기능식품 생산실적 점유율
출처 : 식품의약품안전처(2020)

2) 건강기능식품 구매 시 주의사항

건강기능식품을 구매하기 전 반드시 확인하여야 할 사항들이 존재한다. 우선 국가에서 인정한 건강기능식품이 맞는지를 확인하여야 하는데, 이때 확인해야 하는 것은 '건강기능식품'이라는 표시 또는 도안이다. 식품의약품안전처에서는 인정/신고된 제품에 한해 제품 앞면에 건강기능식품 도안을 표시하도록 하고 있으며 해당 도안은 그림 15-7과 같다.

그 다음으로 확인해야 할 사항은 과연 해당 건강기능식품이 믿을 수 있는 표시 또는 광고를 하고 있는지에 대해서다. 기능성을 인정받은 건강기능식품은 제품포장에 표시 또는 광고를 하게 되는데, 이 내용에 대해서도 사전심의가 필수적이다. 이 사전심의를 통과한 제품만이 '사전 심의필' 도안을 사용할 수 있다. 허위 또는 과장 광고가 의심된다면 이 도안을 찾아보는 것도 권장되는 방법이다.

건강기능식품 도안　　표시/광고 사전 심의필　　GMP 마크

그림 15-6 건강기능식품 도안

세 번째로는 GMPGood Manufacturing Practice 마크가 있는데, 이는 우수건강기능식품제조기준을 의미한다. 즉, 건강기능식품의 제조 및 품질관리가 우수한 업소에게 부여하는 마크로, 적합한 원료가 입고되었는지부터 생산 시 각 공정별 검사를 통해 품질관리를 하기 때문에 불량제품이 나올 확률이 낮은 편이라는 장점이 존재한다.

그 외에 일반 가공식품과 마찬가지로 유통기한이 충분히 남아 있는지를 반드시 확인할 필요가 있으며, 의약품 등과 함께 복용하여도 문제가 없는지 등의 섭취 시 주의사항도 꼼꼼하게 살펴보아야 한다. 그러나 무엇보다 중요한 것은 나에게 꼭 필요한 기능성이 무엇인지 바로 아는 것이고, 해당 기능성을 갖춘 건강기능식품을 지혜롭게 선택하는 것이라고 하겠다.

3) 섭취과잉의 문제점

건강기능식품은 일반식품과 달리 섭취량과 섭취방법이 정해져 있으므로 정해진 섭취량을 반드시 지켜야 한다. 또한 일반적으로 여러 가지 건강식품을 함께 섭취하는 것은 자제하여야 하며, 의약품을 복용하고 있는 경우 건강기능식품 섭취 전에 의사와 상담하는 것도 필요하다.

위와 같은 일반적인 주의사항 외에 영양학적으로는 섭취과잉의 문제를 지적하지 않을 수 없다. 많은 건강기능식품은 영양소도 포함하고 있는 경우가 많은데, 이러한 경우 개인의 영양소 섭취량은 식품과 건강기능식품, 그리고 기타 식이보충제

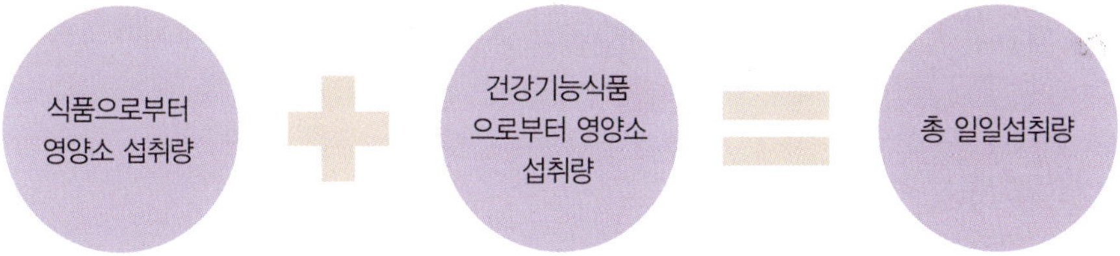

그림 15-7 건강기능식품이 포함된 일일 총 영양소 섭취량

모두의 합으로 계산된다그림 15-8. 각 영양소에는 한국인 영양섭취기준에서 정하는 상한섭취량이 존재하기 때문에, 하루 동안 식품으로부터의 영양소 섭취량과 건강기능식품 또는 식이보충제로부터의 영양소 섭취량을 모두 합한 것이 상한섭취량을 상회하지 않도록 주의해야 한다.

특히, 이러한 문제는 영유아에게서 더 문제가 될 가능성이 있는데, 일반적으로 영유아의 상한섭취량은 성인에 비해 크게 낮은 편인데다가 영유아들이 선호하는 건강기능식품은 젤리 등의 형태로 거부감 없이 섭취가 가능하기 때문이다그림 15-9. 따라서 영유아들이 일반 가공식품젤리 등을 섭취하듯 하루에 여러 번 섭취하게 될 가능성이 큰데, 이 경우 상한섭취량을 초과할 수 있다. 따라서 건강기능식품을 섭취하는 영유아의 경우 보호자의 각별한 주의가 요구된다고 하겠다.

그림 15-8 영유아 대상 건강기능식품의 섭취량 정보

❸ 국내 건강기능식품 제품의 사례

1) 면역기능 개선

우리나라의 경우 면역에 관여하는 세포가 제 역할을 원활히 수행할 수 있도록 세포의 수를 증가시키거나 그 기능을 조절하여 면역기능에 도움을 주는 생리활성물질을 기능성 물질로 인정하고 있다. 고시형 원료로는 인삼, 홍삼, 클로렐라, 알콕시글리세롤 함유 상어간유, 알로에 겔, 상황버섯 추출물의 6종이 존재하며, 이 외에 개별인정형 원료도 16종 존재한다.

• 표 15-4 • • 면역기능 개선에 도움을 주는 기능성원료(고시형)

원료명	기능성 내용
인삼	면역력 증진, 피로 개선에 도움을 줄 수 있음
홍삼	면역력 증진, 피로 개선, 혈소판 응집 억제를 통한 혈액 흐름, 기억력 개선, 항산화에 도움을 줄 수 있음
클로렐라	피부 건강, 항산화, 면역력 증진에 도움을 줄 수 있음
알콕시글리세롤 함유 상어간유	면역력 증진에 도움을 줄 수 있음
알로에 겔	피부 건강, 장 건강, 면역력 증진에 도움을 줄 수 있음
상황버섯 추출물	면역기능 개선에 도움을 줄 수 있음

2) 혈행 개선

혈행은 이름에서도 나타나듯이 혈관을 통한 혈액의 흐름을 의미하며, 원활한 혈행은 정상적인 신체기능에 있어서 필수적이라고 할 수 있다. 혈행 개선에는 다양한 요인이 영향을 미칠 수 있는데, 특히 혈중 콜레스테롤, 지방, 포도당 등과 밀접한 관계가 있기 때문에 식이 섭취가 중요한 역할을 한다고 하겠다. 건강기능식품의 경우 혈액응고인자들의 혈액응고작용을 방해하여 혈액을 원활히 흐를 수 있도록 도와주는 경우에 그 기능성을 인정하게 되는데, 고시형 제품으로는 홍삼, 은행잎 추출물,

• 표 15-5 • • 혈행 개선에 도움을 주는 기능성원료(고시형)

원료명	기능성 내용
홍삼	면역력 증진, 피로 개선, 혈소판 응집 억제를 통한 혈액 흐름, 기억력 개선, 항산화에 도움을 줄 수 있음
은행잎 추출물	기억력 개선, 혈행 개선에 도움을 줄 수 있음
EPA 및 DHA 함유 유지	혈중 중성지질 개선 · 혈행 개선에 도움을 줄 수 있음
감마리놀렌산 함유 유지	혈중 콜레스테롤 개선 · 혈행 개선에 도움을 줄 수 있음
영지버섯 자실체 추출물	혈행 개선에 도움을 줄 수 있음

EPA 및 DHA 함유 유지, 감마리놀렌산 함유 유지와 영지버섯 자실체 추출물의 5종류가 존재하며, 그 외 개별 인정형 제품도 7종 존재한다.

3) 항산화

일반적으로 생명에 필수적인 요소 중 하나인 산소는 우리 몸을 순환하면서 영양소를 원료삼아 에너지를 만드는 데 사용된다. 이 과정에서 활성산소Reactive Oxygen Species, ROS가 발생하게 되는데, 이러한 활성산소는 불안정하여 주변의 세포들을 공격하고 손상을 줄 수 있다. 건강기능식품의 경우 체내에서 활성산소를 불활성시키거나 중화하여 단백질의 산화와 DNA 손상, 지질과산화 등을 억제하여 항산화를 유지시켜 주는 원료의 기능성을 인정하고 있다. 고시형 원료로는 홍삼, 클로렐라, 엽록소 함유 식물, 녹차추출물, 스피루리나, 프로폴리스 추출물, 코엔자임Q10, 스쿠알렌, 토마토추출물의 9종이 존재하며, 그 외 개별인정형 원료도 약 7종 존재한다.

• 표 15-6 • • 항산화 유지에 도움을 주는 기능성원료(고시형)

원료명	기능성 내용
홍삼	면역력 증진, 피로 개선, 혈소판 응집 억제를 통한 혈액 흐름, 기억력 개선, 항산화에 도움을 줄 수 있음
클로렐라	피부 건강, 항산화, 면역력 증진에 도움을 줄 수 있음

원료명	기능성 내용
엽록소 함유 식물	피부 건강, 항산화에 도움을 줄 수 있음
녹차추출물	항산화 작용, 체지방 감소, 혈중 콜레스테롤 개선에 도움을 줄 수 있음
스피루리나	피부 건강, 항산화, 혈중 콜레스테롤 개선에 도움을 줄 수 있음
프로폴리스 추출물	항산화, 구강에서의 항균작용에 도움을 줄 수 있음
코엔자임Q10	항산화, 높은 혈압 감소에 도움을 줄 수 있음
스쿠알렌	항산화에 도움을 줄 수 있음
토마토추출물	항산화에 도움을 줄 수 있음

4) 장 건강

장 건강과 관련된 기능성은 크게 3가지로 구분되는데, 배변활동 개선, 장내 유익균 증식 및 유해균 억제, 면역기능 조절이 바로 그것이다. 건강기능식품의 기능성은 위에서 언급한 3가지 기능성을 인정하는데, 고시된 원료로는 알로에 전잎, 구아검/구아검가수분해물, 글루코만난곤약, 곤약만난, 난소화성말토덱스트린, 대두식이섬유, 목이버섯식이섬유, 밀식이섬유, 보리식이섬유, 아라비아검아카시아검, 이눌린/치커리추출물, 차전자피식이섬유, 폴리덱스트로스, 알로에 겔, 프락토올리고당, 프로바이오틱스, 라피노스, 분말한천의 17종이 있으며 대부분 배변활동을 개선시키는 기능성을 가지고 있다. 그 외 개별인정형 원료도 10종이 존재한다.

최근 들어 매출이 급증하고 있는 기능성 원료인 프로바이오틱스는 유산균 증식 및 유해균 억제·배변 활동원활에 도움을 줄 수 있는 기능성을 인정받고 있다. 프로바이오틱스는 Pro호의적인과 Biotics생물에 관련된 뜻의 합성어로, 발효 결과 유산을 주로 생성하는 그람양성세균이며 젖산균이라고도 한다. 1989년 '장내세균의 균형을 통하여 숙주동물에 유익한 작용을 하는 살아있는 사료첨가물'로 정의되면서, 살아있는 미생물이 프로바이오틱스 개념에 매우 중요해진 바 있다. 프로바이오틱스 제품들은 과거에는 락토바실러스 유산균을 이용하여 만들어진 발효유 제품으로 섭취되어왔으나 최근에는 그 이외에도 비피도박테리움을 비롯한 다양한 균주들로부터 과립, 분말 등의 제품으로 판매되고 있다.

• 표 15-7 •• 장 건강에 도움을 주는 기능성원료(고시형)

원료명	기능성 내용
알로에 전잎	배변활동 원활에 도움을 줄 수 있음
구아검/구아검가수분해물	혈중 콜레스테롤 개선 · 식후 혈당 상승 억제, 장내 유익균 증식, 배변활동 원활에 도움을 줄 수 있음
글루코만난 (곤약, 곤약만난)	혈중 콜레스테롤 개선, 배변활동 원활에 도움을 줄 수 있음
난소화성말토덱스트린	식후 혈당 상승 억제, 혈중 중성지질 개선, 배변활동 원활에 도움을 줄 수 있음
대두식이섬유	혈중 콜레스테롤 개선, 식후 혈당 상승 억제, 배변활동 원활에 도움을 줄 수 있음
목이버섯식이섬유	배변활동 원활에 도움을 줄 수 있음
밀식이섬유	식후 혈당 상승 억제, 배변활동 원활에 도움을 줄 수 있음
보리식이섬유	배변활동 원활에 도움을 줄 수 있음
아라비아검(아카시아검)	배변활동 원활에 도움을 줄 수 있음
이눌린/치커리 추출물	혈중 콜레스테롤 개선, 식후 혈당 상승 억제, 배변활동 원활에 도움을 줄 수 있음
차전자피식이섬유	혈중 콜레스테롤 개선, 배변활동 원활에 도움을 줄 수 있음
폴리덱스트로스	배변활동 원활에 도움을 줄 수 있음
알로에 겔	피부 건강, 장 건강, 면역력 증진에 도움을 줄 수 있음
프락토올리고당	유익균 증식 및 유해균 억제, 칼슘 흡수, 배변 활동 원활에 도움을 줄 수 있음
프로바이오틱스	유산균 증식 및 유해균 억제, 배변 활동 원활에 도움을 줄 수 있음
라피노스	장내 유익균의 증식과 유해균의 억제, 배변활동을 원활히 하는 데 도움을 줄 수 있음
분말한천	배변활동에 도움을 줄 수 있음

5) 체지방 감소

건강기능식품에서 체지방 감소의 기능성을 인정받은 원료들은 대부분 식이섬유 등을 함유한 것으로, 당질과 지방의 소화를 도와주는 효소를 방해하거나, 소장에서의 흡수를 저해하여 흡수되는 에너지를 줄이는 역할을 하게 된다. 또한 여분의 에너

• 표 15-8 • • 체지방 감소에 도움을 주는 기능성원료(고시형)

원료명	기능성 내용
녹차추출물	항산화 작용, 체지방 감소, 혈중 콜레스테롤 개선에 도움을 줄 수 있음
공액리놀레산	과체중인 성인의 체지방 감소에 도움을 줄 수 있음
가르시니아캄보지아껍질추출물	탄수화물이 지방으로 합성되는 것을 억제하여 체지방 감소에 도움을 줌
키토산/키토올리고당	혈중 콜레스테롤 개선, 체지방 감소에 도움을 줄 수 있음

지는 간에서 다시 지방산으로 합성되어 신체 각 부위의 지방세포에 저장하게 되는데, 공액리놀레산 등을 함유한 건강기능식품은 지방의 합성을 방해하여 체지방 감소에 도움을 줄 수 있다. 현재 체지방 감소에 도움을 주는 고시형 원료는 녹차추출물, 공액리놀레산, 가르시니아캄보지아껍질추출물, 키토산/키토올리고당의 4종이 있으며 다수의 개별인정형 원료들이 존재한다.

6) 간 건강

간 건강의 기능성은 간 건강에 도움을 주는 것과 알코올성 손상으로부터 간 보호에 도움을 주는 것으로 크게 나눌 수 있다. 가장 널리 사용되는 경우는 간세포의 생존율을 증가시키는 것으로, 표고버섯균사체 추출물, 밀크씨슬 추출물 등이 이러한 역할을 한다. 이밖에도 단백질 합성을 증가시키거나 간 성장세포의 섬유화를 억제시키는 등의 기능성을 인정받는 원료의 경우 건강기능식품에 사용될 수 있다. 현재 간 건강 개선에 도움을 주는 건강기능식품 기능성원료는 밀크씨슬추출물이 고시형 원료이며, 그 외 다량의 개별인정형 원료가 존재한다.

• 표 15-9 • • 간 건강에 도움을 주는 기능성원료(고시형)

원료명	기능성 내용
밀크씨슬(카르두스마리아누스)추출물	간 건강에 도움을 줄 수 있음

요약

- 우리나라의 건강기능식품은 「건강기능식품에 관한 법률」에 의해 식품의약품안전처의 관리를 받고 있으며, '기능성'을 인정받아야 한다는 측면에서 일반 식품과 차별된다. 기능성이란 인체의 구조 및 기능에 대하여 영양소를 조절하거나 생리학적 작용 등과 같은 보건 용도에 유용한 효과를 얻는 것을 말한다.
- 기능성 원료는 식품의약품안전처에서 공전에 기준 및 규격을 고시하여 누구나 사용할 수 있는 고시형 원료와, 개별적으로 식품의약품안전처의 심사를 거쳐 인정받은 영업자만이 사용할 수 있는 개별인정 원료로 나눌 수 있다.
- 기능성은 크게 '영양소 기능', '질병발생 위험 감소 기능' 및 '생리활성기능'의 세 가지로 구분된다.
- 건강기능식품을 구매할 때는 반드시 '건강기능식품 도안'과 '표시/광고 사전 심의필', 그리고 'GMP 마크'를 확인하여야 하며, 영양소 섭취 과잉의 문제를 예방하기 위하여 건강기능식품의 영양표시 정보를 주의 깊게 살펴보아야 한다.

참고문헌

국내문헌

구난숙 · 김완수 · 이경애 외(2015). 이해하기 쉬운 식품위생학. 파워북.

국립환경과학원(2009). 알기 쉬운 화학물질 정보요약서.

권순종(2009). GMO 개발의 필요성 및 실용화 전략. 생명공학정책연구센터 Bioin스페셜 웹진. 2009년 10호.

김영남(1995). 스포츠 영양. 효일문화사.

김은진(2015). GMO의 비의도적 유출과 개발기업의 책임. 비교사법, 22(1), 503-526.

김철규 · 윤병선 · 김홍주(2012). 먹거리 위험사회의 구조와 동학 : 식량보장과 식품안전 문제를 중심으로. 경제와 사회, 12-42.

김화영 · 강명희 · 양은주 외(2013). 영양판정. 교문사.

농촌진흥청 국립농업과학원(2011). 2011 식품성분표. 제8개정판.

대한당뇨병학회(2015). 당뇨병 진료지침.

문현경(2015). 육류소비현황 및 권장육류 소비모형연구. 농림축산식품부 2014 소비자단체 협력사업 보고서.

박영숙 · 이정원 · 서정숙 외(2010). 영양교육과 상담(개정3판). 교문사.

박태선 · 김은경(2011) 현대인의 생활영양(개정판). 교문사.

백희영 · 오명숙 · 천종희 외(2009). 건강한 미래를 위한 식생활 길라잡이. 신광출판사.

보건복지부(2015). 2015 한국인영양소섭취기준.

보건복지부(2020). 2020 한국인영양소섭취기준.

보건복지부 · 질병관리본부(2014). 2013 국민건강통계.

보건복지부 · 질병관리본부(2015). 2014 국민건강통계.

서정숙 · 이혜상 · 이심열 외(2012). 식생활관리. 신광출판사.

손숙미 · 임현숙 · 김정희 외(2011). 임상영양학(개정판). 교문사.

송수진 · 최하늬 · 이사야 외(2012). 한국인 상용 식품의 혈당지수 추정치를 활용한 한국 성인의 식사혈당지수 산출. 한국영양학회지, 45, 80-93.

수피(2014). 헬스의 정석. (주)한문화멀티미디어.

식품의약품안전처(2008). 2008 건강기능식품 평가의 과거 현재 미래.

식품의약품안전처(2014). 2014 건강기능식품의 평가와 정책방향.

오경남 · 이순호 · 이우영 외(2005). 유전자재조합옥수수와 일반 옥수수의 성분분석 비교. 2005 International symposium and annual meeting.

오재원(2011). 식품첨가물과 소아 알레르기질환. Hanyang Medical Reviews, 31, 261-268.

윤선 · 곽호경 · 김유경 외(2009). 기능성 식품학. 라이프사이언스.

이경애 · 변광의 · 구난숙 외(2008). 식품학. 파워북.

이미숙 · 박영숙 · 현화진 외(2011). 리빙토픽 영양과 식생활. 교문사.

이숙영 · 정해정 · 이영은 외(2009). 식품화학. 파워북.

임팩트북(2015). 건강기능식품과 기능성식품소재 시장현황.

정기혜(2011). 유전자재조합식품(GMO). 보건복지포럼, 64-73.

정동효 편(2002). 식품의 천연독. 유한문화사.

최해연 · 김학연 · 윤혜려 외(2014). 식품위생학 및 법규. 파워북.

최혜미 · 김정희 · 이주희 외(2011). 21세기 영양학. 교문사.

최혜미 · 김정희 · 이주희 외(2012). 교양인을 위한 21세기 영양과 건강 이야기(제3판). (주)라이프 사이언스.

최희락 · 김용현 · 김선정 외(2012). LMO 자연환경모니터링 및 사후관리 연구(IV). 국립환경과학원 보고서

타카스훈(1989). 술과 건강. 명지출판사.

통계청(2015). 2014년 사망원인통계.

한국건강기능식품협회(2014). 2014년 건강기능식품 시장 현황 및 소비자 실태 조사.

한국식품과학회(2008). 식품과학기술대사전. 광일문화사.

국외문헌

Baek Y, Hwang, J-Y, Kim K, Moon HK, Kweon S, Yang J, Oh K, Shim JE(2015). Dietary intake of fats and fatty acids in the Korean population: Korea National Health and Nutrition Examination Survey, 2013. Nutr Res Pract, 9, 650-657.

Chowdhury R, Warnakula S, Kunutsor S, Crowe F, Ward HA, Johnson L, Franco OH, Butterworth AS, Forouhi NG, Thompson SG, Khaw KT(2014). Association of dietary, circulating, and supplement fatty acids with coronary risk: a systematic review and meta-analysis. Ann Intern Med, 160, 398-406.

Chung S, Ha K, Lee HS, Kim CI, Joung H, Paik HY, Song Y(2015). Soft drink consumption is positively associated with metabolic risk factors in Korean women. Metabolism, 64, 1477–1484.

Fox SI(1996). Human Physiology. Wm. C. Brown. Publishers. USA.

Ge K, Jia J, Liu H(2007). Food-based dietary guidelines in China–Practices and problems. Ann Nutr Metab, 51(s2), 26–31.

Gibney MJ, Lanham-New SA, Cassidy A, Vorster HH(2009). Introduction to Human Nutrition. 2nd ed. Wiley-Blackwell.

Greenwald P, Clifford CK, Milner JA(2001). Diet and cancer prevention. Eur J Cancer, 37, 948–965.

Grundy SM, Vega GL(1988). Plasma cholesterol responsiveness to saturated fatty acids. Am J Clin Nutr, 47, 822–824.

Hu EA, Pan A, Malik V, Sun Q(2012). White rice consumption and risk of type 2 diabetes: meta-analysis and systematic review. BMJ, 344, e1454

Hu FB, Stampfer MJ, Manson JE, Rimm E, Colditz GA, Rosner BA, Willett WC(1997). Dietary fat intake and the risk of coronary heart disease in women. N Engl J Med, 337, 1491–1499.

Katan MB, Zock PL, Mensink RP(1995). Dietary oils, serum lipoproteins, and coronary heart disease. Am J Clin Nutr, 61, 1368S–1373S.

Kee J, Paulanka B, Polek C(2009). Handbook of fluids, electrolyte and acid base imbalances. Cengage Learning.

Killer SC, Blannin AK, Jeukendrup AE(2014). No evidence of dehydration with moderate daily coffee intake: a counterbalanced cross-over study in a free living population. PLoS One, 9(1), e84154.

Kim K, Yun SH, Choi BY, Kim MK(2008). Cross-sectional relationship between dietary carbohydrate, glycaemic index, glycaemic load and risk of the metabolic syndrome in a Korean population. Br J Nutr, 10, 576–584.

Kris-Etherton P, Daniels SR, Eckel RH, Engler M, Howard BV, Krauss RM, Lichtenstein AH, Sacks F, Jeor SS, Stampfer M, Grundy SM(2001). Summary of the scientific conference on dietary fatty acids and cardiovascular health conference summary from the nutrition committee of the American Heart Association. Circulation, 103,

1034–1039.

Li Y, Hruby A, Bernstein AM, Ley SH, Wang DD, Chiuve SE, Sampson L, Rexrode KM, Rimm EB, Willett WC, Hu FB(2015). Saturated fats compared with unsaturated fats and sources of carbohydrates in relation to risk of coronary heart disease: a prospective cohort study. J Am Coll Cardiol, 66, 1538–1548.

DeBruyne LK, Pinna K, Whitney EN(2007). Nutrition and diet therapy. Wardsworth Publishing.

McArdle WD, Katch FI, Katch VL(2011). Essentials of Exercise Physiology (4th ed). Lippincott Williams & Wilkins.

Mensink RP, Katan MB(1992). Effect of dietary fatty acids on serum lipids and lipoproteins. A meta–analysis of 27 trials. Arterioscler Thromb, 12, 911–919.

National Cholesterol Education Program(1990). Report of the Expert Panel on Population Strategies for Blood Cholesterol Reduction. NIH Publication No. 90–3046, Bethesda, MD: U.S. Department of Health and Human Services, Public Health Service, National Institutes of Health, National Heart, Lung, and Blood Institute.

Rodgman A, Perfetti TA(2009). Alphabetical Component Index. In: The Chemical Components of Tobacco and Tobacco Smoke. CRC Press.

Gropper SS, Smith JL(2009). Advanced Nutrition and Human Metabolism (6th ed). Wardsworth.

Song S, Lee JE, Song WO, Paik HY, Song Y(2014). Carbohydrate intake and refined grain consumption are associated with metabolic syndrome in the Korean adult population. J Acad Nutr Diet, 114, 54–62.

TeMorenga L, Mallard S, Mann J(2012). Dietary sugars and body weight: systematic review and meta–analyses of randomised controlled trials and cohort studies. BMJ, 345, e7492.

Thompson JJ, Manore MM(2012). Nutrition for Life (3rd ed). Pearson Higher Ed.

US Department of Agriculture, US Department of Health and Human Services(2015). Dietary guidelines for Americans 2015.

US Department of Health and Human Services(2014). The Health Consequences of Smoking–50 Years of Progress A Report of the Surgeon General. Rockville, MD,

USA.

Watson RR and Preedy VR(2004). Nutrition and Alcohol: Linking nutrient interactions and dietary intake. CRC Press.

William MH(2006). Nutrition for health, fitness, & sports, McGraw-Hill.

World Health Organization(2011). The Alcohol Use Disorders Identification Test: Guidelines for use in primary care. Geneva.

World Health Organization(2015). Guideline: Sugars intake for adults and children.

웹사이트

http://terms.naver.com/entry.nhn?docId=926836&mobile&cid=51007&categoryId=51007 서울대학교병원 의학정보 대사증후군.

http://www.choosemyplate.gov 미국 농무성 MyPlate.

http://www.dietitian.or.jp 일본 영양사협회.

http://www.foodsafetykorea.go.kr 식품의약품안전처 식품안전정보포털.

http://www.mfds.go.kr/nutrition/index.do 식품의약품안전처. 영양표시정보.

http://www.naqs.go.kr 국립농산물품질관리원. 농식품인증.

찾아보기

저자 소개

백희영
서울대학교 식품영양학과 명예교수

이심열
동국대학교 가정교육과 교수

안윤진
질병관리청 보건연구관

심재은
대전대학교 식품영양학과 교수

정자용
경희대학교 식품영양학과 교수

송윤주
가톨릭대학교 식품영양학과 교수

김현주
대전보건대학교 식품영양학과 교수

김지혜
경희대학교 동서의학대학원 의학영양학과 교수

박은미
한남대학교 식품영양학과 교수

김동우
한국방송통신대학교 생활과학부 식품영양학전공 교수

개정판
건강을 위한
식생활과 영양

2016년 5월 15일 초판 발행
2021년 3월 5일 개정판 발행
2025년 3월 5일 개정 2쇄 발행

지은이 | 대표저자 백희영
발행인 | 유제구
발행처 | 파워북
주 소 | 경기도 고양시 일산동구 호수로 358-25
동문타워2차 529호
전 화 | (02) 730-1412
F A X | (031) 908-1410
등 록 | 1997. 1. 31 제 2014-000067호
편 집 | 북스북스(hynho3196@nate.com)

정가 20,000원
ISBN 978-89-8160-442-4 (93590)